土木工程专业专升本系列教材

结 构 力 学

本系列教材编委会组织编写

张来仪 主编

中国建筑工业出版社

图书在版编目（CIP）数据

结构力学/张来仪主编．—北京：中国建筑工业出版
社，2003
（土木工程专业专升本系列教材）
ISBN 978-7-112-05441-1

Ⅰ. 结… Ⅱ. 张… Ⅲ. 土木结构-结构力学-高
等学校-教材 Ⅳ. TU311

中国版本图书馆 CIP 数据核字（2003）第 011911 号

土木工程专业专升本系列教材
结 构 力 学
本系列教材编委会组织编写

张来仪 主编

*

中国建筑工业出版社出版、发行（北京西郊百万庄）
各地新华书店、建筑书店经销
北京京华铭诚工贸有限公司印刷

*

开本：787×960 毫米 1/16 印张：16½ 字数：330 千字
2003 年 6 月第一版 2018 年 9 月第十七次印刷
定价：**29.00** 元
ISBN 978-7-112-05441-1
（20991）

本社网址：http://www.cabp.com.cn
网上书店：http://www.china-buiding.com.cn

本教材是根据土木工程专业（专升本）结构力学课程教学基本要求所规定的内容编写的。内容包括：结构静力分析总论、矩阵位移法、结构动力计算、结构弹性稳定计算、结构塑性分析与极限荷载。各章均有学习要点、思考题和习题，书末附有平面杆系结构静力分析程序和习题答案。

　　本书可作为土木工程专业专升本的教材，也可供其他各相关专业及有关工程技术人员参考使用。

＊　　　＊　　　＊

责任编辑　王　跃

土木工程专业专升本系列教材编委会

前　　言

　　本教材是根据土木工程专业（专升本）结构力学课程教学基本要求所规定的内容，由重庆大学、沈阳建筑工程学院和吉林建筑工程学院共同编写的。适用于已取得土木工程专业或相近专业大学专科学历的人员继续修读土木工程本科课程，也可供其他各相关专业及有关工程技术人员参考使用。

　　本书内容包括结构静力分析总论、矩阵位移法、结构动力计算、结构弹性稳定计算、结构塑性分析与极限荷载。每章开始有学习要点，对本章的重点和要掌握的知识点进行了概括。每章后面有适量的思考题与习题，以活跃思维、启发思考，加深对基本概念的认识，加强综合应用能力的培养。

　　本书反映了参编三院校多年来积累的教学经验，并注意吸取其他各兄弟院校教材的优点，力图保持结构力学基本理论的系统性，并结合"成人教育"和"专升本"两大特点，以培养高等技术应用型人才为根本任务，以适应社会需求为目标，知识以够用为度，以掌握原理、方法和技能为原则，着重培养学生综合应用理论知识分析和解决实际问题的能力。同时，考虑到现代科学技术的发展，适当介绍了一部分新内容。当前，结构力学教学内容更新的重点是电子计算机在结构力学中的应用。为此，减少了一些适用于手算的技巧方法，而提高了对电算的要求。为了培养学生初步具有使用结构计算程序的能力，与矩阵位移法紧密结合，编写了适合教学、功能较强的"平面杆系结构静力分析程序"，并介绍了程序框图及其使用方法。

　　本书由重庆大学张来仪主编。参加编写的有：重庆大学张来仪（第三章及附录Ⅰ的部分内容）、沈阳建筑工程学院杨刚（第二章、第四章及附录Ⅰ的部分内容）、吉林建筑工程学院张智茹（第一章和第五章）。

　　本书由重庆大学肖允徽教授主审，并提出了许多宝贵的意见，编者曾据此加以修改，对此，我们表示衷心的感谢。

　　由于编者水平有限，书中难免有不妥之处，恳请读者批评指正。

目　　录

第一章　结构静力分析总论 ……………………………………………… 1

　　第一节　静定结构的受力分析 ……………………………………… 1

　　第二节　结构的位移计算 …………………………………………… 14

　　第三节　超静定结构的计算 ………………………………………… 23

　　思考题 ……………………………………………………………… 45

　　习　题 ……………………………………………………………… 46

第二章　矩阵位移法 …………………………………………………… 50

　　第一节　概述 ………………………………………………………… 50

　　第二节　局部坐标系下的单元刚度矩阵 ………………………… 51

　　第三节　整体坐标系下的单元刚度矩阵 ………………………… 57

　　第四节　结构刚度矩阵的形成 …………………………………… 60

　　第五节　结构的综合结点荷载 …………………………………… 67

　　第六节　结构内力和支座反力的求解 …………………………… 69

　　第七节　先处理法的计算步骤和算例 …………………………… 70

　　思考题 ……………………………………………………………… 78

　　习　题 ……………………………………………………………… 78

第三章　结构动力计算 ………………………………………………… 81

　　第一节　概述 ………………………………………………………… 81

　　第二节　单自由度体系的运动方程 ……………………………… 87

　　第三节　单自由度体系的自由振动 ……………………………… 90

　　第四节　单自由度体系的强迫振动 ……………………………… 96

　　第五节　阻尼对振动的影响 ……………………………………… 108

　　第六节　多自由度体系的自由振动 ……………………………… 116

　　第七节　主振型的正交性 ………………………………………… 135

　　第八节　多自由度体系在简谐荷载作用下的强迫振动 ………… 137

　　第九节　振型叠加法计算多自由度体系在一般荷载作用下的强迫振动 … 148

　　第十节　近似法计算自振频率 …………………………………… 153

　　思考题 ……………………………………………………………… 160

习　题 ·· 161

第四章　结构弹性稳定计算 ························· **172**

第一节　概述 ·· 172
第二节　计算临界荷载的静力法 ···················· 175
第三节　计算临界荷载的能量法 ···················· 180
第四节　直杆的稳定 ····································· 187
思考题 ··· 195
习　题 ··· 195

第五章　结构塑性分析与极限荷载 ················ **198**

第一节　塑性分析的意义 ······························ 198
第二节　极限弯矩、塑性铰和静定结构的极限荷载 ··· 199
第三节　用静力法计算超静定梁的极限荷载 ······· 203
第四节　用机动法计算超静定梁的极限荷载 ······· 206
第五节　比例加载时判定极限荷载的一般定理 ····· 209
第六节　简单刚架的极限荷载 ························· 211
思考题 ··· 215
习　题 ··· 215

附录Ⅰ　平面杆系结构静力分析程序（PMGX 程序） ······· **218**

附录Ⅱ　部分习题答案 ······························ **249**

参考文献 ·· 255

第一章 结构静力分析总论

学 习 要 点

　　熟练地掌握用截面法求指定截面内力；能运用荷载与内力之间的微分关系绘内力图；掌握区段叠加法绘制直杆弯矩图。能正确、迅速地绘制静定梁和静定平面刚架的内力图；熟练运用结点法、截面法计算桁架及组合结构的内力。掌握变形体虚功原理的内容及其应用条件；掌握单位荷载法及结构位移计算公式。掌握图乘法的概念及其应用条件；熟练地运用图乘法计算梁和刚架的位移。掌握静定结构在支座移动、温度改变等外因作用下引起的位移及具有弹性支座的结构的位移计算。掌握力法、位移法的基本原理；基本体系的确定；典型方程的建立及其物理意义；理解方程中各项系数和自由项的物理意义。熟练掌握外因作用下，用力法、位移法计算各种超静定结构的方法和步骤。掌握利用对称性简化计算的方法。掌握超静定结构的位移计算。熟练掌握用力矩分配法计算连续梁和无侧移刚架。

第一节　静定结构的受力分析

　　静定结构的受力分析，主要是确定各类静定结构由荷载所引起的内力和相应的内力图。静力分析的基本方法是应用截面法选取隔离体，建立平衡方程。静定结构的受力分析是静定结构位移计算和超静定结构计算的基础。

一、用截面法计算指定截面内力

　　平面结构在荷载作用下，其杆件任一截面上一般有三个内力分量：轴力 N、剪力 V 和弯矩 M。计算杆件内力的基本方法是截面法，即将杆件在指定截面切开，取截面任一侧部分为隔离体，利用隔离体静力平衡条件，确定此截面的内力。由截面法也可以直接计算截面的内力：

　　任意截面轴力等于该截面一侧所有外力沿杆轴切线方向的投影代数和。

　　任意截面剪力等于该截面一侧所有外力沿杆轴法线方向的投影代数和。

　　任意截面弯矩等于该截面一侧所有外力对截面形心的力矩代数和。

　　以图 1-1（a）所示简支梁为例，讨论 K 截面的内力计算。

　　先利用整体平衡条件求得支座反力：

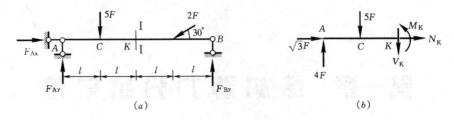

图 1-1　截面法求指定截面内力

$$F_{Ax} = \sqrt{3} F \ (\rightarrow), \qquad F_{Ay} = 4F \ (\uparrow), \qquad F_{By} = 2F \ (\uparrow)$$

用一假想的截面 I-I 在 K 处将梁切开，取 K 截面左侧部分为隔离体（图 1-1b），在隔离体上保留已知外力（支座反力、荷载）并在切割面上添加所求内力 M_K、V_K、N_K。已知外力按实际方向绘出，所求内力按规定的正向添加（轴力以拉力为正；剪力以绕隔离体顺时针方向转动者为正；弯矩以使梁的下侧纤维受拉者为正）。再利用隔离体的平衡条件直接求得：

$$N_K = -\sqrt{3} F \ （压力）$$

$$V_K = 4F - 5F = -F$$

$$M_K = 4F \times 2l - 5F \times l = 3Fl$$

二、内力图及其特征

内力图是表示结构上各截面内力变化规律的图形。通常是以杆轴为基线，表示截面的位置，在垂直于杆轴的方向量取竖标，表示内力的数值而绘出的。在土建工程中，弯矩图习惯绘在杆件受拉的一侧，图上不注明正负号；剪力图和轴力图可绘在杆件的任一侧，但需注明正负号。绘制内力图的简便方法是利用微分关系绘内力图。

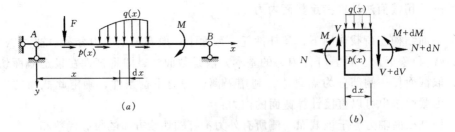

图 1-2　梁的受力示意

从图 1-2（a）所示直梁上任取一微段（图 1-2b），由微段的平衡条件可得出荷载集度与内力之间的微分关系：

$$
\left.
\begin{aligned}
\frac{\mathrm{d}V}{\mathrm{d}x} &= -q\ (x) \\[4pt]
\frac{\mathrm{d}M}{\mathrm{d}x} &= V \\[4pt]
\frac{\mathrm{d}N}{\mathrm{d}x} &= -p\ (x) \\[4pt]
\frac{\mathrm{d}^2 V}{\mathrm{d}x^2} &= -q\ (x)
\end{aligned}
\right\}
\qquad (1\text{-}1)
$$

根据式（1-1）的几何意义，可推出荷载与内力图形状之间的对应关系。

（1）无荷载区段，V 图为一水平直线，M 图为一斜直线。

（2）均布荷载区段，V 图为一斜直线，M 图为二次抛物线，且抛物线凸的方向同均布荷载指向。

（3）集中力作用处，V 图有突变，突变值等于该集中力值，M 图有尖角，尖角指向同集中力指向。

（4）集中力偶作用处，V 图无变化，M 图有突变，突变值等于该集中力偶值。

内力图形状上的这些特征，有助于正确和迅速地绘制内力图。

三、区段叠加法作直杆弯矩图

小变形情况下，复杂荷载引起的弯矩图，可用简单荷载引起的弯矩图叠加的方法绘制。下面先介绍简支梁弯矩图的叠加方法。

图 1-3（a）所示简支梁上作用的荷载分两部分：跨间均布荷载 q 和端部集中力偶 M_A、M_B。先将两端弯矩 M_A、M_B 绘出并连以直线，即是两集中力偶 M_A、M_B 单独作用产生的弯矩图。再以此虚线 $A'B'$ 为基线，叠加简支梁在均布荷载作用下的弯矩图，则最后所得的图线与最初的水平基线之间所包含的图形，就是实际弯矩图（图 1-3b 中阴影线所示图形）。

应当注意，这里所说的弯矩图叠加，是将各简单荷载作用下的弯矩图在对应点处垂直杆轴的纵标相叠加。

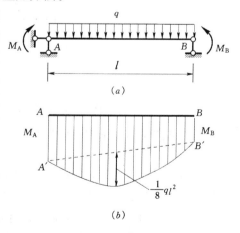

图 1-3　叠加法作弯矩图

下面讨论图 1-4（a）所示结构中任意直杆段 CD 的弯矩图。取隔离体如图

1-4（b）所示，其上作用力除荷载 q 外，在杆端还有弯矩 M_{CD}、M_{DC} 和剪力 V_{CD}、V_{DC}。为了说明杆段 CD 弯矩图特征，将它与图1-4（c）所示的简支梁相比，该简支梁的跨度与杆段 CD 的长度相同，并承受相同的荷载 q 和相同的杆端力偶 M_{CD}、M_{DC}。设简支梁的支座反力为 F_{Cy}、F_{Dy}，则由平衡条件可知：F_{Cy} $= V_{CD}$，$F_{Dy} = V_{DC}$。因此，二者的弯矩图相同，故可以利用作简支梁弯矩图的方法来绘制区段 CD 的弯矩图（见图1-4d）。这种利用相应简支梁弯矩图的叠加法来作直杆某一区段弯矩图的方法，称区段叠加法。在内力计算时，我们可以把直杆中任意一段看成是简支梁来计算。

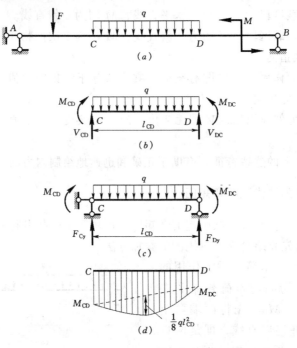

图 1-4　任意直杆段叠加法作弯矩图

利用上述关于内力图的特征和弯矩图的区段叠加法，可将直杆弯矩图的一般作法归纳如下：

（1）选定两杆端以及外力的不连续点（集中力作用点、集中力偶作用点、分布荷载的起点和终点）为控制截面，用截面法求出控制截面的弯矩值。

（2）分段画弯矩图。当控制截面间无荷载作用时，根据控制截面的弯矩值即可作出直线弯矩图。当控制截面间有荷载作用时，根据控制截面的弯矩值作出直线弯矩图后，还应叠加这一段按简支梁求得的弯矩图。

四、支座反力计算

在静定结构的受力分析中，通常是先求出支座反力，然后再进行内力计算。求支座反力时，首先应根据支座的性质定出支座反力（包括个数和方位），然后假定支座反力的方向，再由整体或局部的平衡条件确定其数值和实际指向。

以图 1-5 (a) 所示多跨刚架为例，讨论支座反力计算。

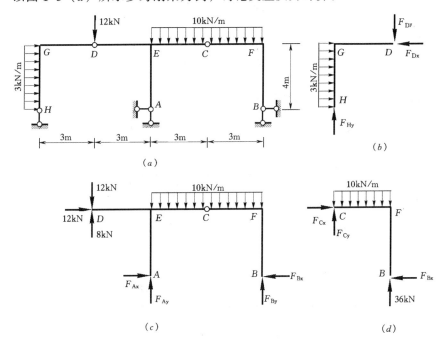

图 1-5 求多跨刚架的支座反力

此刚架有五个支座反力 F_{Hy}、F_{Ax}、F_{Ay}、F_{Bx}、F_{By}。由整体的三个平衡方程，加上铰 D 和铰 C 处弯矩分别为零的平衡条件，即可求出这五个支座反力。从几何组成的角度看，D 以右部分为三铰刚架是基本部分；D 以左部分则是支承在地基和三铰刚架上的附属部分。首先，取附属部分为隔离体（图 1-5b），由平衡方程求 F_{Hy}、F_{Dx}、F_{Dy}。

$$\Sigma M_D = 0, \qquad F_{Hy} = \frac{3 \times 4 \times 2}{3} = 8kN \ (\uparrow)$$

$$\Sigma X = 0, \qquad F_{Dx} = 3 \times 4 = 12kN \ (\leftarrow)$$

$$\Sigma Y = 0, \qquad F_{Dy} = 8kN \ (\downarrow)$$

然后，将 D 铰处的约束反力反向加在基本部分上，取 D 以右三铰刚架为隔离体（图 1-5c），利用平衡方程求 F_{Ay} 和 F_{By}。

$$\Sigma M_B = 0, \qquad F_{Ay} = \frac{10 \times 6 \times 3 + 4 \times 9 - 12 \times 4}{6} = 28\text{kN} \ (\uparrow)$$

$$\Sigma M_A = 0, \qquad F_{By} = \frac{12 \times 4 + 10 \times 6 \times 3 - 4 \times 3}{6} = 36\text{kN} \ (\uparrow)$$

再取 C 以右半刚架为隔离体（图 1-5d），由铰 C 处弯矩为零的平衡方程求 F_{Bx}。

$$\Sigma M_C = 0, \qquad F_{Bx} = \frac{36 \times 3 - 10 \times 3 \times 1.5}{4} = 15.75\text{kN} \ (\leftarrow)$$

最后，由三铰刚架 ABC 第三个整体平衡方程求 F_{Ax}。

$$\Sigma X = 0, \qquad F_{Ax} = F_{Bx} - 12 = 3.75\text{kN} \ (\rightarrow)$$

五、各类静定结构受力分析示例

【例 1-1】 试作图 1-6（a）所示外伸梁的内力图。

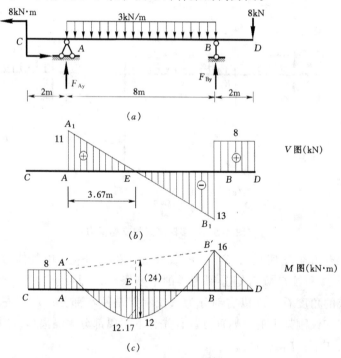

图 1-6

【解】（1）求支座反力

由梁的整体平衡条件求出支座反力。

$$\Sigma M_A = 0, \qquad F_{By} = \frac{3 \times 8 \times 4 + 8 \times 10 - 8}{8} = 21\text{kN} \ (\uparrow)$$

$$\Sigma Y = 0, \qquad F_{Ay} = 3 \times 8 + 8 - 21 = 11\text{kN}\ (\uparrow)$$

（2）作剪力图

CA、BD 段无荷载作用，V 图为水平线。AB 段有均布荷载，V 图是斜直线。用截面法计算出下列各控制截面的剪力值：

$$V_C = V_A^{左} = 0$$

$$V_A^{右} = F_{Ay} = 11\text{kN}$$

$$V_B^{左} = 8 - 21 = -13\text{kN}$$

$$V_B^{右} = V_D = 8\text{kN}$$

然后即可绘出剪力图，如图 1-6（b）所示。

（3）作弯矩图

选 A、B、C、D 作控制截面。用截面法求出其弯矩值如下：

$$M_C = M_A = -8\text{kN·m}$$

$$M_B = -8 \times 2 = -16\text{kN·m}$$

$$M_D = 0$$

在基线上依次定出以上各点竖标，在 AC、BD 段无荷载作用，用直线把相邻竖标相连即可。在 AB 段有均布荷载，先用虚直线连接 A、B 两点竖标，在虚直线 $A'B'$ 的基础上叠加上相应简支梁在均布荷载 q 作用下的 M 图。从而绘出整个梁的 M 图（图 1-6c）。

$$M_{AB中} = \frac{1}{8} \times 3 \times 8^2 - \frac{1}{2}\ (8 + 16) = 12\text{kN·m}$$

注意，区段承受均布荷载时，最大弯矩不一定在区段的中点处。一般只需标出中点弯矩。若要想求最大弯矩值，则应先确定产生最大弯矩的截面位置。由微分关系 $\frac{dM}{dx} = V$ 得知，如果 $V = 0$，则 $\frac{dM}{dx} = 0$。因此，V 图的零点相应于 M 图的极值点。在图 1-6（b）中，V 图的零点 E 的位置可确定如下：在 AE 段中，剪力图的斜率为 $\frac{dV}{dx} = \frac{\overline{AA_1}}{\overline{AE}}$，利用微分关系 $\frac{dV}{dx} = -q$，由此求出 $\overline{AE} = \frac{11}{3} = 3.67\text{m}$。故

$$M_{max} = 11 \times 3.67 - 8 - \frac{1}{2} \times 3 \times 3.67^2 = 12.17\text{kN·m}$$

【例 1-2】 试作图 1-7（a）所示多跨静定梁的内力图。

【解】 （1）先作层叠图如图 1-7（b）所示

梁 AB 固定在基础上，是基本部分。梁 EF 有两根竖向支杆与基础相连，在竖向荷载作用下，它能独立承受荷载维持平衡，亦是一基本部分。分析时应从附属部分 DE 开始，然后再分析 BD 梁和 EF 梁，最后再分析 AB 梁。

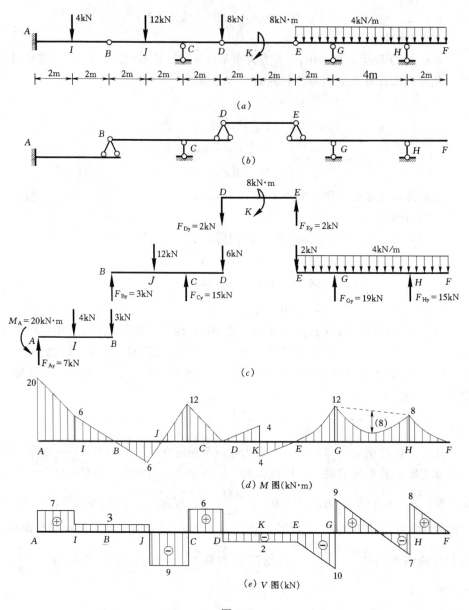

图 1-7

（2）计算支座反力

因全梁只受竖向荷载作用，由梁的整体平衡条件 $\Sigma X = 0$ 知，A 端水平支座反力为零，各铰处的水平约束力也为零，故全梁均不产生轴力。各段梁的隔离体图如图 1-7（c）所示。这样多跨静定梁就被拆成若干个单跨静定梁。依次计算各梁的反力和约束力。

这里应注意，附属部分的约束力求出后，应反向加在基本部分上，即为作用在基本部分上的荷载。如作用于 *BD* 梁 *D* 点的外力就应为向下 6kN。

（3）作内力图

分别作各单跨梁的 *M* 图和 *V* 图，合在一起即得到多跨静定梁的内力图，如图 1-7（*d*）、（*e*）所示。

【例 1-3】　试作图 1-8（*a*）所示简支刚架的内力图。

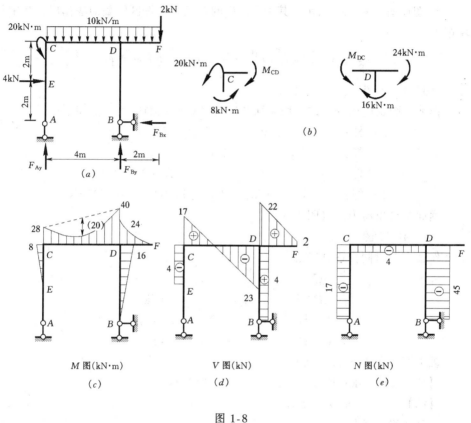

图 1-8

【解】　（1）求支座反力

由刚架整体平衡条件得

$$\Sigma X = 0, \qquad F_{Bx} = 4\text{kN} \ (\leftarrow)$$

$$\Sigma M_B = 0, \qquad F_{Ay} = 17\text{kN} \ (\uparrow)$$

$$\Sigma Y = 0, \qquad F_{By} = 45\text{kN} \ (\uparrow)$$

（2）作 *M* 图

作弯矩图应逐杆考虑。用截面法求得各杆杆端弯矩如下：

AC 杆：$M_{AE} = M_{EA} = M_{EC} = 0$，$M_{CE} = 4 \times 2 = 8\text{kN·m}$（左侧受拉）

BD 杆：$M_{BD}=0$，$M_{DB}=4\times4=16\text{kN}\cdot\text{m}$（右侧受拉）

DF 杆：$M_{FD}=0$，$M_{DF}=2\times2+10\times2\times1=24\text{kN}\cdot\text{m}$（上侧受拉）

CD 杆：利用节点 C、D 隔离体（图 1-8b）的平衡条件直接求得 CD 杆 C、D 两控制截面的弯矩。

$$M_{CD}=20+8=28\text{kN}\cdot\text{m}\quad（上侧受拉）$$

$$M_{DC}=24+16=40\text{kN}\cdot\text{m}\quad（上侧受拉）$$

M 图如图 1-8（c）所示。其中 CD 杆的弯矩图是按区段叠加法作出，其中点弯矩为

$$\frac{1}{8}\times10\times4^2-\frac{28+40}{2}=-14\text{kN}\cdot\text{m}\quad（上侧受拉）$$

（3）作 V 图

作剪力图也应逐杆考虑。用截面法求得各控制截面的剪力值如下：

AC 杆：$\quad V_{AE}=V_{EA}=0$，$V_{EC}=V_{CE}=-4\text{kN}$

BD 杆：$\quad V_{BD}=V_{DB}=4\text{kN}$

DF 杆：$\quad V_{FD}=2\text{kN}$，$V_{DF}=2+10\times2=22\text{kN}$

CD 杆：$\quad V_{CD}=17\text{kN}$，$V_{DC}=17-10\times4=-23\text{kN}$

据此可绘出剪力图（图 1-8d）。

（4）作 N 图

作轴力图时同样逐杆考虑。

AC 杆：$\quad N_{AC}=N_{CA}=-17\text{kN}$

BD 杆：$\quad N_{BD}=N_{DB}=-45\text{kN}$

DF 杆：$\quad N_{DF}=N_{FD}=0$

CD 杆：$\quad N_{CD}=N_{DC}=-4\text{kN}$

轴力图如图 1-8（e）所示。

【**例 1-4**】 试作图 1-9（a）所示三铰刚架内力图。

【**解**】 （1）求支座反力

由整体平衡条件

$$\Sigma M_B=0，\qquad F_{Ay}=\frac{20\times3+8\times3\times1.5+12}{6}=18\text{kN}\quad（\uparrow）$$

$$\Sigma M_A=0，\qquad F_{By}=\frac{20\times3+8\times3\times4.5-12}{6}=26\text{kN}\quad（\uparrow）$$

取左半部分为隔离体（图 1-9b），利用三铰刚架铰 C 处弯矩为零的平衡条件

$$\Sigma M_C=0，\qquad F_{Ax}=\frac{18\times3-12}{4}=10.5\text{kN}\quad（\rightarrow）$$

再由整体平衡条件 $\Sigma X=0$ 得，$F_{Bx}=F_{Ax}=10.5\text{kN}$（$\leftarrow$）

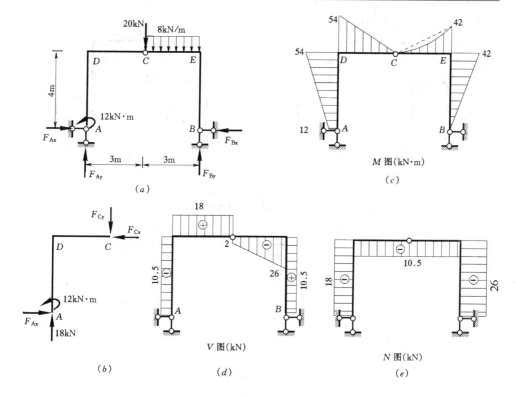

图 1-9

（2）作内力图，如图 1-9（c）、（d）、（e）所示。

【例 1-5】　试作图 1-10（a）所示刚架的弯矩图。

【解】　此刚架为三跨静定刚架，由基本部分 ACBD 和附属部分 EFG 及 KIH 组成。把刚架在铰 G 和 K 处拆开，分别画出附属部分和基本部分隔离体的受力图（图 1-10b）。

取 EFG 为隔离体，由 $\Sigma X = 0$ 可得，$F_{Gx} = 10 \times 4 = 40$kN（←）

取 KIH 为隔离体，由 $\Sigma X = 0$ 可得，$F_{Kx} = 0$，把 F_{Gx} 反向加在基本部分 ABCD 上。取 ABCD 为隔离体，由 $\Sigma X = 0$ 可得，$F_{Ax} = 40$kN（←）

刚架弯矩图如图 1-10（c）所示。

【例 1-6】　试求图 1-11（a）所示桁架中 EF 杆的内力 N_{EF}。

【解】　此桁架是由两个简单桁架（ADG 和 BCK）用 CD、GK 和 HK 三杆连接而成的联合桁架。求 EF 杆轴力时，一般需先求出两个简单桁架间的连接杆的轴力 N_{DC}。

（1）先求支座反力

$$F_{Ay} = F_{By} = \frac{7F}{2} = 3.5F \quad (\uparrow)$$

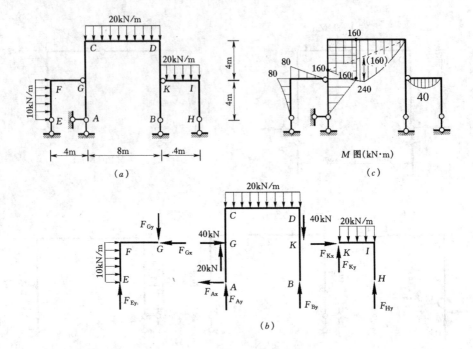

图 1-10

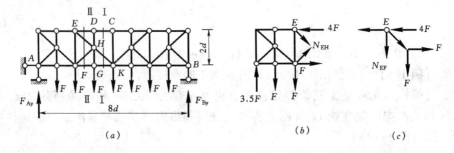

图 1-11

（2）求连接杆轴力 N_{DC}

取截面 I-I 以左为隔离体，由 $\Sigma M_K = 0$ 得

$$N_{DC} = \frac{Fd + F \times 2d + F \times 3d - 3.5F \times 4d}{2d} = -4F \text{（压力）}$$

（3）求指定杆轴力 N_{EF}

取节点 D 为隔离体，由 $\Sigma X = 0$ 得

$$N_{ED} = N_{DC} = -4F \text{（压力）}$$

取截面 II-II 以左为隔离体（图 1-11b），由 $\Sigma M_F = 0$ 得

$$N_{EH} = \frac{4F \times 2d + Fd - 3.5F \times 2d}{\sqrt{2}d} = \sqrt{2}F \text{（拉力）}$$

取节点 E 为隔离体（图 $1-11c$），由 $\Sigma Y=0$ 得

$$N_{EF}=-F\ （压力）$$

【例 1-7】　试作图 $1-12$ (a) 所示组合结构的内力图。

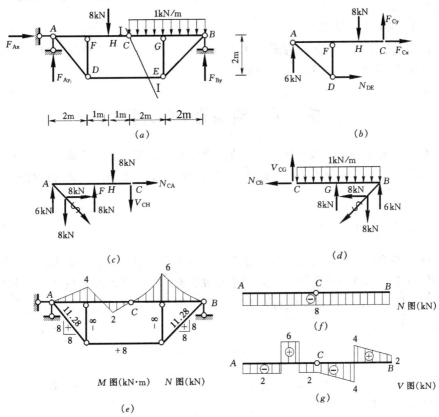

图 1-12

【解】　（1）求支座反力

由结构整体的平衡条件

$$\Sigma X=0,\qquad F_{Ax}=0$$

$$\Sigma M_{A}=0,\qquad F_{By}=\frac{8\times3+1\times4\times6}{8}=6\text{kN}\ （\uparrow）$$

$$\Sigma Y=0,\qquad F_{Ay}=8+4\times1-6=6\text{kN}\ （\uparrow）$$

（2）桁杆轴力计算

此结构是由 ADC 和 BCE 两刚片用铰 C 和桁杆 DE 连接而成的，是静定结构。

先作截面 I-I，切断两刚片连接部分，取隔离体如图 $1-12$ (b) 所示。由力矩平衡方程 $\Sigma M_{C}=0$，得

$$N_{DE} = \frac{6 \times 4 - 8 \times 1}{2} = 8kN \text{（拉力）}$$

再由节点 D 和 E 的平衡条件，求得各桁杆的轴力。结果标在图 1-12（e）中。

（3）梁杆的内力图

分别取杆 AFC 和 CGB 为隔离体（图 1-12c、d）计算梁杆的内力，作内力图，如图 1-12（e）、（f）、（g）所示。

第二节　结构的位移计算

在结构刚度的验算和超静定结构的内力分析中，都需要计算结构的位移。杆件结构位移计算公式是以变形体虚功原理为理论基础，采用单位荷载法推导出来的。

一、虚功原理

变形体的虚功原理可表述为：设变形体在力系作用下处于平衡状态，又设该变形体由于其他原因产生符合约束条件的微小连续变形，则外力在位移上所作外虚功 W_e 恒等于各个微段的应力合力在变形上所作的内虚功 W_i。也即恒有如下虚功方程成立：

$$W_e = W_i \tag{1-2}$$

变形体虚功原理的应用条件是：力状态要满足平衡条件；位移状态要满足变形连续协调条件。

对于平面杆件结构，虚功方程的具体表达式为

$$F\Delta + \Sigma F_R c = \Sigma \int (M\kappa + V\gamma_0 + N\varepsilon)\,ds \tag{1-3}$$

式中　F、F_R——平衡的力状态中的外力和支座反力；

　　M、V、N——平衡的力状态中的弯矩、剪力、轴力；

　　　　Δ——位移状态中与 F 相应的位移；

　　　　c——位移状态中与 F_R 相应的支座位移；

κ、γ_0、ε——位移状态中微段曲率、剪切角、轴向应变。

二、位移计算公式

（一）位移计算的一般公式

利用虚功原理求结构位移需要有两个状态，实际位移状态和虚设力状态。要

求的位移是由给定的荷载、温度变化及支座移动等因素引起的，以此作结构的实际位移状态；再虚设一个恰当的力状态，即在所求位移处沿所求位移方向加相应的单位荷载，让虚设力在实际位移上作功，利用虚功方程即可求得所求位移。这种计算位移的方法称为单位荷载法。

利用单位荷载法，由虚功方程（1-3）可得平面杆件结构位移计算的一般公式：

$$\Delta = \Sigma \int (\overline{M}\kappa + \overline{V}\gamma_0 + \overline{N}\epsilon)\mathrm{d}s - \Sigma\overline{F_R}c \tag{1-4}$$

式中　$\overline{F_R}$、$\overline{M}$、$\overline{V}$、$\overline{N}$——虚设单位荷载引起的支座反力和微段上的内力；

c、$\kappa\mathrm{d}s$、$\gamma_0\mathrm{d}s$、$\epsilon\mathrm{d}s$——实际位移状态中支座位移和微段上的变形。

公式（1-4）适合静定结构和超静定结构，弹性体系和非弹性体系在各种因素下产生的位移计算。

采用单位荷载法求结构位移，应注意以下几点：

（1）每建立一个虚拟状态，只能求出一个未知位移；

（2）所加的单位荷载应与所求位移相对应；

（3）虚设单位荷载的指向可以任意假定，结果为正说明假设单位荷载方向与实际位移方向相同；结果为负则说明与实际位移方向相反。

（二）荷载作用下的位移计算公式

$$\Delta = \Sigma \int \frac{\overline{M}M_F}{EI}\mathrm{d}s + \Sigma \int k\frac{\overline{V}V_F}{GA}\mathrm{d}s + \Sigma \int \frac{\overline{N}N_F}{EA}\mathrm{d}s \tag{1-5}$$

式中，M_F、V_F、N_F 为实际荷载引起的内力；k 为剪应力分布不均匀系数；E 和 G 分别为材料的弹性模量和剪切弹性模量；I 和 A 分别为杆件截面的惯性矩和面积。注意：式（1-5）只适用于线弹性材料的直杆（或微弯曲杆件）组成的平面杆系结构。

在梁和刚架中，位移主要是弯曲变形引起的，轴向和剪切变形对位移的影响很小，故其位移计算公式可简化为

$$\Delta = \Sigma \int \frac{\overline{M}M_F}{EI}\mathrm{d}s \tag{1-6}$$

对于桁架结构，只有轴向变形，而且每根杆的截面面积 A 以及轴力 $\overline{N}$、N_F 沿杆长一般都是常数，故其位移计算公式可简化为

$$\Delta = \Sigma \frac{\overline{N}N_F}{EA}l \tag{1-7}$$

对于组合结构，通常梁杆只考虑弯曲变形，桁杆只有轴向变形，故其位移计算公式可简化为

$$\Delta = \Sigma \int \frac{\overline{M}M_F}{EI}ds + \Sigma \frac{\overline{N}N_F}{EA}l \qquad (1\text{-}8)$$

（三）支座移动引起的位移计算公式

$$\Delta = -\Sigma \overline{F}_R c \qquad (1\text{-}9)$$

当 $\overline{F}_R$ 与相应支座位移 c 方向一致时，其乘积（$\overline{F}_R c$）取正号，反之取负号。

（四）温度改变引起的位移计算公式

$$\Delta = \Sigma \int \alpha t_0 \overline{N}ds + \Sigma \int \frac{\alpha\Delta t}{h}\overline{M}ds \qquad (1\text{-}10)$$

式中，α 为材料的线膨胀系数；h 为杆件截面的高度；t_0 为杆件轴线处温度改变值；Δt 为杆件两侧温度改变的差值。

对于等截面直杆，当 α、t_0、Δt 在一个杆件范围内为常数时，式（1-10）可改写成下列形式：

$$\Delta = \Sigma \pm \alpha t_0 \omega_{\overline{N}} + \Sigma \pm \frac{\alpha\Delta t}{h}\omega_{\overline{M}} \qquad (1\text{-}11)$$

式中，$\omega_{\overline{N}}$、$\omega_{\overline{M}}$ 分别为 $\overline{N}$ 和 $\overline{M}$ 图的面积。当实际温度变形与虚拟状态的变形一致时，其乘积为正，反之为负。

（五）静定桁架由于制造误差引起的位移计算公式

$$\Delta = \Sigma \overline{N}\Delta l \qquad (1\text{-}12)$$

式中，Δl 为杆件的制造误差，规定伸长为正，缩短为负；$\overline{N}$ 规定拉力为正，压力为负。

三、图乘法

（一）图乘法计算位移的条件

（1）杆件为直杆；（2）$EI =$ 常数；（3）$\overline{M}$ 和 M_F 图中至少应有一个直线图形。

对于等截面直杆所构成的梁和刚架，均可采用弯矩图图乘的方法计算位移。

（二）图乘法计算位移的公式

$$\Delta = \Sigma \int \frac{\overline{M}M_F}{EI}ds = \Sigma \frac{\omega y_0}{EI} \qquad (1\text{-}13)$$

式中，ω 为 M_F、$\overline{M}$ 图中某一图形的面积；y_0 为与该面积形心对应的另一个图形的竖标。这里 y_0 必须取自直线图形。

这样，就将较为复杂的积分运算简化为几何运算：计算图形面积 ω、形心 x_0、竖标 y_0。

（三）图乘法计算位移时需注意的问题

1.ω 与 y_0 若在杆件同侧时，乘积 ωy_0 取正号。

2.如果两个图形都是直线图形，则 y_0 可取自其中任何一个图形。

3.如果 M_F 图是曲线图形，$\overline{M}$ 是折线图形，则应分段图乘，最后叠加。

4.当图形比较复杂，其面积或形心位置不便确定时，可利用叠加法的逆运算，将其分解成几个简单的图形，并将它们分别与另一个图形图乘，最后叠加。

5.当杆件 EI 分段变化时，可分段图乘，最后叠加。

6.若 EI 沿杆长连续变化或是曲杆，则必须用积分计算位移。

四、外因作用下各种结构的位移计算

【例 1-8】 试用图乘法求图 1-13（a）所示简支梁 B 截面的转角 φ_B。设 $EI =$ 常数。

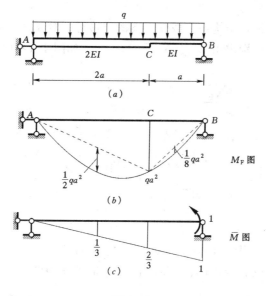

图 1-13

【解】 作 M_F、$\overline{M}$ 图，如图 1-13（b）、（c）所示。由于简支梁 EI 分段变化，故应分段图乘。由图乘法可得

$$\varphi_B = \frac{1}{2EI}\left[\left(\frac{2}{3}\times\frac{qa^2}{2}\times 2a\right)\times\frac{1}{3} + \left(\frac{1}{2}\times qa^2\times 2a\right)\times\frac{4}{9}\right]$$

$$+ \frac{1}{EI}\left[\left(\frac{2}{3}\times\frac{qa^2}{8}\times a\right)\times\frac{5}{6} + \left(\frac{1}{2}\times qa^2\times a\right)\times\frac{7}{9}\right] = \frac{19qa^3}{24EI}\ (\curvearrowright)$$

【例 1-9】 试求图 1-14（a）所示组合结构节点 D 的水平位移 Δ_{Dx}。已知 $EI = 7.5\times10^5 \text{kN}\cdot\text{m}^2$，$EA = 2.1\times10^6\text{kN}$。

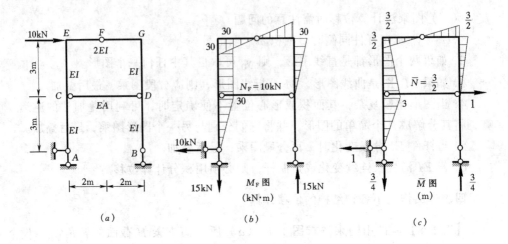

图 1-14

【解】 计算组合结构在荷载作用下的位移时，对梁杆只计弯矩影响，对桁杆只有轴力影响。分别求出 M_F、N_F 及 $\overline{M}$、$\overline{N}$，如图 1-14（b）、（c）所示。根据式（1-8）有

$$\Delta_{Dx} = \Sigma \frac{\omega y_0}{EI} + \Sigma \frac{\overline{N} N_F l}{EA}$$

$$= \frac{1}{EI} \left[\left(\frac{1}{2} \times 30 \times 3 \right) \times 2 + （30 \times 3） \times \frac{9}{4} + \left(\frac{1}{2} \times 30 \times 3 \right) \times 1 \right]$$

$$+ \frac{2}{2EI} \left[\left(\frac{1}{2} \times 30 \times 2 \right) \times 1 \right] + \frac{1}{EA} \left(10 \times \frac{3}{2} \times 4 \right)$$

$$= \frac{367.5}{EI} + \frac{60}{EA} = \frac{367.5}{7.5 \times 10^5} + \frac{60}{2.1 \times 10^6}$$

$$= 52 \times 10^{-5} \text{m} = 0.52 \text{mm} （\rightarrow）$$

【例 1-10】 图 1-15（a）所示结构的固定支座 A 顺时针转动 $\varphi_A = 0.01 \text{rad}$，$B$ 支座下沉 $b = 0.01a$，试求铰 C 左右两截面的相对转角。

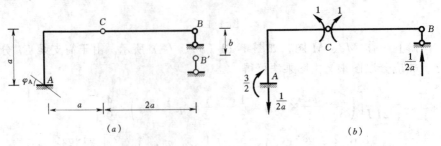

图 1-15

【解】 虚拟状态如图 1-15（b）所示，由平衡条件求得支座反力

$$\overline{F}_{R1} = \frac{1}{2a} \ (\uparrow), \quad \overline{F}_{R2} = \frac{3}{2} \ (\downarrow)$$

由公式（1-9）有

$$\varphi_C = -\Sigma\overline{F}_R c = -\left(\frac{3}{2}\times0.01 + \frac{1}{2a}\times(-0.01a)\right) = -0.01\text{rad} \ (\downarrow\downarrow)$$

【例 1-11】　图 1-16（a）所示刚架施工时温度为 20℃，试求冬季当外侧温度为 -10℃，内侧温度为 10℃ 时，C 点的竖向位移 Δ_{Cy}。已知 $l = 6\text{m}$，$\alpha = 10^{-5}$℃，各杆均为矩形截面，高度 $h = 0.4\text{m}$。

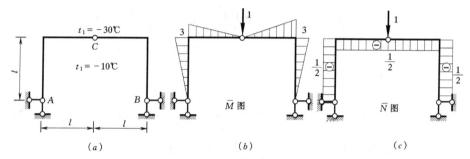

图 1-16

【解】　外侧温度变化为 $t_1 = -10 - 20 = -30$℃

内侧温度变化为 $t_2 = 10 - 20 = -10$℃。

故有

$$t_0 = \frac{t_1 + t_1}{2} = \frac{-30 - 10}{2} = -20\text{℃}$$

$$\Delta t = t_2 - t_1 = -10 - (-30) = 20\text{℃}$$

虚设单位荷载作用下的 $\overline{M}$ 和 $\overline{N}$ 图（图 1-16b、c）。由公式（1-11）可得

$$\Delta_{Cy} = \Sigma \alpha t_0 \omega_{\overline{N}} + \Sigma \frac{\alpha\Delta t}{h} \omega_{\overline{M}}$$

$$= \alpha \ (-20) \left(-\frac{1}{2}\times l\times4\right) + \frac{\alpha}{h}\times20\times\left(-\frac{1}{2}\times3\times l\times4\right)$$

$$= 40\alpha l - 120\frac{\alpha l}{h} = 40\alpha l\left(1 - \frac{3}{h}\right)$$

$$= 40\times10^{-5}\times6\times\left(1 - \frac{3}{0.4}\right) = -0.0156\text{m} = -15.6\text{mm} \ (\uparrow)$$

【例 1-12】　图 1-17（a）所示桁架各杆温度升高 10℃，材料的线膨胀系数为 $\alpha = 10^{-5}$/℃，另外由于制造误差，BD 杆缩短了 5mm，试求节点 D 的竖向位移 Δ_{Dy}。

【解】　为求 D 点的竖向位移，在 D 点加一竖向单位荷载 $F = 1$，并求出各

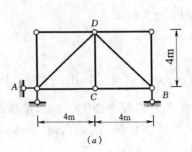

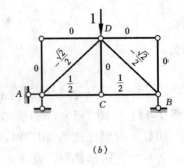

(a) (b)

图 1-17

杆的 $\overline{N}$ 值如图 1-17 (b) 所示。

$$\Delta_{Dy} = \Sigma \overline{N} \Delta l + \Sigma \overline{N} \alpha t_0 l$$

$$= \left(-\frac{\sqrt{2}}{2}\right) \times (-0.005) + 10^{-5} \times 10 \times \left(-\frac{\sqrt{2}}{2} \times 4\sqrt{2} \times 2 + \frac{1}{2} \times 4 \times 2\right)$$

$$= 3.53 \times 10^{-3} - 0.4 \times 10^{-3} = 3.13 \text{mm} \quad (\downarrow)$$

五、有弹性支座结构的位移计算

具有弹性支座结构的位移计算是研究这类结构强度计算、稳定计算、动力分析的基础。

弹性支座是指支座本身受力后将发生位移，而力解除后位移便可消失的支座。弹性支座有两种常见类型：弹性移动支座（图 1-18）和弹性转动支座（图1-19）。

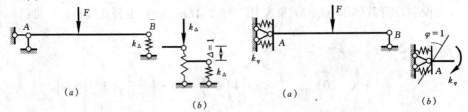

(a) (b) (a) (b)

图 1-18 弹性移动支座   图 1-19 弹性转动支座

在外力作用下，弹性支座处产生支座反力，支座反力与其变形成正比。该比例系数称为弹性支座的刚度系数，用 k 表示。刚度系数就是使支座发生单位位移（线位移或角位移）时所需施加的力（或力矩）。

以图 1-20 (a) 所示梁为例，利用单位荷载法推导荷载作用下的位移计算公式。

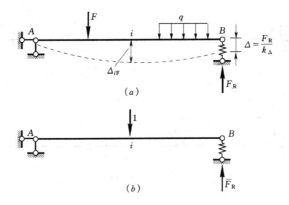

图 1-20 有弹性支座结构位移计算

虚设力状态（图 1-20b）弹性支座反力为 $\overline{F}_R$；实际状态（图 1-20a）弹性支座反力为 F_R，则支座位移为 $\dfrac{F_R}{k_\Delta}$。由位移计算的一般公式可得

$$\Delta = \Sigma \int \frac{\overline{M}M_F}{EI}ds + \Sigma \int k\frac{\overline{V}V_F}{GA}ds + \Sigma \int \frac{\overline{N}N_F}{EA}ds + \overline{F}_R\frac{F_R}{k_\Delta} \tag{1-14}$$

对于还有弹性转动支座的体系，并且弹性支座不止一个，则位移计算公式可写为

$$\Delta = \Sigma \int \frac{\overline{M}M_F}{EI}ds + \Sigma \int k\frac{\overline{V}V_F}{GA}ds + \Sigma \int \frac{\overline{N}N_F}{EA}ds$$

$$+ \Sigma\overline{F}_R\frac{F_R}{k_\Delta} + \Sigma\overline{M}\frac{M_F}{k_\varphi} \tag{1-15}$$

对于梁和刚架，只考虑弯曲变形，（1-15）简化为

$$\Delta = \Sigma \int \frac{\overline{M}M_F}{EI}ds + \Sigma\overline{F}_R\frac{F_R}{k_\Delta} + \Sigma\overline{M}\frac{M_F}{k_\varphi} \tag{1-16}$$

式中，当 $\overline{F}_R$ 与 F_R、$\overline{M}$ 与 M_F 方向一致时，乘积取正，反之取负。

【例 1-13】 试求图 1-21（a）所示梁截面 D 的转角 φ_D。$EI = $ 常数。已知弹性移动支座的刚度系数 $k_1 = \dfrac{3EI}{l^3}$，弹性铰的抗转刚度系数 $k_2 = \dfrac{6EI}{l}$，弹性转动支座的抗转刚度系数 $k_3 = \dfrac{48EI}{l}$。

【解】 作出 M_F 图（图 1-21b），在 D 截面加一单位力偶作 $\overline{M}$ 图（图 1-21c），并求出两个状态的弹性支座的反力和反力矩，如图 1-21（b）、（c）所示。

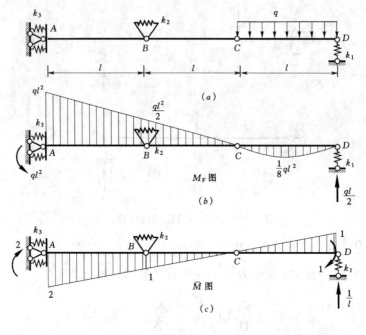

图 1-21

$$\varphi_D = \Sigma \frac{\omega y_0}{EI} + \Sigma \overline{F}_R \frac{F_R}{k_\Delta} + \Sigma \overline{M} \frac{M_F}{k_\varphi}$$

$$= \frac{1}{EI}\left[\frac{2}{3} \times \frac{1}{8}ql^2 \times l \times \frac{1}{2} \times (-1) + \frac{1}{2} \times ql^2 \times 2l \times \frac{2}{3} \times (-2)\right]$$

$$+ \frac{1}{l} \times \frac{ql}{2} \times \frac{l^3}{3EI} - 1 \times \frac{ql^2}{2} \times \frac{l}{6EI} - 2 \times ql^2 \times \frac{l}{48EI}$$

$$= -\frac{4}{3}ql^3 \ (\downarrow)$$

六、互等定理

线弹性结构有四个互等定理,其中最基本的是功的互等定理,其他三个定理可由此推导出来。

(一)功的互等定理

在任一线性变形体系中,第一状态的外力在第二状态的位移上所作的虚功 W_{12} 等于第二状态的外力在第一状态的位移上所作的虚功 W_{21}。即

$$W_{12} = W_{21} \tag{1-17}$$

(二)位移互等定理

在任一线性变形体系中,第一个单位力的方向上由第二个单位力引起的位移

δ_{12}等于在第二个单位力的方向上由第一个单位力引起的位移 δ_{21}。即

$$\delta_{12} = \delta_{21} \tag{1-18}$$

（三）反力互等定理

在任一线性变形体系中，支座 1 由于支座 2 的单位位移引起的反力 r_{12} 等于支座 2 由于支座 1 的单位位移引起的反力 r_{21}。即

$$r_{12} = r_{21} \tag{1-19}$$

（四）反力与位移互等定理

在任一线性变形体系中，由单位荷载引起的某支座处的反力在数值上等于该支座发生与反力相一致的单位位移时在单位荷载作用处引起的位移，但符号相反。即

$$r_{12} = -\delta_{21} \tag{1-20}$$

第三节　超静定结构的计算

超静定结构是具有多余约束的几何不变体系，仅根据平衡条件不能求出其全部内力和支座反力。对其进行内力分析，除考虑静力平衡条件外，还应考虑变形协调条件。

计算超静定结构的基本方法是力法和位移法。这两种基本方法的解题思路都是设法将未知的超静定结构计算问题转换成已知的结构计算问题。转换的桥梁就是基本结构，转换的条件就是基本方程，转换后要解决的关键问题就是求解基本未知量。

一、力法

力法是以多余未知力为基本未知量，一般用静定结构作为基本结构，以变形协调条件建立基本方程来求解超静定结构内力的计算方法。

（一）超静定次数的确定

超静定结构多余约束（或多余未知力）的数目称为超静定次数，用 n 表示。

确定超静定次数的方法是：去掉超静定结构中的多余约束，使原结构变成静定结构，所去掉的多余约束的数目即为原结构的超静定次数。

（二）力法基本原理

现以图 1-22（a）所示一次超静定结构为例说明力法的基本原理。取超静定结构中的多余未知力 X_1 作为力法的基本未知量。把原结构中多余约束（支座 B）去掉得一静定结构（图 1-22b）称为力法的基本结构。基本结构在多余未知力和荷载共同作用下的体系（图 1-22c）称为力法的基本体系。基本体系和原结构具有相同的平衡条件。若让基本体系和原结构具有相同的变形，则应使基本体

系沿多余未知力方向的位移与原结构相应处的位移相等，即 $\Delta_1 = 0$。根据这个变形协调条件建立包含多余未知力的几何方程 $\delta_{11}X_1 + \Delta_{1F} = 0$，称为力法的基本方程（亦称力法的典型方程）。

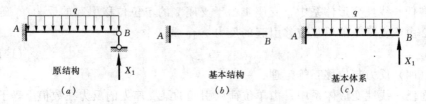

图 1-22　力法的基本结构与基本体系

力法基本方程的建立表明基本体系与原结构具有相同的受力和变形状态。这样，求基本体系的内力就相当于求原结构的内力。超静定结构的计算问题就转换成静定结构的内力和位移计算。

由力法基本方程求得多余未知力后，可按叠加法或平衡条件计算内力。

（三）力法典型方程

对于 n 次超静定结构，利用叠加原理，由力法基本结构在多余未知力、荷载、温度改变、支座移动等因素共同作用下，沿多余未知力方向的位移与原超静定结构相应处的实际位移 Δ_i 一致的条件，建立 n 个关于多余未知力的方程，即为力法典型方程：

$$\left.\begin{array}{l} \delta_{11}X_1 + \delta_{12}X_2 + \cdots + \delta_{1i}X_i + \cdots + \delta_{1n}X_n + \Delta_{1F} + \Delta_{1t} + \Delta_{1c} = \Delta_1 \\ \delta_{21}X_1 + \delta_{22}X_2 + \cdots + \delta_{2i}X_i + \cdots + \delta_{2n}X_n + \Delta_{2F} + \Delta_{2t} + \Delta_{2c} = \Delta_2 \\ \cdots\cdots \\ \delta_{i1}X_1 + \delta_{i2}X_2 + \cdots + \delta_{ii}X_i + \cdots + \delta_{in}X_n + \Delta_{iF} + \Delta_{it} + \Delta_{ic} = \Delta_i \\ \cdots\cdots \\ \delta_{n1}X_1 + \delta_{n2}X_2 + \cdots + \delta_{ni}X_i + \cdots + \delta_{nn}X_n + \Delta_{nF} + \Delta_{nt} + \Delta_{nc} = \Delta_n \end{array}\right\} \quad (1\text{-}21)$$

式中　　　　δ_{ij}——基本结构在 $X_j = 1$ 单独作用下，沿 X_i 方向的位移；

Δ_i——原结构沿 X_i 方向的实际位移；

Δ_{iF}（Δ_{it}、Δ_{ic}）——基本结构在荷载（温度改变、支座移动）单独作用下，沿 X_i 方向的位移。

（四）力法解题步骤

1. 确定超静定次数 n。

2. 选择力法的基本未知量和力法的基本结构，确定力法的基本体系。

3. 根据基本体系沿多余未知力 X_i 方向的位移与原结构相应位移相等的条件，建立力法典型方程。

4.作出基本结构的各单位内力图和荷载内力图,由相应的位移计算公式求力法典型方程中系数 δ_{ii}、δ_{ij} 和自由项 Δ_{iF}、Δ_{it}、Δ_{ic}。

5.解力法典型方程,求出基本未知量 X_i。

6.根据叠加原理,作结构内力图。

$$
\left.
\begin{aligned}
M &= \overline{M}_1 X_1 + \overline{M}_2 X_2 + \cdots\cdots + \overline{M}_n X_n + M_F \\
V &= \overline{V}_1 X_1 + \overline{V}_2 X_2 + \cdots\cdots + \overline{V}_n X_n + V_F \\
N &= \overline{N}_1 X_1 + \overline{N}_2 X_2 + \cdots\cdots + \overline{N}_n X_n + N_F
\end{aligned}
\right\}
\qquad (1\text{-}22)
$$

或者将已求出的 X_i 视为外力,根据基本体系的平衡条件,直接求内力。

7.校核。

【例 1-14】 试用力法作图 1-23(a)所示结构的内力图。设各杆刚度的比值为 $EI_2 = \dfrac{1}{2}EI_1$,$EA = \dfrac{3}{7}EI_1$。

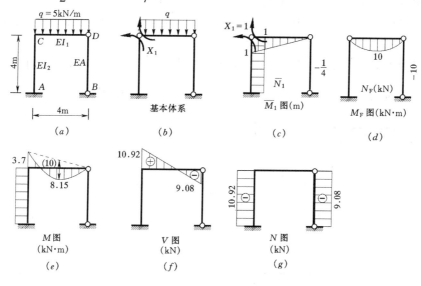

图 1-23

【解】 此结构为一次超静定组合结构。取力法基本体系,如图 1-23(b)所示。

建立力法典型方程 $\qquad \delta_{11}X_1 + \Delta_{1F} = 0$

绘出基本结构的 $\overline{M}_1$ 及 M_F 图,并求出 DB 杆的轴力 $\overline{N}_1$ 及 N_F(图 1-23c、d)。计算系数和自由项时,对梁杆只考虑弯矩影响,对桁杆应计轴力影响。

由位移计算公式可求得

$$
\delta_{11} = \Sigma \int \frac{\overline{M}_1^2}{EI} ds + \Sigma \frac{\overline{N}_1^2 l}{EA}
$$

$$= \frac{2}{EI_1}\ (1\times4\times1)\ +\frac{1}{EI_1}\Big(\frac{1}{2}\times1\times4\times\frac{2}{3}\times1\Big)+\frac{7}{3EI_1}\Big(-\frac{1}{4}\Big)^2\times4$$

$$= \frac{119}{12EI_1}$$

$$\Delta_{1F}=\Sigma\int\frac{\overline{M}_1 M_F}{EI}ds+\Sigma\frac{\overline{N}_1 N_F}{EA}l$$

$$= \frac{1}{EI_1}\Big(\frac{2}{3}\times10\times4\times\frac{1}{2}\times1\Big)+\frac{7}{3EI_1}\times\ (-10)\ \times\Big(-\frac{1}{4}\Big)\times4$$

$$= \frac{110}{3EI_1}$$

代入力法典型方程可解得

$$X_1=-\frac{\Delta_{1F}}{\delta_{11}}=-3.7\text{kN·m}\ (\downarrow\swarrow)$$

按叠加公式 $M=\overline{M}_1 X_1+M_F$ 作原结构弯矩图，如图 1-23 （e）所示。再根据弯矩图作出剪力图，如图 1-23 （f）所示。再由剪力图作出轴力图，如图 1-23 （g）所示。

【例 1-15】 试求图 1-24 （a）所示刚架由于温度改变所产生的弯矩图。各杆截面为矩形，高度 $h=\frac{l}{10}$，线膨胀系数为 α。设 $EI=$ 常数。

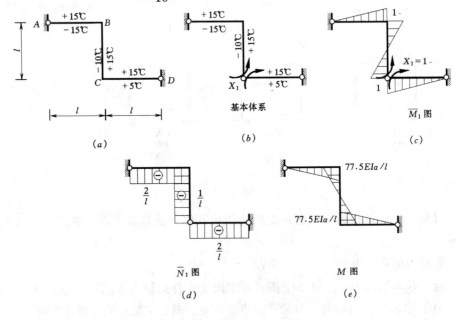

图 1-24

【解】 此结构是一次超静定刚架，取基本体系如图 1-24 （b）所示。力法典型方程为

$$\delta_{11} X_1 + \Delta_{1t} = 0$$

分别作 $\overline{N}_1$、$\overline{M}_1$ 图，如图 1-24（c）、（d）所示，由位移计算公式可求得

$$\delta_{11} = \frac{2}{EI}\left(\frac{1}{2} \times 1 \times l \times \frac{2}{3} \times 1 + \frac{1}{2} \times 1 \times \frac{l}{2} \times \frac{2}{3} \times 1\right) = \frac{l}{EI}$$

$$\Delta_{1t} = \Sigma \omega_{\overline{M}} \frac{\Delta t \alpha}{h} + \Sigma \omega_{\overline{N}} \alpha t_0$$

$$= \frac{10\alpha}{l}\left(\frac{1}{2} \times 1 \times l \times 30 - \frac{1}{2} \times 1 \times l \times 10\right)$$

$$+ \alpha\left(-\frac{5}{2} \times \frac{1}{l} \times l - 10 \times \frac{2}{l} \times l\right)$$

$$= 100\alpha - 22.5\alpha = 77.5\alpha$$

代入典型方程可得

$$X_1 = -\frac{\Delta_{1t}}{\delta_{11}} = -\frac{77.5\alpha EI}{l} \qquad (\downarrow\downarrow)$$

最后弯矩图 $M = \overline{M}_1 X_1$，如图 1-24（e）所示。由计算结果可知，在温度变化影响下，超静定结构的内力与各杆刚度的绝对值有关。

【例 1-16】　图 1-25（a）所示结构的 A 支座发生了水平位移 $a = 0.5\mathrm{cm}$（向右），$b = 1\mathrm{cm}$（向下），$\varphi = 0.01\mathrm{rad}$，已知各杆的抗弯刚度 $EI = 3.6 \times 10^4 \mathrm{kN} \cdot \mathrm{m}^2$。试绘制 M 图。

【解】　取基本体系，如图 1-25（b）所示，建立力法典型方程

$$\delta_{11} X_1 + \Delta_{1F} + \Delta_{1c} = 0$$

作出 $\overline{M}_1$ 和 M_F 图并求出相应的反力（图 1-25c、d），由图乘法及支座移动时的位移计算公式可求得

$$\delta_{11} = \frac{1}{EI}\left(\frac{1}{2} \times 4 \times 4 \times \frac{2}{3} \times 4 + 4 \times 4 \times 4\right) = 2.37 \times 10^{-3}$$

$$\Delta_{1F} = \frac{1}{EI}(20 \times 4 \times 4) = 8.9 \times 10^{-3}$$

$$\Delta_{1c} = -\Sigma \overline{F}_R c = -[4 \times (-0.01) + 1 \times 0.01] = 0.03$$

将系数、自由项代入典型方程解算可得

$$X_1 = -16.41\mathrm{kN} \quad (\downarrow)$$

然后，由叠加法 $M = \overline{M}_1 X_1 + M_F$ 可作出最后弯图（图 1-25e）。

（五）结构对称性利用

利用结构对称性简化计算的前提条件是结构必须对称。对称结构是指结构的几何形状、支承条件和刚度分布均对称于某轴，该轴为结构的对称轴。

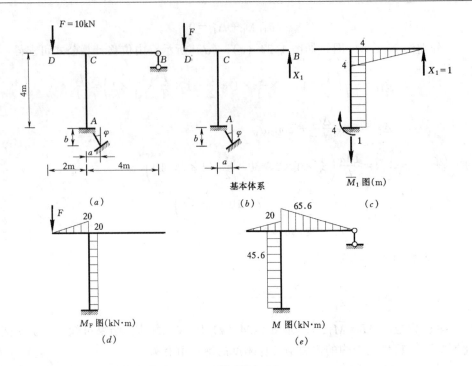

图 1-25

对称结构的受力和变形特点是：在对称荷载作用下，内力和变形是对称的，弯矩图和轴图是对称的，而剪力图是反对称的；在反对称荷载作用下，内力和变形是反对称的，弯矩图和轴力图是反对称的，而剪力图是对称的。利用这些特点，在结构对称轴切口处按原结构的受力和变形设置相应的支承得到原结构的等效半边结构。取半边结构代替原结构计算能降低超静定次数达到简化的目的。

【例 1-17】　试作图 1-26 (a) 所示刚架的弯矩图。设 $EI =$ 常数。

【解】　此结构是一个对称结构，由于荷载是反对称的，故取半边结构如图 1-26 (b) 所示（注意：将中柱 AE 段的抗弯刚度减半）。再取基本体系如图 1-26 (c) 所示。建立力法典型方程

$$\delta_{11} X_1 + \Delta_{1F} = 0$$

分别作出 $\overline{M}_1$、M_F 图，如图 1-26 (d)、(e) 所示，由图乘法可得

$$\delta_{11} = \frac{1}{EI} \left(\frac{1}{2} \times a \times a \times \frac{2}{3} \times a + a \times a \times a \right) = \frac{4a^3}{3EI}$$

$$\Delta_{1F} = \frac{1}{EI} \left(a \times a \times \frac{3}{4} Fa \right) = \frac{3}{4EI} Fa^3$$

代入典型方程可解得

$$X_1 = -\frac{\Delta_{1F}}{\delta_{11}} = -\frac{9}{16} F \quad (\downarrow)$$

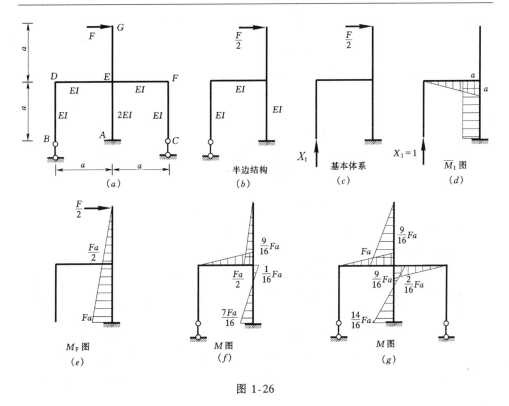

图 1-26

　　由叠加公式 $M = \overline{M}_1 X_1 + M_F$ 作半边结构弯矩图，如图 1-26（f）所示。由对称性得原结构的弯矩图，如图 1-26（g）所示。

二、位移法

　　位移法是以独立结点位移为基本未知量，用单跨超静定梁组合体作为基本结构，以静力平衡方程为基本方程来求解超静定结构内力的计算方法。

　　（一）位移法的基本原理

　　现以图 1-27（a）所示刚架为例说明位移法的基本原理。取结点位移 Δ_1、Δ_2 作为位移法的基本未知量。先在有关结点增加附加约束阻止结点的移动和转动，即在刚结点 B 加入附加刚臂阻止其转动；在结点 C 加入附加链杆阻止其移动。从而把原结构转化成单跨超静定梁的组合体（图 1-27b），该组合体称为位移法的基本结构。再使基本结构承受原有的荷载，并强使附加刚臂转动与实际相符的转角 Δ_1 及强使附加链杆移动实际位移 Δ_2，所得的体系（图 1-27c）称为位移法的基本体系。这样，基本体系的受力和变形与原结构完全相同。由于原结构实际上不存在附加约束，若使基本体系与原结构具有相同的受力状态，则基本体系在附加约束中的反力应等于零，即 $F_1 = 0$，$F_2 = 0$。由此建立包含基本未知量的平衡方程，称为位移法的基本方程（亦称位移法的典型方程）。

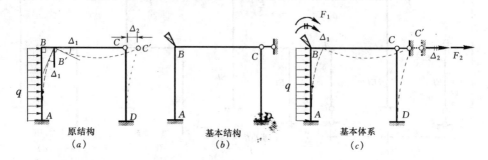

图 1-27 位移法的基本结构与基本体系

由位移法基本方程求得基本未知量后，可按叠加原理计算结构内力。

（二）位移法基本未知量的确定

位移法是以独立结点位移为基本未知量。它包括独立的结点角位移和独立的结点线位移。结点角位移未知量的数目等于结构刚结点和半铰结点的数目之和。确定结点线位移未知量的数目时，假定受弯直杆两端之间的距离在变形后仍保持不变。具体方法是"铰化结点，增设链杆"，即将结构各刚性结点、半铰结点改为铰结点，并将固定支座改为固定铰支座，使原结构变成铰结体系。使该铰结体系成为几何不变体，所需增加的最少链杆数，就等于原结构独立结点线位移数目。

（三）位移法典型方程

位移法典型方程是根据基本结构在荷载（温度改变、支座移动等外因）及基本未知量共同作用下，附加约束处反力为零的条件建立的。对于有 n 个基本未知量的结构，利用叠加原理，位移法典型方程为：

$$
\left.
\begin{aligned}
&k_{11}\Delta_1 + k_{12}\Delta_2 + \cdots + k_{1i}\Delta_i + \cdots + k_{1n}\Delta_n + F_{1F} + F_{1c} + F_{1t} = 0 \\
&k_{21}\Delta_1 + k_{22}\Delta_2 + \cdots + k_{2i}\Delta_i + \cdots + k_{2n}\Delta_n + F_{2F} + F_{2c} + F_{2t} = 0 \\
&\qquad\qquad\cdots\cdots\cdots\cdots\cdots \\
&k_{i1}\Delta_1 + k_{i2}\Delta_2 + \cdots + k_{ii}\Delta_i + \cdots + k_{in}\Delta_n + F_{iF} + F_{ic} + F_{it} = 0 \\
&\qquad\qquad\cdots\cdots\cdots\cdots\cdots \\
&k_{n1}\Delta_1 + k_{n2}\Delta_2 + \cdots + k_{ni}\Delta_i + \cdots + k_{nn}\Delta_n + F_{nF} + F_{nc} + F_{nt} = 0
\end{aligned}
\right\}
\quad (1\text{-}23)
$$

式中　　　k_{ij}——基本结构附加约束 j 单独发生单位位移 $\Delta_j = 1$ 时，在附加约束 i 处产生的约束反力。

F_{iF}（F_{it}、F_{ic}）——基本结构在荷载（温度改变、支座移动）单独作用时，在附加约束 i 处产生的约束反力。

单跨超静定梁的形常数　　　表 1-1

编号	简 图	杆端弯矩		杆端剪力	
		M_{AB}	M_{BA}	V_{AB}	V_{BA}
1	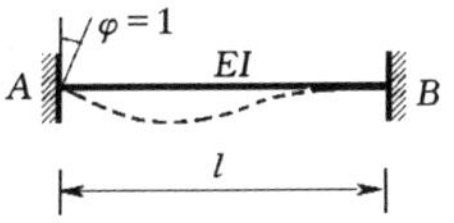	$4i$	$2i$	$-\dfrac{6i}{l}$	$-\dfrac{6i}{l}$
2	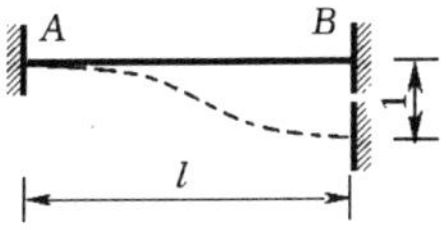	$-\dfrac{6i}{l}$	$-\dfrac{6i}{l}$	$\dfrac{12i}{l^2}$	$\dfrac{12i}{l^2}$
3	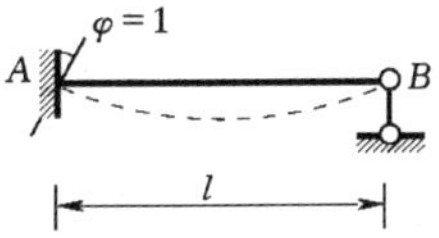	$3i$	0	$-\dfrac{3i}{l}$	$-\dfrac{3i}{l}$
4	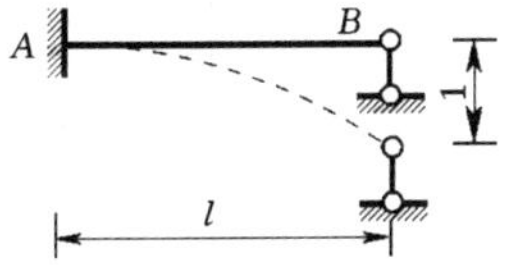	$-\dfrac{3i}{l}$	0	$\dfrac{3i}{l^2}$	$\dfrac{3i}{l^2}$
5	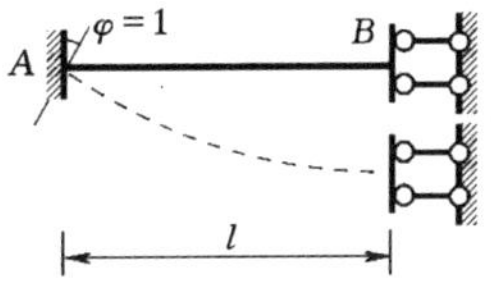	i	$-i$	0	0

单跨超静定梁的载常数　　　表 1-2

编号	简 图	杆端弯矩		杆端剪力	
		M_{AB}^{F}	M_{BA}^{F}	V_{AB}^{F}	V_{BA}^{F}
1	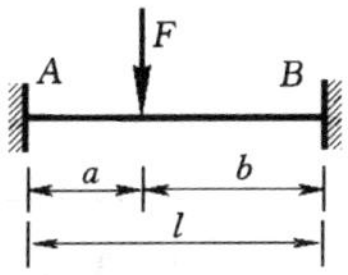	$-\dfrac{Fab^2}{l^2}$	$\dfrac{Fa^2b}{l^2}$	$\dfrac{Fb^2\,(l+2a)}{l^3}$	$-\dfrac{Fa^2\,(l+2b)}{l^3}$
		当 $a=b=\dfrac{l}{2}$，$-\dfrac{Fl}{8}$	$\dfrac{Fl}{8}$	$\dfrac{F}{2}$	$-\dfrac{F}{2}$
2	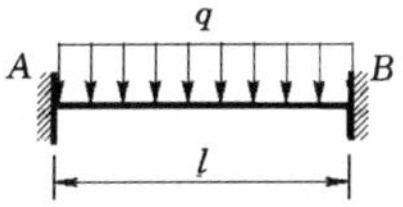	$-\dfrac{1}{12}ql^2$	$\dfrac{1}{12}ql^2$	$\dfrac{1}{2}ql$	$-\dfrac{1}{2}ql$

编号	简 图	杆端弯矩		杆端剪力	
		M^F_{AB}	M^F_{BA}	V^F_{AB}	V^F_{BA}
3		$-\dfrac{1}{20}ql^2$	$\dfrac{1}{30}ql^2$	$\dfrac{7}{20}ql$	$-\dfrac{3}{20}ql$
4		$\dfrac{b\,(3a-l)}{l^2}M$	$\dfrac{a\,(3b-l)}{l^2}M$	$-\dfrac{6ab}{l^3}M$	$-\dfrac{6ab}{l^3}M$
5	$\Delta t = t_2 - t_1$	$-\dfrac{EI\alpha\Delta t}{h}$	$\dfrac{EI\alpha\Delta t}{h}$	0	0
6		$-\dfrac{Fab\,(l+b)}{2l^2}$	0	$\dfrac{Fb\,(3l^2-b^2)}{2l^3}$	$-\dfrac{Fa^2\,(3l-a)}{2l^3}$
		当 $a=b=\dfrac{l}{2}$ 时 $-\dfrac{3Fl}{16}$	0	$\dfrac{11F}{16}$	$-\dfrac{5F}{16}$
7		$-\dfrac{1}{8}ql^2$	0	$\dfrac{5}{8}ql$	$-\dfrac{3}{8}ql$
8		$-\dfrac{1}{15}ql^2$	0	$\dfrac{2}{5}ql$	$-\dfrac{1}{10}ql$
9		$-\dfrac{7}{120}ql^2$	0	$\dfrac{9}{40}ql$	$-\dfrac{11}{40}ql$
10		$\dfrac{l^2-3b^2}{2l^2}M$	0	$-\dfrac{3\,(l^2-b^2)}{2l^3}M$	$-\dfrac{3\,(l^2-b^2)}{2l^3}M$
		当 $a=l$ 时，$\dfrac{M}{2}$	M	$-\dfrac{3}{2l}M$	$-\dfrac{3}{2l}M$

续表

编号	简 图	杆端弯矩		杆端剪力	
		M_{AB}^F	M_{BA}^F	V_{AB}^F	V_{BA}^F
11	A t_1 t_2 B l $\Delta t = t_2 - t_1$	$-\dfrac{3EI\alpha\Delta t}{2h}$	0	$\dfrac{3EI\alpha\Delta t}{2hl}$	$\dfrac{3EI\alpha\Delta t}{2hl}$
12	F A B a b l	$-\dfrac{Fa}{2l}(2l-a)$	$-\dfrac{Fa^2}{2l}$	F	0
		当 $a=\dfrac{l}{2}$ 时, $-\dfrac{3Fl}{8}$	$-\dfrac{Fl}{8}$	F	0
13	F A B l	$-\dfrac{Fl}{2}$	$-\dfrac{Fl}{2}$	F	F
14	q A B l	$-\dfrac{ql^2}{3}$	$-\dfrac{ql^2}{6}$	ql	0
15	A t_1 t_2 B $\Delta t = t_2 - t_1$	$-\dfrac{EI\alpha\Delta i}{h}$	$\dfrac{EI\alpha\Delta t}{h}$	0	0

（四）位移法解题步骤

1. 确定位移法的基本未知量。

2. 加入附加约束，确定位移法的基本体系。

3. 根据基本体系在附加约束处约束反力为零的条件建立位移法典型方程。

4. 作出基本结构的各单位弯矩图和荷载（温度改变、支座移动）等外因作用下的弯矩图（可查表 1-1、1-2）。由平衡条件求出位移法典型方程中的系数 k_{ii}、k_{ij} 和自由项 F_{iF}、F_{it}、F_{ic}。

5. 解位移法典型方程，求出基本未知量 Δ_i。

6. 根据叠加原理，作结构的内力图。

$$M = \overline{M}_1\Delta_1 + \overline{M}_2\Delta_2 + \cdots + \overline{M}_n\Delta_n + M_F + M_t + M_c$$
$$V = \overline{V}_1\Delta_1 + \overline{M}_2\Delta_2 + \cdots + \overline{V}_n\Delta_n + V_F + V_t + V_c \quad (1\text{-}24)$$
$$N = \overline{N}_1\Delta_1 + \overline{N}_2\Delta_2 + \cdots + \overline{N}_n\Delta_n + N_F + N_t + N_c$$

7. 校核。

【例1-18】 试用位移法作图1-28（a）所示结构的弯矩图。设 EI = 常数。

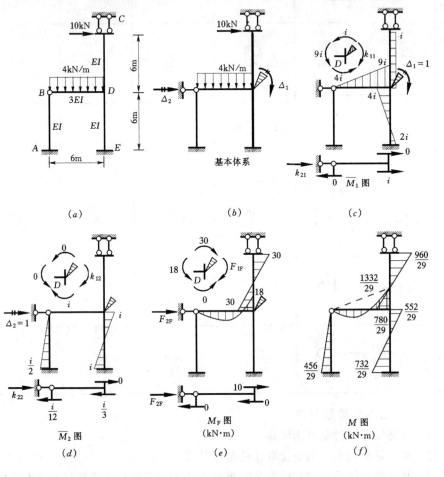

图 1-28

【解】 此刚架的基本未知量为结点 D 的转角 Δ_1 和横梁 BD 的水平位移 Δ_2。取基本体系，如图1-28（b）所示。位移法典型方程为

$$k_{11}\Delta_1 + k_{12}\Delta_2 + F_{1F} = 0$$
$$k_{21}\Delta_1 + k_{22}\Delta_2 + F_{2F} = 0$$

绘出基本结构的 $\overline{M}_1$、$\overline{M}_2$、M_F 图（图1-28c、d、e），可求得

$$k_{11} = 14i, \ k_{12} = k_{21} = -i, \ k_{22} = \frac{5}{12}i$$

$$F_{1F} = -12, \ F_{2F} = -10$$

将求得的各系数和自由项代入典型方程，得

$$\left.\begin{array}{r} 14i\Delta_1 - i\Delta_2 - 12 = 0 \\[2mm] -i\Delta_1 + \dfrac{5}{12}i\Delta_2 - 10 = 0 \end{array}\right\}$$

解以上两式可得

$$\Delta_1 = \frac{90}{29i}, \ \Delta_2 = \frac{912}{29i}$$

由叠加法 $M = \overline{M}_1\Delta_1 + \overline{M}_2\Delta_2 + M_F$ 作出最后弯矩图，如图 1-28（f）所示。

【**例 1-19**】　试求图 1-29（a）所示弹性支座上刚架的弯矩。i 为杆的线刚度，弹性支座刚度 $k = 4i/l^2$

【**解**】　此超静定刚架存在弹性支座，在荷载作用下弹性支座产生位移，由于弹性支座反力未知，相应的支座位移也是未知的。因此把弹性支座方向的位移作为基本未知量处理。

此刚架用位移法求解时，基本未知量为结点 B 的转角 Δ_1 和结点 C 的竖向位移 Δ_2，取基本体系，如图 1-29（b）所示。典型方程为

$$\left.\begin{array}{r} k_{11}\Delta_1 + k_{12}\Delta_2 + F_{1F} = 0 \\[2mm] k_{21}\Delta_1 + k_{22}\Delta_2 + F_{2F} = 0 \end{array}\right\}$$

绘出基本结构的 $\overline{M}_1$、$\overline{M}_2$、M_F 图（图 1-29c、d、e），可求得

$$k_{11} = 12i, \ k_{12} = k_{21} = -\frac{4i}{l}, \ k_{22} = \frac{4i}{l^2} + k = \frac{8i}{l^2}$$

$$F_{1F} = \frac{ql^2}{12}, \ F_{2F} = -ql$$

将求得的各系数和自由项代入位移法典型方程，得

$$\left.\begin{array}{r} 12i\Delta_1 - \dfrac{4i}{l}\Delta_2 + \dfrac{ql^2}{12} = 0 \\[4mm] -\dfrac{4i}{l}\Delta_1 + \dfrac{8i}{l^2}\Delta_2 - ql = 0 \end{array}\right\}$$

解方程组得

$$\Delta_1 = \frac{ql^2}{24i}, \ \Delta_2 = \frac{7ql^3}{48i}$$

由叠加法 $M = \overline{M}_1\Delta_1 + \overline{M}_2\Delta_2 + M_F$ 可绘出最后弯矩图，如图 1-29（f）所示。

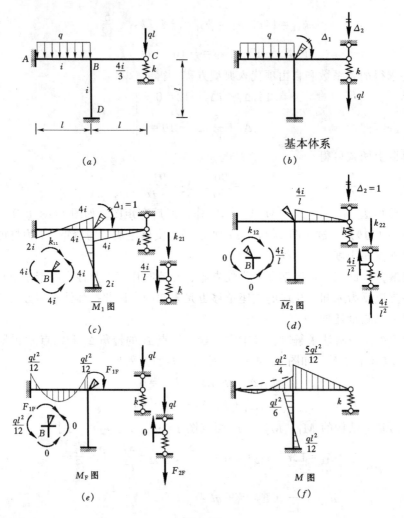

图 1-29

【例 1-20】 试用位移法作图 1-30（a）所示结构的弯矩图。$EI =$ 常数，弹性支座刚度为 $k = \dfrac{EI}{l^3}$。

【解】 此刚架横梁 CD 为无限刚性，当刚架承受荷载（支座移动为广义荷载）作用时，梁不弯曲，仅发生平动。因此与横梁刚接的柱顶也无转角。此刚架的基本未知量只有结点 D 的水平线位移 Δ_1，取基本体系，如图 1-30（b）所示，建立位移法典型方程：

$$k_{11}\Delta_1 + F_{1c} = 0$$

绘出基本结构的 $\overline{M}_1$、M_c 图，如图 1-30（c）、（d）所示。横梁 CD 的弯矩可由结点平衡求得。分别从 $\overline{M}_1$、M_c 图中取横梁为隔离体，由 $\Sigma X = 0$ 得

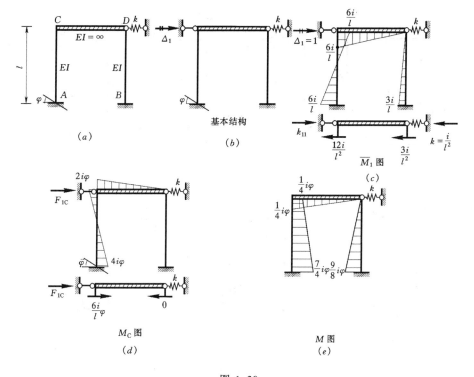

图 1-30

$$k_{11} = \frac{15i}{l^2} + k = \frac{16i}{l^2}, \quad F_{1c} = -\frac{6i}{l}\varphi$$

将求得的系数和自由项代入典型方程求得

$$\Delta_1 = \frac{3}{8}l\varphi$$

由叠加法 $M = \overline{M}_1 \Delta_1 + M_c$ 作出最后弯矩图，如图 1-30（e）所示。

【例 1-21】 图 1-31（a）所示刚架外侧温度升高 25℃，内侧温度升高 35℃，试绘制其弯矩图。刚架的 EI = 常数，截面对称于形心轴，其高度 $h = \frac{l}{10}$，材料的线膨胀系数为 α。

【解】 这是一对称结构，荷载（温度改变是广义荷载）也是对称的。取半边结构，如图 1-31（b）所示，E 处为滑动支座。确定基本体系（图 1-31c），建立位移法典型方程为

$$k_{11}\Delta_1 + F_{1t0} + F_{1\Delta t} = 0$$

设 $i = \frac{EI}{l}$，作单位弯矩图，如图 1-31（d）所示。可求得

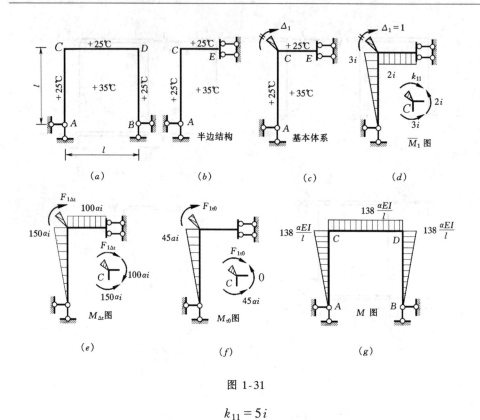

图 1-31

$$k_{11} = 5i$$

对于超静定结构，温度改变时除杆件内外温差使杆件弯曲，产生一部分固端弯矩外，轴线温度改变使杆件产生轴线变形，结点亦产生已知线位移，使杆件产生另一部分固端弯矩，下面分别进行计算。

杆件温差为 $\Delta t = 35 - 25 = 10℃$，故杆件弯曲变形所产生的弯矩图 $M_{\Delta t}$ 图如图 1-31（e）所示。取 C 结点为隔离体，由 $\Sigma M_C = 0$ 可求得

$$F_{1\Delta t} = 50\alpha i$$

杆件的轴线温度为 $t_0 = \dfrac{35 + 25}{2} = 30℃$，故杆 CE 沿杆轴线产生的位移为 $\Delta = \alpha t_0 l/2 = 15\alpha l$。由此，杆 AC 的杆端产生的固端弯矩为

$$M_{CA}^{F} = \frac{3i}{l}\Delta = 45\alpha i$$

杆件轴向变形所产生的弯矩图 M_{t0} 图如图 1-31（f）所示。取 C 结点为隔离体，由 $\Sigma M_C = 0$ 可求得

$$F_{1t0} = 45\alpha i$$

将系数和自由项代入典型方程有

$$5i\Delta_1 + 50\alpha i + 45\alpha i = 0$$

解得

$$\Delta_1 = -19\alpha \quad (\uparrow)$$

刚架最后弯矩图为 $M = \overline{M}_1\Delta_1 + M_{t0} + M_{\Delta t}$，如图 1-31（g）所示。

三、力矩分配法

力矩分配法是以位移法为理论基础的一种渐近解法，它可以避免求解联立方程组，而且可以直接求得各杆端弯矩，它适用于计算连续梁和无结点线位移刚架。

（一）基本概念

1. 转动刚度

当使杆件 AB 的 A 端（近端）产生单位转角时，在 A 端所需施加的力矩称为 AB 杆在 A 端的转动刚度，用 S_{AB} 表示。它标志着 AB 杆在 A 端抵抗转动的能力。其值与杆件的线刚度和杆件另一端（远端）的支承情况有关。

2. 传递系数

当杆件 AB 仅在 A 端转动时，除近端 A 处产生弯矩 M_{AB} 外，远端 B 处也产生了弯矩 M_{BA}。远端弯矩 M_{BA} 与近端弯矩 M_{AB} 的比值称为传递系数，用 C_{AB} 表示。即 $C_{AB} = \dfrac{M_{BA}}{M_{AB}}$。显然，传递系数也与远端支承情况有关。

对于等截面直杆，各种情况下的转动刚度和传递系数分别为：

$$\text{远端为固定端：} \quad S_{AB} = 4i, \quad C_{AB} = \frac{1}{2};$$

$$\text{远端为铰支座：} \quad S_{AB} = 3i, \quad C_{AB} = 0;$$

$$\text{远端为滑动支座：} \quad S_{AB} = i, \quad C_{AB} = -1;$$

$$\text{远端为自由端：} \quad S_{AB} = 0, \quad C_{AB} = 0。$$

3. 分配系数

若干个杆刚接于 A 点，其中 Aj 杆的分配系数等于此杆的转动刚度与刚接于 A 点各杆转动刚度总和的比值。即

$$\mu_{Aj} = \frac{S_{Aj}}{\sum\limits_A S} \tag{1-25}$$

同一结点各杆端分配系数之和等于 1，即

$$\sum_A \mu_{Aj} = 1 \tag{1-26}$$

（二）力矩分配法的基本原理

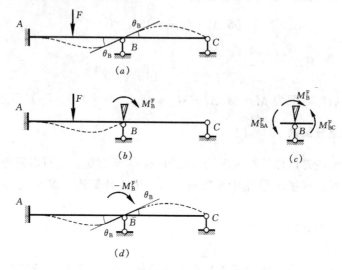

图 1-32 单结点力矩分配的概念

现在以图 1-32（*a*）所示连续梁来说明力矩分配法的基本原理。

首先，在刚结点 *B* 处加一附加刚臂，固定结点 *B*，如图 1-32（*b*）所示，称为固定状态。这时，连续梁转化成两个单跨超静定梁，在荷载作用下产生固端弯矩 M_{BA}^F、M_{BC}^F，此时在附加刚臂上产生约束力矩 M_B^F（也称为结点不平衡力矩），可通过结点 *B*（图 1-32*c*）的平衡条件求得，约束力矩在数值上等于汇交于结点上各杆固端弯矩的代数和。

然后，放松结点，让结点 *B* 转动 θ_B 角，即在结点 *B* 处施加一个反号的约束力矩（图 1-32*d*），称为放松状态。将该结点外力矩即反号的约束力矩按分配系数分配给各杆近端，得分配弯矩 $M_{Bj} = \mu_{Bj}(-M_B^F)$。按传递系数将分配弯矩传递到各杆远端，得到传递弯矩 $M_{jB} = C_{Bj}M_{Bj}$。

最后，将两种状态下的杆端弯矩叠加，即得实际的杆端弯矩。

这种用力矩的分配和传递的概念，直接计算各杆端弯矩的方法，称为力矩分配法。

（三）力矩分配法的解题步骤

1. 计算汇交于各结点的各杆端的分配系数 μ_{ik}，并确定传递系数 C_{ik}。

2. 固定各结点，计算各杆的固端弯矩 M_{ik}^F。

3. 逐次放松各结点，并对每个结点按分配系数将约束力矩反号分配给汇交于该结点的各杆端，然后将各杆的分配弯矩乘以传递系数传至另一端，按此步骤循环计算直至传递弯矩小到可略去为止。

4. 将各杆端的固端弯矩与历次的分配弯矩和传递弯矩相加，即得各杆端的最后弯矩。

5．绘弯矩图，进而可作剪力图和轴力图。

【例1-22】　试用力矩分配法计算图 1-33（a）所示连续梁在荷载与支座 C 沉降 $\Delta = 4\text{cm}$ 的共同作用下的内力，并绘制弯矩图。各杆线刚度 $i = 500\text{kN·m}$。

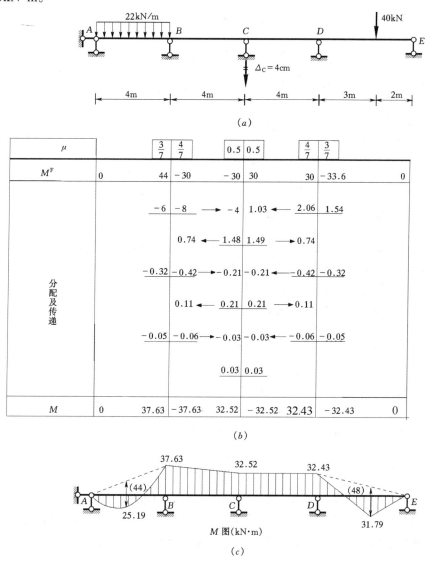

（a）

（b）

（c）

图 1-33

【解】　（1）计算各结点的分配系数

结点 B：
$$\mu_{BA} = \frac{3i}{3i+4i} = \frac{3}{7}, \quad \mu_{BC} = \frac{4i}{3i+4i} = \frac{4}{7}$$

其余各结点的分配系数可同样算出，见图 1-33（b）上所注。

（2）固定各结点，求各杆的固端弯矩

$$M_{BA}^{F} = \frac{1}{8} \times 22 \times 4^2 = 44 \text{kN·m}$$

$$M_{BC}^{F} = M_{CB}^{F} = -\frac{6 \times 500 \times 0.04}{4} = -30 \text{kN·m}$$

$$M_{CD}^{F} = M_{DC}^{F} = \frac{6 \times 500 \times 0.04}{4} = 30 \text{kN·m}$$

$$M_{DE}^{F} = -\frac{40 \times 3 \times 2 \times (5+2)}{2 \times 5^2} = -33.6 \text{kN·m}$$

（3）依次放松各结点进行力矩分配和传递

为了加快收敛的速度，凡不相邻的各结点每次均可同时放松。故分配应从同时放松结点 B 和 D 开始，整个计算详见图 1-33（b）。

（4）计算各杆端的最后弯矩，并绘 M 图（图 1-33c）

四、超静定结构的位移计算

在用力法计算超静定结构内力时，我们知道，基本结构在荷载和多余未知力共同作用下，其内力和变形均与原结构相同。所以，求超静定结构的位移就可转化为求静定基本结构的位移。基本作法是：先求出超静定结构在实际荷载作用下的最后内力图，再把相应的虚单位荷载加在任何一种力法基本结构上，绘出内力图，按位移计算公式求结构位移。

对于超静定梁和刚架的位移计算公式：

荷载作用：
$$\Delta = \Sigma \int \frac{\overline{M}M_F}{EI} \mathrm{d}s \tag{1-27}$$

温度改变：
$$\Delta = \Sigma \alpha t_0 \omega_{\overline{N}} + \Sigma \frac{\alpha \Delta t}{h} \omega_{\overline{M}} + \Sigma \int \frac{\overline{M}M_t}{EI} \mathrm{d}s \tag{1-28}$$

支座移动：
$$\Delta = -\Sigma \overline{F}_R c + \Sigma \int \frac{\overline{M}M_c}{EI} \mathrm{d}s \tag{1-29}$$

式中 $\overline{M}$——单位荷载引起的静定基本结构的弯矩；

M_F、M_c、M_t——超静定结构在荷载作用、支座移动、温度改变引起的内力。

超静定结构在实际荷载、支座移动、温度改变作用下的最后内力图，可用力法求出，也可用位移法、力矩分配法求出。

由于结点位移是位移法的基本未知量，如要求超静定结构的结点角位移和结点线位移时，可直接用位移法求解。

【例 1-23】 试求图 1-34（a）所示具有弹性支座结构的弯矩图，并求结

点 D 的水平位移 Δ_{Dx}。已知弹性支座的刚度系数 $k = \dfrac{3EI}{l}$。

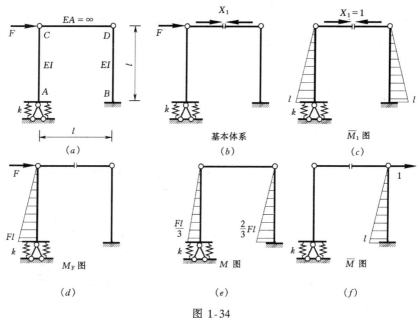

图 1-34

【解】　（1）绘 M 图

这是一次超静定结构。切断链杆 CD 的轴向约束，在切口处加上轴力 X_1，得出基本体系，如图 1-34（b）所示。根据切口两侧截面沿 X_1 方向的位移即沿轴向的相对位移为零的条件，建立力法典型方程

$$\delta_{11} X_1 + \Delta_{1F} = 0$$

作基本结构的 $\overline{M}_1$、M_F 图（1-34c、d），由此求得系数和自由项：

$$
\begin{aligned}
\delta_{11} &= \Sigma \int \frac{\overline{M}_1^2}{EI} \mathrm{d}x + \Sigma \frac{\overline{F}_R^2}{k} \\
&= \frac{2}{EI}\left(\frac{1}{2} \times l \times l \times \frac{2}{3} \times l\right) + l \times l \times \frac{1}{k} \\
&= \frac{2l^3}{3EI} + \frac{l^3}{3EI} = \frac{l^3}{EI}
\end{aligned}
$$

$$
\begin{aligned}
\Delta_{1F} &= \Sigma \int \frac{\overline{M}_1 M_F}{EI} \mathrm{d}x + \Sigma \overline{F}_R \cdot \frac{F_R}{k} \\
&= \frac{1}{EI}\left(\frac{1}{2} \times Fl \times l \times \frac{2}{3} \times l\right) + Fl \times l \times \frac{1}{k} \\
&= \frac{Fl^3}{3EI} + \frac{Fl^3}{3EI} = \frac{2Fl^3}{3EI}
\end{aligned}
$$

将系数和自由项代入典型方程，解得

$$X_1 = -\frac{\Delta_{1F}}{\delta_{11}} = -\frac{2}{3}F \quad (\leftarrow \quad \rightarrow)$$

利用叠加公式 $M = \overline{M}_1 X_1 + M_F$ 作 M 图，如图 1-34（e）所示。

（2）求节点 D 的水平位移 Δ_{Dx}

在基本结构（图 1-34f）的 D 点加上水平单位力，并绘出 $\overline{M}$ 图，如图 1-34（f）所示。将其与 M 相乘可得

$$\Delta_{Dx} = \sum \frac{\omega y_0}{EI}$$

$$= \frac{1}{EI}\left(\frac{1}{2} \times \frac{2}{3}Fl \times l \times \frac{2}{3} \times l\right) = \frac{2Fl^3}{9EI} \ (\rightarrow)$$

【例 1-24】 图 1-35（a）所示刚架支座 D 下沉了 $\Delta_D = 0.08\text{m}$，支座 E 下沉了 $\Delta_E = 0.05\text{m}$，并发生了顺时针方向的转角 $\varphi_E = 0.01\text{rad}$，试求结点 B 的转角 φ_B。已知各杆的 $EI = 6 \times 10^4 \text{kN·m}^2$。

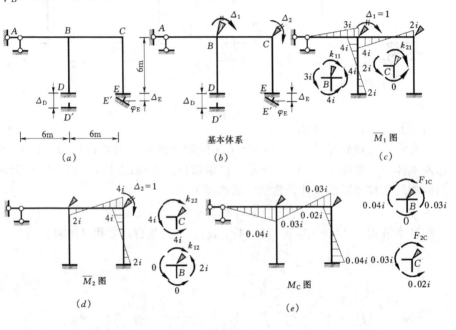

图 1-35

【解】 由于结点 B 的转角 φ_B 是位移法的基本未知量 Δ_1，因此可直接采用位移法求 φ_B。确定基本体系，如图 1-35（b）所示。根据基本结构在 Δ_1、Δ_2 及支座位移的共同影响下，附加刚臂上的反力矩为零的平衡条件，可建立位移法典型方程为

$$\left.\begin{array}{l} k_{11}\Delta_1 + k_{12}\Delta_2 + F_{1c} = 0 \\ k_{21}\Delta_1 + k_{22}\Delta_2 + F_{2c} = 0 \end{array}\right\}$$

设 $\dfrac{EI}{6}=i$，绘出基本结构的 $\overline{M}_1$、$\overline{M}_2$ 图（图 1-35c、d），可求得

$$k_{11}=11i,\quad k_{12}=k_{21}=2i,\quad k_{22}=8i$$

基本结构由于支座位移，使各杆产生固端弯矩为

$$M_{BA}^{F}=-\frac{3i}{6}\times0.08=-0.04i$$

$$M_{CB}^{F}=M_{BC}^{F}=-\frac{6i}{6}\times(-0.08+0.05)=0.03i$$

$$M_{CE}^{F}=2i\times0.01=0.02i$$

$$M_{EC}^{F}=4i\times0.01=0.04i$$

据此可绘出 M_c 图（图 1-35e），可求得

$$F_{1c}=-0.01i,\quad F_{2c}=0.05i$$

将上述的系数和自由项代入典型方程，得

$$\varphi_B=\Delta_1=0.002143\text{rad}\qquad(\downarrow)$$

思　考　题

1．为什么直杆上任一区段的弯矩图都可以用简支梁叠加法来作？其步骤如何？

2．怎样根据弯矩图来作剪力图？又怎样进而作出轴力图及求出支座反力？

3．在温度变化引起的位移计算公式中，如何确定各项的正负号？

4．图乘法的适用条件是什么？求变截面梁和曲杆的位移时是否可用图乘法？如果梁的截面沿杆长成阶梯形变化，求位移时能否用图乘法？

5．静定结构解答的唯一性与超静定结构解答的唯一性有什么区别？

6．力法解超静定结构的思路是什么？什么是力法的基本结构和基本体系？力法基本体系与原结构有何异同？

7．用力法计算超静定结构，考虑温度改变、支座移动等因素的影响与考虑荷载作用的影响，二者有何异同？

8．用力法计算带有弹性支座的超静定结构，如何考虑弹性支座的作用？

9．用位移法计算超静定结构时，如何取基本结构？如何取基本体系？与力法计算时选择基本结构和基本体系的思路有何根本的不同？对于同一结构，力法计算时可以选择不同的基本体系，位移法可以有几种不同的基本体系吗？

10．用位移法计算超静定结构时，由于支座位移和温度变化的作用，与荷载的作用在计算上有何异同？

11．对具有刚性横梁（$EI=\infty$）的结构，用位移法求解时应注意些什么问题？

12．采用位移法计算带有弹性支座的超静定结构时，弹性支座如何考虑？弹性力的方向如何确定？

13．在力法和位移法中，它们各自采用什么方式来满足平衡和变形协调条件？

14．怎样求超静定结构的位移？为什么可以把虚拟单位荷载加在任何一种力法基本结构上？

15．计算超静定结构的位移与计算静定结构的位移二者有何异同？

16．计算超静定结构内力和位移时，在什么情况下只需给出 EI 的相对值？在什么情况下需给出 EI 的绝对值？

17．什么是结点不平衡力矩？如何计算结点不平衡力矩？为什么要将它反号才能进行分配？

18．力矩分配法不适用计算有结点线位移的结构，但当无结点线位移结构发生已知支座移动时结点是有线位移的，为什么还可以用力矩分配法计算？

习　题

1-1　试作图示单跨静定梁的内力图。

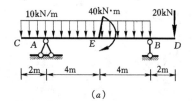 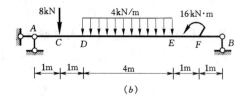

(a)　　　　　　　　　　　　(b)

图 1-36　习题 1-1 图

1-2　试作图示多跨静定梁的内力图。

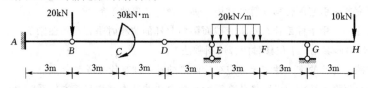

图 1-37　习题 1-2 图

1-3　试作图示刚架的内力图。

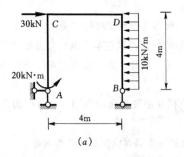 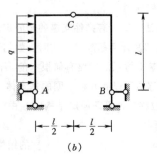

(a)　　　　　　　　　　　　(b)

图 1-38　习题 1-3 图

1-4 试作图示刚架的弯矩图。

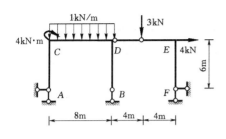

图 1-39 习题 1-4 图

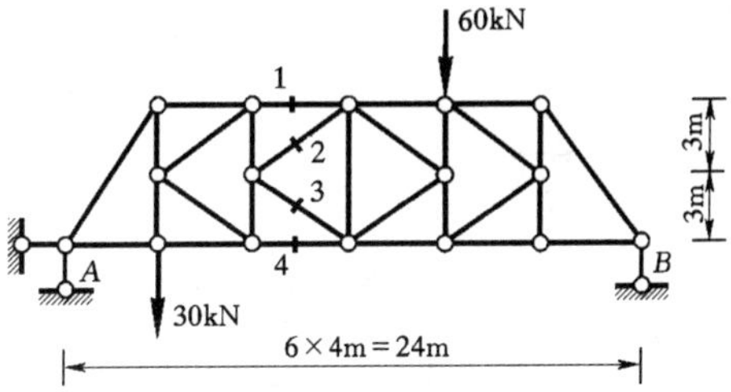

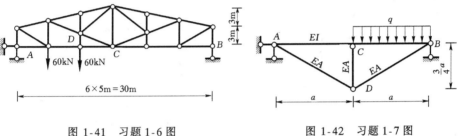

图 1-40 习题 1-5 图

1-5 试求图示桁架中 1、2、3、4 杆的内力。

1-6 试求图示桁架 *DC* 杆的内力。

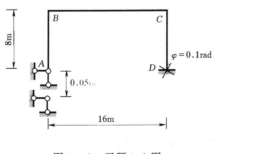

图 1-41 习题 1-6 图

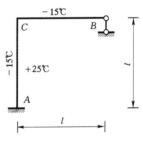

图 1-42 习题 1-7 图

1-7 试用力法计算图示组合结构，并绘 *M*、*V*、*N* 图。$A = \dfrac{1}{a^2}$。

1-8 试用力法计算图示刚架由于支座位移所引起的内力，并绘 *M*、*V*、*N* 图。已知 *EI* = 36750kN·m²。

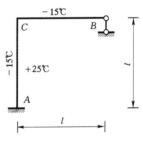

图 1-43 习题 1-8 图

图 1-44 习题 1-9 图

1-9 试用力法计算图示刚架在温度改变时支座 *B* 的支座反力。各杆 *EI* 均为常数。$h = \dfrac{l}{10}$。

1-10 试用力法计算图示结构，并绘弯矩图，*EI* = 常数。$k_1 = \dfrac{12EI}{l^3}$，$k_2 = \dfrac{EI}{l}$。

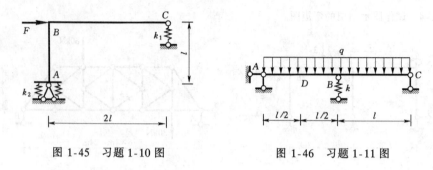

图 1-45 习题 1-10 图   图 1-46 习题 1-11 图

1-11 图示连续梁 $EI=$ 常数，B 处为弹性支座，$k=\dfrac{10EI}{l^3}$，试用力法计算，绘其弯矩图，并求 D 点的竖向位移。

1-12 试用位移法计算图示结构，并绘弯矩图。EI 为常数。

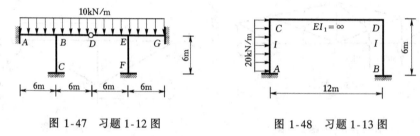

图 1-47 习题 1-12 图   图 1-48 习题 1-13 图

1-13 试用位移法计算图示结构，并绘弯矩图。$EI=$ 常数。

1-14 试用位移法计算图示结构中 AB 杆的轴力。

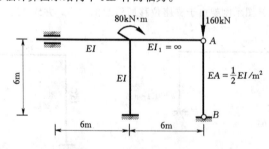

图 1-49 习题 1-14 图

1-15 试用位移法计算图示弹性支承连续梁，梁的 $EI=$ 常数，弹性支座的刚度 $k=EI/10$（kN/m）。

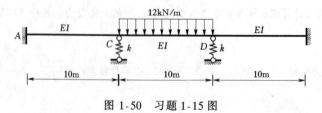

图 1-50 习题 1-15 图

1-16　图示刚架内部温度上升25℃，外部温度下降15℃，用位移法作弯矩图。已知各杆截面相同，均为矩形，截面高度 $h = l/10$，且 $EI =$ 常数，线膨胀系数为 α。

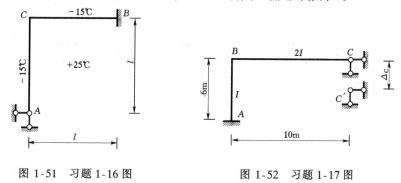

图 1-51　习题 1-16 图　　　　　图 1-52　习题 1-17 图

1-17　设支座 C 下沉 $\Delta_C = 0.5\text{cm}$，试求作图示刚架的 M 图。已知 $EI = 3 \times 10^5 \text{kN} \cdot \text{m}^2$。

1-18　试用力矩分配法计算图示连续梁，并绘弯矩图。

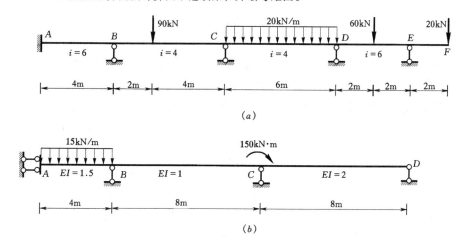

图 1-53　习题 1-18 图

第二章 矩阵位移法

学 习 要 点

通过本章学习,掌握用矩阵位移法进行结构分析的基本原理,包括单元和结点的划分;局部和整体坐标系下单元刚度矩阵的形成;用单元定位向量形成结构刚度矩阵;结构的综合结点荷载的形成;结构刚度方程的形成及其求解;结构各杆内力和支座反力的求解等。能正确使用平面杆系结构静力分析程序对工程实际问题进行结构分析。

第一节 概 述

经典力法、位移法都是建立在手算基础上的传统解算超静定结构的方法。当结构基本未知量数目较多时,需要建立和求解多元代数方程组,用手工计算显得非常繁琐和困难。矩阵的应用和电子计算机的出现促使包括结构力学在内的许多领域发生了深刻变革,过去人们认为相当繁难的问题,现在可以比较容易地解决了。因此,基于电算解题的结构矩阵分析方法在 20 世纪 60 年代便迅速地发展起来。

矩阵运算与电子计算机应用相结合在工程界已产生了重大的影响。在结构矩阵分析方法中,采用矩阵进行运算,使所得公式非常紧凑,在形式上具有统一性,便于使计算过程程序化,因而适合于电子计算机进行自动化计算的要求。

结构矩阵分析实际上就是杆系结构的有限单元法,它的基本思想是:先把结构离散成有限数目的单元,然后再考虑结点变形协调和力的平衡条件,将这些离散的单元组合成原来的结构。这样,就可使一个复杂结构的计算问题转化为简单单元的分析和集合问题。

与传统的结构力学方法——力法和位移法相对应,杆系结构的有限单元法主要有矩阵力法(柔度法)和矩阵位移法(刚度法)两类。矩阵力法在计算机中采用力作为基本未知量;矩阵位移法则采用结点位移作为基本未知量。对于杆系结构,矩阵位移法更便于编制通用的程序,因而在工程界更为流行,为此,本章将详细介绍这种方法。

简单说来,矩阵位移法就是以矩阵形式表达的位移法,它与一般位移法的基本原理总体上是相同的,即它们都是以结点位移为基本未知量,通过平衡方程求解,然后再计算结构内力的方法。

矩阵位移法的分析过程可分为三个基本步骤：（1）结构的离散化，即把结构划分为仅通过结点（杆端）连接的有限个单元（杆），与普通位移法相比，它的单元或结点划分可不受任何限制；（2）单元分析，即研究单元的力学特性，也就是分析单元杆端力与杆端位移之间的关系；（3）整体分析，实际结构是这些单元组成的集合体，因此必须考虑单元的集合方法，从数学上讲，就是研究整体方程组的组成原理和求解方法。

第二节　局部坐标系下的单元刚度矩阵

一、单元和结点的划分

进行结构矩阵分析的第一步就是结构的离散化，它包括划分单元和结点。离散后的每个独立杆件就是一个单元，整个结构将由各单元通过单元两端的结点连接而成。在一般位移法中，为了手算达到尽量减少未知量数目的目的，通常只定义刚结点的角位移和结点线位移作为位移法的基本未知量。而在矩阵位移法中，理论上讲，单元和结点划分可不受任何限制。为了计算方便，通常每个单元的杆要采用等截面直杆，且为同一种材料。这样，结构中的某些点就必须作为结点，它们有杆件的转折点、汇交点、支承点、截面突变点、自由端、材料交界点等，这些结点都是根据结构本身的构造特征来确定的，故称为构造结点。图 2-1 中 1 ~7 都是构造结点。对于集中力作用点，为了保证结构只承受结点荷载，也可将它作为一个结点来处理，这种结点则称为非构造结点；若不把它看作结点，可按本章第五节讨论的方法，改用等效结点荷载来替代。除此之外，杆件中任何位置都可以设置非构造结点，有时，为了提高计算精度，这样做也是必要的。

对于一些特殊情况的杆，有时需要做特殊处理。例如，对于渐变截面杆，通常是把单元中点截面作为该单元的截面几何参数；对于曲杆，则把它划分成若干个单元，用一段段折线近似地代替原曲杆。

结构的所有结点确定以后，结点间的单元也就随之确定了。接着需要对单元和结点进行编号，从 1 开始逐个编到最后一个单元或结点。为了有所区别，单元编号可以用①、②、③、…表示，结点编号用 1、2、3、…表示，如图 2-1 所示。单元编号和结点编号顺序原则上是任意的，但学到后面，就会知道，结点编号顺序对计算机内存和计算时间影响很大，为了减少内存和计算时间，通常应使每个单元两端结点的编号差值尽可能小。

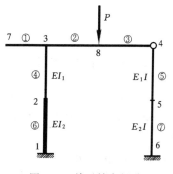

图 2-1　单元结点划分

二、单元杆端力和杆端位移的表示方法

我们取一个单元来分析讨论，如图 2-2 所示。单元的两端分别用 i 和 j 表

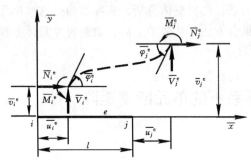

图 2-2　单元杆端力及杆端位移

示，按一般情况考虑，单元两端为固定端，这时的单元我们称它为梁单元。这样，整个单元共有六个杆端位移和六个杆端力。为了使每个单元的分析结果具有相同的形式，通常采用同样的坐标系来进行分析，即所谓的局部坐标系，用 $\overline{oxy}$ 表示，i 点即为原点 o，$\overline{x}$ 轴即为杆的轴线，由 i 指向 j 点，$\overline{y}$ 轴与杆轴线相垂直。这样，i 点的杆端位移

（轴向位移，横向位移和转角）为 $\overline{u}_i^e$、$\overline{v}_i^e$ 和 $\overline{\varphi}_i^e$，相应的杆端力（轴力，剪力和弯矩）为 $\overline{N}_i^e$、$\overline{V}_i^e$ 和 $\overline{M}_i^e$；j 点的杆端位移为 $\overline{u}_j^e$、$\overline{v}_j^e$ 和 $\overline{\varphi}_j^e$，相应的杆端力为 $\overline{N}_j^e$、$\overline{V}_j^e$ 和 $\overline{M}_j^e$。这里，上标 e 表示该单元编号。

为了计算方便，对于杆端位移和杆端力，其正负号规定与以前将有所不同。这里规定，凡位移和力与坐标轴方向一致时为正，反之为负；凡转角和力矩沿逆时针转向为正，反之为负。图 2-2 中所示的杆端位移和杆端力都是正值。

从这章开始，一切参数和变量都将用矩阵和向量表示，因此，这里首先把结点位移和结点力用向量表示。若用 $\overline{\boldsymbol{F}}^e$ 代表单元 e 的杆端力列向量，$\overline{\boldsymbol{\delta}}^e$ 代表杆端位移列向量，则有

$$
\left.
\begin{aligned}
\overline{\boldsymbol{F}}^e &= \{\overline{F}^e\} = [\ \{\overline{F}_i^e\}\ \{\overline{F}_j^e\}\ ]^T = [\ \overline{N}_i^e\quad \overline{V}_i^e\quad \overline{M}_i^e\quad \overline{N}_j^e\quad \overline{V}_j^e\quad \overline{M}_i^e\ ]^T \\
\overline{\boldsymbol{\delta}}^e &= \{\overline{\delta}^e\} = [\ \{\overline{\delta}_i^e\}\ \{\overline{\delta}_j^e\}\ ]^T = [\ \overline{u}_i^e\quad \overline{v}_i^e\quad \overline{\varphi}_i^e\quad \overline{u}_j^e\quad \overline{v}_j^e\quad \overline{\varphi}_j^e\ ]^T
\end{aligned}
\right\}(2\text{-}1)
$$

上式中的子块 $\{\overline{F}_i^e\}$、$\{\overline{F}_j^e\}$、$\{\overline{\delta}_i^e\}$、$\{\overline{\delta}_j^e\}$ 分别表示单元局部坐标系中杆端 i 和 j 的力和位移。

三、单元杆端力和杆端位移之间的关系

大家知道，当结构受到外因作用时，所产生的内力和变形两者之间一定存在某种必然的联系，而且还知道，结构力学主要研究的是小变形问题，而在弹性小变形范围内，杆件轴向受力状态与弯曲受力状态互不影响，因此我们可以从轴向变形和弯曲变形两个方面分别得到单元杆端力和杆端位移之间的关系，然后，再把它们组合到一起。

对于轴向变形（如图 2-3），根据材料力学的拉压虎克定律

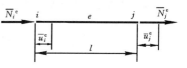

图 2-3　单元受拉压作用

$$\sigma = E\varepsilon = E\frac{\Delta l}{l} = \frac{E}{l}\,(\overline{u}_j^{\,e} - \overline{u}_i^{\,e})$$

得

$$\left.\begin{array}{l}\overline{N}_i^{\,e} = -\,\sigma A = -\,\dfrac{EA}{l}(\overline{u}_j^{\,e} - \overline{u}_i^{\,e}) = \dfrac{EA}{l}\overline{u}_i^{\,e} - \dfrac{EA}{l}\overline{u}_j^{\,e} \\[3mm] \overline{N}_j^{\,e} = \sigma A = \dfrac{EA}{l}(\overline{u}_j^{\,e} - \overline{u}_i^{\,e}) = -\,\dfrac{EA}{l}\overline{u}_i^{\,e} + \dfrac{EA}{l}\overline{u}_j^{\,e}\end{array}\right\} \qquad (a)$$

对于弯曲变形,当杆端只有转角和横向位移时,根据以前学过的位移法,按本章杆端位移和杆端力的符号规定,将下面要用到的部分形常数和载常数列于表 2-1 中

由表 2-1 图 1，$M_{AB} = \dfrac{4EI}{l}$，$M_{BA} = \dfrac{2EI}{l}$，$V_{AB} = \dfrac{6EI}{l^2}$，$V_{BA} = -\dfrac{6EI}{l^2}$

由表 2-1 图 2，$M_{AB} = \dfrac{2EI}{l}$，$M_{BA} = \dfrac{4EI}{l}$，$V_{AB} = \dfrac{6EI}{l^2}$，$V_{BA} = -\dfrac{6EI}{l^2}$

由表 2-1 图 3，$M_{AB} = \dfrac{6EI}{l^2}$，$M_{BA} = \dfrac{6EI}{l^2}$，$V_{AB} = \dfrac{12EI}{l^3}$，$V_{BA} = -\dfrac{12EI}{l^3}$

两端固定单跨超静定梁的形常数和载常数表　　　　表 2-1

编号	梁 的 简 图	弯　矩		剪　力	
		M_{AB}	M_{BA}	V_{AB}	V_{BA}
1	A (i)　$\varphi=1$　B (j)　l	$\dfrac{4EI}{l}$	$\dfrac{2EI}{l}$	$\dfrac{6EI}{l^2}$	$-\dfrac{6EI}{l^2}$
2	A (i)　$\varphi=1$　B (j)　l	$\dfrac{2EI}{l}$	$\dfrac{4EI}{l}$	$\dfrac{6EI}{l^2}$	$-\dfrac{6EI}{l^2}$
3	1 A (i)　B (j)　l	$\dfrac{6EI}{l^2}$	$\dfrac{6EI}{l^2}$	$\dfrac{12EI}{l^3}$	$-\dfrac{12EI}{l^3}$
4	q A (i)　B (j)　l	$\dfrac{1}{12}ql^2$	$-\dfrac{1}{12}ql^2$	$\dfrac{1}{2}ql$	$\dfrac{1}{2}ql$
5	$\dfrac{l}{2}$ F $\dfrac{l}{2}$ A (i)　B (j)　l	$\dfrac{1}{8}Fl$	$-\dfrac{1}{8}Fl$	$\dfrac{1}{2}F$	$\dfrac{1}{2}F$

将三种情况组合到一起，得

$$
\left.\begin{aligned}
\overline{M}_i^e &= \frac{4EI}{l}\overline{\varphi}_i^e + \frac{2EI}{l}\overline{\varphi}_j^e + \frac{6EI}{l^2}\Delta_{ij} \\[2mm]
\overline{M}_j^e &= \frac{2EI}{l}\overline{\varphi}_i^e + \frac{4EI}{l}\overline{\varphi}_j^e + \frac{6EI}{l^2}\Delta_{ij} \\[2mm]
\overline{V}_i^e &= \frac{6EI}{l^2}\overline{\varphi}_i^e + \frac{6EI}{l^2}\overline{\varphi}_j^e + \frac{12EI}{l^3}\Delta_{ij} \\[2mm]
\overline{V}_j^e &= -\frac{6EI}{l^2}\overline{\varphi}_i^e - \frac{6EI}{l^2}\overline{\varphi}_j^e - \frac{12EI}{l^3}\Delta_{ij}
\end{aligned}\right\}
$$

注意 $\Delta_{ij} = \overline{v}_i^e - \overline{v}_j^e$，代入上式并整理得

$$
\left.\begin{aligned}
\overline{M}_i^e &= \frac{6EI}{l^2}\overline{v}_i^e + \frac{4EI}{l}\overline{\varphi}_i^e - \frac{6EI}{l^2}\overline{v}_j^e + \frac{2EI}{l}\overline{\varphi}_j^e \\[2mm]
\overline{M}_j^e &= \frac{6EI}{l^2}\overline{v}_i^e + \frac{2EI}{l}\overline{\varphi}_i^e - \frac{6EI}{l^2}\overline{v}_j^e + \frac{4EI}{l}\overline{\varphi}_j^e \\[2mm]
\overline{V}_i^e &= \frac{12EI}{l^3}\overline{v}_i^e + \frac{6EI}{l^2}\overline{\varphi}_i^e - \frac{12EI}{l^3}\overline{v}_j^e + \frac{6EI}{l^2}\overline{\varphi}_j^e \\[2mm]
\overline{V}_j^e &= -\frac{12EI}{l^3}\overline{v}_i^e - \frac{6EI}{l^2}\overline{\varphi}_i^e + \frac{12EI}{l^3}\overline{v}_j^e - \frac{6EI}{l^2}\overline{\varphi}_j^e
\end{aligned}\right\} \qquad (b)
$$

将 (a)、(b) 两式组合到一起，并写成矩阵形式得

$$
\begin{Bmatrix}
\overline{N}_i^e \\[1mm]
\overline{V}_i^e \\[1mm]
\overline{M}_i^e \\[1mm]
\hdashline
\overline{N}_j^e \\[1mm]
\overline{V}_j^e \\[1mm]
\overline{M}_j^e
\end{Bmatrix}
=
\left[\begin{array}{ccc:ccc}
\dfrac{EA}{l} & 0 & 0 & -\dfrac{EA}{l} & 0 & 0 \\[2mm]
0 & \dfrac{12EI}{l^3} & \dfrac{6EI}{l^2} & 0 & -\dfrac{12EI}{l^3} & \dfrac{6EI}{l^2} \\[2mm]
0 & \dfrac{6EI}{l^2} & \dfrac{4EI}{l} & 0 & -\dfrac{6EI}{l^2} & \dfrac{2EI}{l} \\[2mm]
\hdashline
-\dfrac{EA}{l} & 0 & 0 & \dfrac{EA}{l} & 0 & 0 \\[2mm]
0 & -\dfrac{12EI}{l^3} & -\dfrac{6EI}{l^2} & 0 & \dfrac{12EI}{l^3} & -\dfrac{6EI}{l^2} \\[2mm]
0 & \dfrac{6EI}{l^2} & \dfrac{2EI}{l} & 0 & -\dfrac{6EI}{l^2} & \dfrac{4EI}{l}
\end{array}\right]
\begin{Bmatrix}
\overline{u}_i^e \\[1mm]
\overline{v}_i^e \\[1mm]
\overline{\varphi}_i^e \\[1mm]
\hdashline
\overline{u}_j^e \\[1mm]
\overline{v}_j^e \\[1mm]
\overline{\varphi}_j^e
\end{Bmatrix}
\quad (2\text{-}2)
$$

令

$$\overline{\boldsymbol{K}}^{e} = [\overline{K}^{e}] = \begin{bmatrix} \overline{k}_{11}^{e} & \overline{k}_{12}^{e} & \overline{k}_{13}^{e} & \overline{k}_{14}^{e} & \overline{k}_{15}^{e} & \overline{k}_{16}^{e} \\ \overline{k}_{21}^{e} & \overline{k}_{22}^{e} & \overline{k}_{23}^{e} & \overline{k}_{24}^{e} & \overline{k}_{25}^{e} & \overline{k}_{26}^{e} \\ \overline{k}_{31}^{e} & \overline{k}_{32}^{e} & \overline{k}_{33}^{e} & \overline{k}_{34}^{e} & \overline{k}_{35}^{e} & \overline{k}_{36}^{e} \\ \hline \overline{k}_{41}^{e} & \overline{k}_{42}^{e} & \overline{k}_{43}^{e} & \overline{k}_{44}^{e} & \overline{k}_{45}^{e} & \overline{k}_{46}^{e} \\ \overline{k}_{51}^{e} & \overline{k}_{52}^{e} & \overline{k}_{53}^{e} & \overline{k}_{54}^{e} & \overline{k}_{55}^{e} & \overline{k}_{56}^{e} \\ \overline{k}_{61}^{e} & \overline{k}_{62}^{e} & \overline{k}_{63}^{e} & \overline{k}_{64}^{e} & \overline{k}_{65}^{e} & \overline{k}_{66}^{e} \end{bmatrix}$$

$$= \begin{bmatrix} \dfrac{EA}{l} & 0 & 0 & -\dfrac{EA}{l} & 0 & 0 \\[2mm] 0 & \dfrac{12EI}{l^3} & \dfrac{6EI}{l^2} & 0 & -\dfrac{12EI}{l^3} & \dfrac{6EI}{l^2} \\[2mm] 0 & \dfrac{6EI}{l^2} & \dfrac{4EI}{l} & 0 & -\dfrac{6EI}{l^2} & \dfrac{2EI}{l} \\[2mm] -\dfrac{EA}{l} & 0 & 0 & \dfrac{EA}{l} & 0 & 0 \\[2mm] 0 & -\dfrac{12EI}{l^3} & -\dfrac{6EI}{l^2} & 0 & \dfrac{12EI}{l^3} & -\dfrac{6EI}{l^2} \\[2mm] 0 & \dfrac{6EI}{l^2} & \dfrac{2EI}{l} & 0 & -\dfrac{6EI}{l^2} & \dfrac{4EI}{l} \end{bmatrix} \tag{2-3}$$

则（2-2）式可简写成

$$\overline{\boldsymbol{F}}^{e} = \overline{\boldsymbol{K}}^{e}\overline{\boldsymbol{\delta}}^{e} \qquad \text{或} \{\overline{F}^{e}\} = [\overline{K}^{e}]\{\overline{\delta}^{e}\} \tag{2-4}$$

上式称为单元刚度方程。矩阵 $\overline{\boldsymbol{K}}^{e}$ 称为单元 e 对应于局部坐标系 $\overline{oxy}$ 的单元刚度矩阵，简称单刚，显然它是一个 6×6 阶的方阵。它的行数等于杆端力分量数，列数等于杆端位移分量数。

以上分析结果只限于两端固定梁单元的情况，对于一端固定，一端铰支或定向支承或自由的梁单元，它们的单元刚度矩阵肯定与（2-3）式不一样，用同样的方法，可以得到它们的单元刚度矩阵。但是，如果不同形式的单元，采用不同形式的单元刚度矩阵，显然不利于编制程序。实际上，无论 i、j 两端的支承情况如何，都可按固定端情况处理，即按（2-3）式计算单元刚度矩阵，这时需要把实际铰支或自由端未知的位移作为有限元求解的未知位移，而相应的结点荷载是已知的。这样做虽然增加了基本未知量的个数，但它将各种类型单元统一为一种单元刚度类型，而且还能直接求出另一端（铰支或自由端等）的位移。

在刚架结构中，通常忽略轴向变形的影响，这时，单元在局部坐标系中的刚度矩阵可由（2-3）式所示的单元刚度矩阵中删去有关轴向变形的行和列而得到，即

$$\overline{\boldsymbol{K}}^{e} = \left[\overline{K}^{e}\right] = \left[\begin{array}{cc|cc} \dfrac{12EI}{l^{3}} & \dfrac{6EI}{l^{2}} & -\dfrac{12EI}{l^{3}} & \dfrac{6EI}{l^{2}} \\[3mm] \dfrac{6EI}{l^{2}} & \dfrac{4EI}{l} & -\dfrac{6EI}{l^{2}} & \dfrac{2EI}{l} \\[2mm] \hline \\[-2mm] -\dfrac{12EI}{l^{3}} & -\dfrac{6EI}{l^{2}} & \dfrac{12EI}{l^{3}} & -\dfrac{6EI}{l^{2}} \\[3mm] \dfrac{6EI}{l^{2}} & \dfrac{2EI}{l} & -\dfrac{6EI}{l^{2}} & \dfrac{4EI}{l} \end{array}\right] \tag{2-5}$$

如果结构每个结点只有角位移而无线位移（连续梁通常就是这样），上式进一步简化为

$$\overline{\boldsymbol{K}}^{e} = \left[\overline{K}^{e}\right] = \left[\begin{array}{cc} \dfrac{4EI}{l} & \dfrac{2EI}{l} \\[3mm] \dfrac{2EI}{l} & \dfrac{4EI}{l} \end{array}\right] \tag{2-6}$$

如果结构是一个桁架结构，它只有轴向变形，而无弯曲和剪切变形，这时的单元刚度矩阵（2-3）式将变成

$$\overline{\boldsymbol{K}}^{e} = \left[\overline{K}^{e}\right] = \left[\begin{array}{cc} \dfrac{EA}{l} & -\dfrac{EA}{l} \\[3mm] -\dfrac{EA}{l} & \dfrac{EA}{l} \end{array}\right] \tag{2-7}$$

（2-3）式中单元刚度矩阵 $\left[\overline{K}^{e}\right]$ 每一列元素具有明显的物理意义，即：第一列元素就是当 $\overline{u}_{i}^{e} = 1$（即 i 端沿 $\overline{x}$ 方向发生单位位移），其他位移为零时，作用在单元上的六个杆端力；第二列元素就是当 $\overline{v}_{i}^{e} = 1$（即 i 端沿 $\overline{y}$ 方向发生单位位移），其他位移为零时，作用在单元上的六个杆端力（如图 2-4）；以此类推。

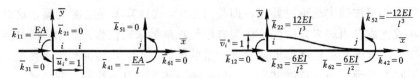

图 2-4　单元刚度矩阵第一、二列元素物理意义

四、单元刚度矩阵 $\left[\overline{K}^{e}\right]$ 的性质

总结起来，单元刚度矩阵有下面三条性质：

1. 单元刚度矩阵 $[\overline{K}^e]$ 是一个对称方阵，也就是 $[\overline{K}^e]$ 中位于主对角线两边处于对称位置上的两个元素相等，即 $\overline{k}_{ml}^e = \overline{k}_{lm}^e$（$l \neq m$，$l$、$m = 1$，$2$，$\cdots$，$6$），这可以通过反力互等定理得到。

2. 单元刚度矩阵 $[\overline{K}^e]$ 是一个奇异阵，即 $[\overline{K}^e]$ 的行列式之值等于零，不存在逆矩阵。这表明，如果已知单元结点位移 $\{\delta^e\}$，可唯一求出单元杆端力 $\{\overline{F}^e\}$；反之，则没有唯一解。从物理概念上讲，那就是在形成单元刚度方程时，只是从本单元出发，并没有考虑其他单元以及支承对该单元的影响，也就是任一单元，在进行独立分析时，一定存在着刚体位移。

3. 单元刚度矩阵 $[\overline{K}^e]$ 只与结构本身的几何形状和物理性质有关，即与单元的弹性模量 E、横截面面积 A、惯性矩 I 以及长度 l 有关，而与支承情况和外荷载无关。

第三节　整体坐标系下的单元刚度矩阵

一、单元坐标转换矩阵

上一节讨论了局部坐标系下单元刚度矩阵的生成方法，采用局部坐标系的目的是使具有不同方位的杆件（单元）能有一个共同的刚度表达式。然而，在单元分析完成后，还要进行整体分析，由于不同杆件，其杆轴线方向不尽相同，要把他们放在一起分析，就必须在一个统一坐标系下进行，即要求把它们转换到一个统一的坐标系（称为整体坐标系）上去，下面就讨论这种转换关系。

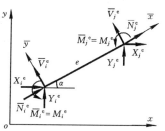

图 2-5　单元坐标变换

如图 2-5 所示，设杆件 ij（单元 e）在整体坐标系 oxy 下杆端力列向量和杆端位移列向量分别为

$$\left.\begin{array}{l} \boldsymbol{F}^e = \{F^e\} = [\{F_i^e\}\{F_j^e\}]^{\mathrm{T}} = [\ X_i^e \quad Y_i^e \quad M_i^e \quad X_j^e \quad Y_j^e \quad M_j^e\ ]^{\mathrm{T}} \\ \boldsymbol{\delta}^e = \{\delta^e\} = [\{\delta_i^e\}\{\delta_j^e\}]^{\mathrm{T}} = [\ u_i^e \quad v_i^e \quad \varphi_i^e \quad u_j^e \quad v_j^e \quad \varphi_j^e\ ]^{\mathrm{T}} \end{array}\right\} \quad (2\text{-}8)$$

实际上，两种坐标系下杆端力或杆端位移之间的转换关系是一样的，因此这里只详细讨论杆端力之间的转换关系。显然，因两种坐标系处在同一平面内，所以弯矩不受坐标变换的影响，故有

$$\left.\begin{array}{l} \overline{M}_i^e = M_i^e \\ \overline{M}_j^e = M_j^e \end{array}\right\} \quad (c)$$

再由图 2-5，根据力的投影关系，有

$$\left.\begin{array}{l} \overline{N}_i^e = X_i^e\cos\alpha + Y_i^e\sin\alpha \\ \overline{V}_i^e = -X_i^e\sin\alpha + Y_i^e\cos\alpha \\ \overline{N}_j^e = X_j^e\cos\alpha + Y_j^e\sin\alpha \\ \overline{V}_j^e = -X_j^e\sin\alpha + Y_j^e\cos\alpha \end{array}\right\} \tag{d}$$

式中，α 为 x 轴与 $\overline{x}$ 轴之间的夹角，规定从 x 轴到 $\overline{x}$ 轴以逆时针转向为正。

将 (c)、(d) 两式合在一起，写成矩阵形式，有

$$\begin{Bmatrix} \overline{N}_i^e \\ \overline{V}_i^e \\ \overline{M}_i^e \\ \overline{N}_j^e \\ \overline{V}_j^e \\ \overline{M}_j^e \end{Bmatrix} = \begin{bmatrix} \cos\alpha & \sin\alpha & 0 & 0 & 0 & 0 \\ -\sin\alpha & \cos\alpha & 0 & 0 & 0 & 0 \\ 0 & 0 & 1 & 0 & 0 & 0 \\ 0 & 0 & 0 & \cos\alpha & \sin\alpha & 0 \\ 0 & 0 & 0 & -\sin\alpha & \cos\alpha & 0 \\ 0 & 0 & 0 & 0 & 0 & 1 \end{bmatrix} \begin{Bmatrix} X_i^e \\ Y_i^e \\ M_i^e \\ X_j^e \\ Y_j^e \\ M_j^e \end{Bmatrix} \tag{2-9}$$

缩写成

$$\overline{F}^e = TF^e \tag{2-10}$$

式中

$$T = \begin{bmatrix} \cos\alpha & \sin\alpha & 0 & 0 & 0 & 0 \\ -\sin\alpha & \cos\alpha & 0 & 0 & 0 & 0 \\ 0 & 0 & 1 & 0 & 0 & 0 \\ 0 & 0 & 0 & \cos\alpha & \sin\alpha & 0 \\ 0 & 0 & 0 & -\sin\alpha & \cos\alpha & 0 \\ 0 & 0 & 0 & 0 & 0 & 1 \end{bmatrix} \tag{2-11}$$

称为单元的坐标转换矩阵，由线性代数知，它是一个正交矩阵，而正交矩阵其逆矩阵等于转置矩阵，即

$$[T]^{-1} = [T]^T \tag{2-12}$$

同理，杆端位移之间的转换关系为

$$\overline{\delta}^e = T\delta^e \tag{2-13}$$

二、整体坐标系下的单元刚度矩阵

将 $(2\text{-}10)$ 和 $(2\text{-}13)$ 式代入 $(2\text{-}4)$ 式，得

$$TF^e = \overline{K}^e T\delta^e$$

将式中左边 T 移到右边去，得

$$F^e = T^{-1}\overline{K}^e T\delta^e = T^T\overline{K}^e T\delta^e$$

令

$$\boldsymbol{K}^e = \boldsymbol{T}^T \overline{\boldsymbol{K}}^e \boldsymbol{T} \tag{2-14}$$

得

$$\boldsymbol{F}^e = \boldsymbol{K}^e \boldsymbol{\delta}^e \tag{2-15}$$

上式就是整体坐标系下的单元刚度方程。$\boldsymbol{K}^e$ 为整体坐标系下的单元刚度矩阵，它仍然是一个 6×6 的方阵。若 6 个杆端位移从结点 $i \rightarrow j$，按 $1 \sim 6$ 排序，则 $\boldsymbol{K}^e$ 中的 36 个元素用符号 k_{ml}^e（m，$l = 1, 2, \cdots, 6$）写成

$$\boldsymbol{K}^e = \begin{bmatrix} K^e \end{bmatrix} = \left[\begin{array}{ccc:ccc} k_{11}^e & k_{12}^e & k_{13}^e & k_{14}^e & k_{15}^e & k_{16}^e \\ k_{21}^e & k_{22}^e & k_{23}^e & k_{24}^e & k_{25}^e & k_{26}^e \\ k_{31}^e & k_{32}^e & k_{33}^e & k_{34}^e & k_{35}^e & k_{36}^e \\ \hdashline k_{41}^e & k_{42}^e & k_{43}^e & k_{44}^e & k_{45}^e & k_{46}^e \\ k_{51}^e & k_{52}^e & k_{53}^e & k_{54}^e & k_{55}^e & k_{56}^e \\ k_{61}^e & k_{62}^e & k_{63}^e & k_{64}^e & k_{65}^e & k_{66}^e \end{array} \right] \tag{2-16}$$

将（2-3）和（2-11）代入（2-14）式，进行矩阵运算，则可求得整体坐标系下的单元刚度矩阵 $\boldsymbol{K}^e$：

$$\boldsymbol{K}^e = \begin{bmatrix} K^e \end{bmatrix} = \begin{bmatrix} a_1 & a_2 & -a_3 & -a_1 & -a_2 & -a_3 \\ & a_4 & a_5 & -a_2 & -a_4 & a_5 \\ & & 2a_6 & a_3 & -a_5 & a_6 \\ & & & a_1 & a_2 & a_3 \\ & （对称） & & & a_4 & -a_5 \\ & & & & & 2a_6 \end{bmatrix} \tag{2-17}$$

其中

$$\left. \begin{array}{l} a_1 = \dfrac{EA}{l}\cos^2\alpha + \dfrac{12EI}{l^3}\sin^2\alpha \\[3mm] a_2 = \left(\dfrac{EA}{l} - \dfrac{12EI}{l^3} \right)\sin\alpha\cos\alpha \\[3mm] a_3 = \dfrac{6EI}{l^2}\sin\alpha \\[3mm] a_4 = \dfrac{EA}{l}\sin^2\alpha + \dfrac{12EI}{l^3}\cos^2\alpha \\[3mm] a_5 = \dfrac{6EI}{l^2}\cos\alpha \\[3mm] a_6 = \dfrac{2EI}{l} \end{array} \right\} \tag{2-18}$$

对于桁架结构，单元只受轴力作用，此时整体坐标系下杆端力列向量和杆端位移列向量之间的关系为

$$
\begin{Bmatrix} X_i^e \\ Y_i^e \\ \hline X_j^e \\ Y_j^e \end{Bmatrix} = \frac{EA}{l} \left[\begin{array}{cc:cc} \cos^2\alpha & \sin\alpha\cos\alpha & -\cos^2\alpha & -\sin\alpha\cos\alpha \\ \sin\alpha\cos\alpha & \sin^2\alpha & -\sin\alpha\cos\alpha & -\sin^2\alpha \\ \hdashline -\cos^2\alpha & -\sin\alpha\cos\alpha & \cos^2\alpha & \sin\alpha\cos\alpha \\ -\sin\alpha\cos\alpha & -\sin^2\alpha & \sin\alpha\cos\alpha & \sin^2\alpha \end{array} \right] \begin{Bmatrix} u_i^e \\ v_i^e \\ \hline u_j^e \\ v_j^e \end{Bmatrix}
$$

$$\tag{2-19}$$

将杆端力和杆端位移表示成列向量子块，则有

$$
\boldsymbol{F}_i^e = \begin{Bmatrix} X_i^e \\ Y_i^e \end{Bmatrix}, \quad \boldsymbol{\delta}_i^e = \begin{Bmatrix} u_i^e \\ v_i^e \end{Bmatrix}, \quad \boldsymbol{F}_j^e = \begin{Bmatrix} X_j^e \\ Y_j^e \end{Bmatrix}, \quad \boldsymbol{\delta}_j^e = \begin{Bmatrix} u_j^e \\ v_j^e \end{Bmatrix} \tag{2-20}
$$

而单元刚度矩阵 $\boldsymbol{K}^e$ 的四个子块为

$$
\left. \begin{aligned}
\boldsymbol{K}_{ii}^e = \boldsymbol{K}_{jj}^e &= \frac{EA}{l} \begin{bmatrix} \cos^2\alpha & \sin\alpha\cos\alpha \\ \sin\alpha\cos\alpha & \sin^2\alpha \end{bmatrix} \\
\boldsymbol{K}_{ij}^e = \boldsymbol{K}_{ji}^e &= \frac{EA}{l} \begin{bmatrix} -\cos^2\alpha & -\sin\alpha\cos\alpha \\ -\sin\alpha\cos\alpha & -\sin^2\alpha \end{bmatrix}
\end{aligned} \right\} \tag{2-21}
$$

局部坐标系下单元刚度矩阵所具有的性质，整体坐标系下单元刚度矩阵同样具备，只是 $\boldsymbol{K}^e$ 中的元素除和 E、A、I 及 l 有关外，还与杆轴线与 x 轴之间的夹角 α 有关。

第四节　结构刚度矩阵的形成

有了整体坐标系下的单元刚度矩阵，就可以进行整体分析了。整体分析实际上就是在整体坐标系下建立结构结点力和结点位移之间的关系，它是将所有单元刚度方程通过某种方法组集在一起，形成这种关系，我们称它为整体刚度方程或结构刚度方程，对应的刚度矩阵为整体刚度矩阵或结构刚度矩阵，简称总刚。组集单元刚度方程的方法很多，这里介绍一种数学上比较简单、物理意义明确的刚度集成法来建立整体（或结构）刚度方程。

在进行整体分析的时候，必须要考虑支承边界条件，而这一条件可以在形成整体刚度方程之前或之后处理，因而形成了先处理法和后处理法两种矩阵位移法。

后处理法是先不考虑支承条件，将所有 6×6 的单元刚度方程一并组集成整体刚度方程。由于还未考虑支承条件，故整体刚度方程一定是一个奇异方程，整体刚度矩阵一定是一个奇异矩阵，在只有引入支承边界条件后，才能消除这种奇异性，方程才可求解。后处理法，整体刚度矩阵物理意义明确，易于修改边界条

件，程序简单；但后处理法整体刚度矩阵较大，占用计算机内存较多，因此后处理法对于结点多、支座约束少、必须考虑轴向变形的结构，得到广泛应用。

先处理法是在进行整体分析前考虑支承边界条件，也就是说对于单元刚度方程，不必把位移已知的行和对应的单元刚度矩阵的列组集到总体刚度方程中去。这样做的好处是，最终形成的结构刚度方程阶数小，不用再修正，即可直接求解。先处理法特别适用于有铰结点的结构、支承结点较多、通常不考虑轴向变形的刚架结构以及甚至连剪力都不考虑的连续梁结构的求解。由于建筑工程中刚架和连续梁结构较多，故这里将只介绍先处理法。实际上，两种方法由单刚组集总刚的原理是一样的，只是后处理法待总刚生成后，再引入边界条件加以修正。

一般把后处理法形成的刚度方程叫原始刚度方程，其中的刚度矩阵称为原始刚度矩阵；而修改后的或用先处理法形成的刚度方程叫结构刚度方程，其中的刚度矩阵称为结构刚度矩阵。

一、结点位移分量的统一编号

当结构离散化后，首先要进行单元和结点的总体编号。编号一般从 1 开始编起。如图 2-6 所示平面刚架，共有 3 个单元，4个结点。在先处理法中，对支座约束先进行处理，意味着只把独立的未知结点位移分量作为基本未知量列入结点位移列向量 $\boldsymbol{\delta}$ 中，对已知的支座结点位移分量（零或非零均可）不作为基本未知量，为此仅对未知位移分量按顺序进行编号，已知的位移分量编号为 0，如图 2-6，这时

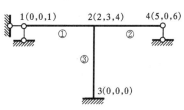

图 2-6　结点位移分量编号

$$\boldsymbol{\delta} = \begin{bmatrix} \delta_1 & \delta_2 & \delta_3 & \delta_4 & \delta_5 & \delta_6 \end{bmatrix}^{\mathrm{T}} = \begin{bmatrix} \varphi_1 & u_2 & v_3 & \varphi_4 & u_5 & \varphi_6 \end{bmatrix}^{\mathrm{T}}$$

相应的结构结点荷载列向量 $\boldsymbol{P}$ 中也不包括支座反力，即

$$\boldsymbol{P} = \begin{bmatrix} P_1 & P_2 & P_3 & P_4 & P_5 & P_6 \end{bmatrix}^{\mathrm{T}} = \begin{bmatrix} M_1 & X_2 & Y_3 & M_4 & X_5 & M_6 \end{bmatrix}^{\mathrm{T}}$$

两者编号是一一对应的，式中下标与位移分量编号对应（先处理法均如此）。

当刚架内部有铰结点时，则应将相互铰结的杆端给以不同的编号。例如图 2-7 中的结点 2 和 3（分别为单元①的上端和单元②的左端），此两结点的线位移分量相等，而转角不同，因此它们的线位移分量采用相同编号，而转角采用不同编号。图 2-7 中结点 4 和 5 的情况也是如此。

当忽略刚架的轴向变形时，则每个刚结点在某一方向上的位移分量不一定都是独立的。例如图 2-8 所示刚架，若只忽略横梁的轴向变形，则结点 2、3、5 的水平位移 $u_2 = u_3 = u_5$，它们是同一个未知量，因此采用相同的结点位移分量编号。

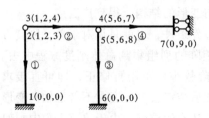

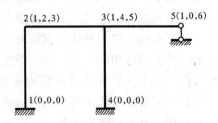

图 2-7 有铰结点结构结点 位移分量编号

图 2-8 忽略横梁轴向变形 结构结点位移分量编号

二、单元定位向量

由于先处理法是在组集结构刚度矩阵前，就要先行处理支承边界条件，为此，就要考虑怎样从单元刚度矩阵中取出与未知位移对应的元素，然后组集到总体刚度矩阵里去。这应按照一定规则来进行，为此引入单元定位向量的概念。单元定位向量对于编程，尤为重要。

将单元始、末端的结点位移分量编号按顺序排列组成的列向量称为单元的定位向量。单元 e 的定位向量用 $\{\lambda\}^{(e)}$ 表示，6 个结点位移分量的编号按 u_i^e，v_i^e，φ_i^e，u_j^e，v_j^e，φ_j^e 顺序编排，已知位移的分量编号用 0 表示，这样，图 2-7 中 4 个单元的定位向量分别为

$$\{\lambda\}^{(1)} = \begin{bmatrix} 1 & 2 & 3 & 0 & 0 & 0 \end{bmatrix}^T$$

$$\{\lambda\}^{(2)} = \begin{bmatrix} 1 & 2 & 4 & 5 & 6 & 7 \end{bmatrix}^T$$

$$\{\lambda\}^{(3)} = \begin{bmatrix} 5 & 6 & 8 & 0 & 0 & 0 \end{bmatrix}^T$$

$$\{\lambda\}^{(4)} = \begin{bmatrix} 5 & 6 & 7 & 0 & 9 & 0 \end{bmatrix}^T$$

引用单元定位向量的好处是：（1）明确显示了单元中哪些位移分量是已知的，哪些是未知的；（2）根据定位向量很容易在单元刚度矩阵中提取与未知位移分量对应的刚度元素；（3）明确了单元位移分量的局部编号与结点位移总体编号的对应关系，有利于确定单元刚度矩阵元素在结构刚度矩阵中的位置和下节将要学习的单元等效结点荷载在结构综合结点荷载列阵中的位置。

三、利用刚度集成法形成结构刚度矩阵

我们以图 2-9（a）为例来讨论结构刚度矩阵的形成过程。为此给出结构的结点位移向量和结点力向量

$$\boldsymbol{\delta} = \begin{bmatrix} \delta_1 & \delta_2 & \delta_3 & \delta_4 & \delta_5 & \delta_6 & \delta_7 & \delta_8 \end{bmatrix}^T = \begin{bmatrix} u_1 & v_2 & \varphi_3 & \varphi_4 & u_5 & v_6 & \varphi_7 & \varphi_8 \end{bmatrix}^T$$

$$\boldsymbol{P} = \begin{bmatrix} P_1 & P_2 & P_3 & P_4 & P_5 & P_6 & P_7 & P_8 \end{bmatrix}^T = \begin{bmatrix} X_1 & Y_2 & M_3 & M_4 & X_5 & Y_6 & M_7 & M_8 \end{bmatrix}^T$$

因此，该刚架用先处理法形成的结构刚度矩阵 **K** 是 8×8 阶方阵。

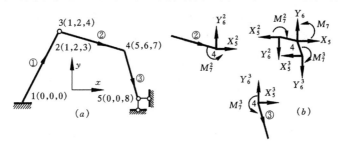

图 2-9　三杆平面刚架

下面分别来求三个单元的单元刚度方程。注意图中每个单元中都有一个箭头，它表示单元始、末二结点编号 i、j 的定位，即由 $i \rightarrow j$。根据单元①的定位向量 $\{\lambda\}^{(1)} = \begin{bmatrix} 0 & 0 & 0 & 1 & 2 & 3 \end{bmatrix}^T$，故去掉整体坐标系的单刚 $[K^e]$（2-16）式中前三行前三列元素得单元①的单刚方程

$$\begin{Bmatrix} X_1^1 \\ Y_2^1 \\ M_3^1 \end{Bmatrix} = \begin{bmatrix} k_{11}^1 & k_{12}^1 & k_{13}^1 \\ k_{21}^1 & k_{22}^1 & k_{23}^1 \\ k_{31}^1 & k_{32}^1 & k_{33}^1 \end{bmatrix} \begin{Bmatrix} u_1^1 \\ v_2^1 \\ \varphi_3^1 \end{Bmatrix}$$

注意，上式单刚元素的下标是按总体编号标记的（后面均如此）。

单元②的定位向量为 $\{\lambda\}^{(2)} = \begin{bmatrix} 1 & 2 & 4 & 5 & 6 & 7 \end{bmatrix}^T$，按结点位移的统一编号，单元②的单刚方程为

$$\begin{Bmatrix} X_1^2 \\ Y_2^2 \\ M_4^2 \\ X_5^2 \\ Y_6^2 \\ M_7^2 \end{Bmatrix} = \begin{bmatrix} k_{11}^2 & k_{12}^2 & k_{14}^2 & k_{15}^2 & k_{16}^2 & k_{17}^2 \\ k_{21}^2 & k_{22}^2 & k_{24}^2 & k_{25}^2 & k_{26}^2 & k_{27}^2 \\ k_{41}^2 & k_{42}^2 & k_{44}^2 & k_{45}^2 & k_{46}^2 & k_{47}^2 \\ k_{51}^2 & k_{52}^2 & k_{54}^2 & k_{55}^2 & k_{56}^2 & k_{57}^2 \\ k_{61}^2 & k_{62}^2 & k_{64}^2 & k_{65}^2 & k_{66}^2 & k_{67}^2 \\ k_{71}^2 & k_{72}^2 & k_{74}^2 & k_{75}^2 & k_{76}^2 & k_{77}^2 \end{bmatrix} \begin{Bmatrix} u_1^2 \\ v_2^2 \\ \varphi_4^2 \\ u_5^2 \\ v_6^2 \\ \varphi_7^2 \end{Bmatrix}$$

单元③的定位向量 $\{\lambda\}^{(3)} = \begin{bmatrix} 5 & 6 & 7 & 0 & 0 & 8 \end{bmatrix}^T$，故去掉单刚（2-16）式中第四、五两行第四、五两列元素得单元③的单刚方程

$$\begin{Bmatrix} X_5^3 \\ Y_6^3 \\ M_7^3 \\ M_8^3 \end{Bmatrix} = \begin{bmatrix} k_{55}^3 & k_{56}^3 & k_{57}^3 & k_{58}^3 \\ k_{65}^3 & k_{66}^3 & k_{67}^3 & k_{68}^3 \\ k_{75}^3 & k_{76}^3 & k_{77}^3 & k_{78}^3 \\ k_{85}^3 & k_{86}^3 & k_{87}^3 & k_{88}^3 \end{bmatrix} \begin{Bmatrix} u_5^3 \\ v_6^3 \\ \varphi_7^3 \\ \varphi_8^3 \end{Bmatrix}$$

由结点变形协调条件有 $u_1 = u_1^1 = u_1^2$，$v_2 = v_2^1 = v_2^2$，$\varphi_3 = \varphi_3^1$，$\varphi_4 = \varphi_4^2$，$u_5 = u_5^2 = u_5^3$，$v_6 = v_6^2 = v_6^3$，$\varphi_7 = \varphi_7^2 = \varphi_7^3$，$\varphi_8 = \varphi_8^3$。也就是说，整体坐标系下的单元杆端位移与整体坐标系下对应的结点位移实际上是一个。

现在，我们将三个单刚方程维数扩大到 8×8，即分别为

$$
\begin{Bmatrix} X_1^1 \\ Y_2^1 \\ M_3^1 \\ 0 \\ 0 \\ 0 \\ 0 \\ 0 \end{Bmatrix} =
\begin{bmatrix}
k_{11}^1 & k_{12}^1 & k_{13}^1 & 0 & 0 & 0 & 0 & 0 \\
k_{21}^1 & k_{22}^1 & k_{23}^1 & 0 & 0 & 0 & 0 & 0 \\
k_{31}^1 & k_{32}^1 & k_{33}^1 & 0 & 0 & 0 & 0 & 0 \\
0 & 0 & 0 & 0 & 0 & 0 & 0 & 0 \\
0 & 0 & 0 & 0 & 0 & 0 & 0 & 0 \\
0 & 0 & 0 & 0 & 0 & 0 & 0 & 0 \\
0 & 0 & 0 & 0 & 0 & 0 & 0 & 0 \\
0 & 0 & 0 & 0 & 0 & 0 & 0 & 0
\end{bmatrix}
\begin{Bmatrix} u_1 \\ v_2 \\ \varphi_3 \\ \varphi_4 \\ u_5 \\ v_6 \\ \varphi_7 \\ \varphi_8 \end{Bmatrix}
$$

$$
\begin{Bmatrix} X_1^2 \\ Y_2^2 \\ 0 \\ M_4^2 \\ X_5^2 \\ Y_6^2 \\ M_7^2 \\ 0 \end{Bmatrix} =
\begin{bmatrix}
k_{11}^2 & k_{12}^2 & 0 & k_{14}^2 & k_{15}^2 & k_{16}^2 & k_{17}^2 & 0 \\
k_{21}^2 & k_{22}^2 & 0 & k_{24}^2 & k_{25}^2 & k_{26}^2 & k_{27}^2 & 0 \\
0 & 0 & 0 & 0 & 0 & 0 & 0 & 0 \\
k_{41}^2 & k_{42}^2 & 0 & k_{44}^2 & k_{45}^2 & k_{46}^2 & k_{47}^2 & 0 \\
k_{51}^2 & k_{52}^2 & 0 & k_{54}^2 & k_{55}^2 & k_{56}^2 & k_{57}^2 & 0 \\
k_{61}^2 & k_{62}^2 & 0 & k_{64}^2 & k_{65}^2 & k_{66}^2 & k_{67}^2 & 0 \\
k_{71}^2 & k_{72}^2 & 0 & k_{74}^2 & k_{75}^2 & k_{76}^2 & k_{77}^2 & 0 \\
0 & 0 & 0 & 0 & 0 & 0 & 0 & 0
\end{bmatrix}
\begin{Bmatrix} u_1 \\ v_2 \\ \varphi_3 \\ \varphi_4 \\ u_5 \\ v_6 \\ \varphi_7 \\ \varphi_8 \end{Bmatrix}
$$

$$
\begin{Bmatrix} 0 \\ 0 \\ 0 \\ 0 \\ X_5^3 \\ Y_6^3 \\ M_7^3 \\ M_8^3 \end{Bmatrix} =
\begin{bmatrix}
0 & 0 & 0 & 0 & 0 & 0 & 0 & 0 \\
0 & 0 & 0 & 0 & 0 & 0 & 0 & 0 \\
0 & 0 & 0 & 0 & 0 & 0 & 0 & 0 \\
0 & 0 & 0 & 0 & 0 & 0 & 0 & 0 \\
0 & 0 & 0 & 0 & k_{55}^3 & k_{56}^3 & k_{57}^3 & k_{58}^3 \\
0 & 0 & 0 & 0 & k_{65}^3 & k_{66}^3 & k_{67}^3 & k_{68}^3 \\
0 & 0 & 0 & 0 & k_{75}^3 & k_{76}^3 & k_{77}^3 & k_{78}^3 \\
0 & 0 & 0 & 0 & k_{85}^3 & k_{86}^3 & k_{87}^3 & k_{88}^3
\end{bmatrix}
\begin{Bmatrix} u_1 \\ v_2 \\ \varphi_3 \\ \varphi_4 \\ u_5 \\ v_6 \\ \varphi_7 \\ \varphi_8 \end{Bmatrix}
$$

显然，扩大后的单元刚度方程与原来的单元刚度方程是等价的。

将这三个扩大后的单元刚度方程等式两边分别相加，根据各结点的平衡条件可得：$X_1 = X_1^1 + X_1^2$，$Y_2 = Y_2^1 + Y_2^2$，$M_3 = M_3^1$，$M_4 = M_4^2$，$X_5 = X_5^2 + X_5^3$，Y_6

$= Y_6^2 + Y_6^3$，$M_7 = M_7^2 + M_7^3$，$M_8 = M_8^3$。其中，X_5、Y_6 和 M_7 即是根据结点 4 的平衡条件（图 2-9b）求得的。最后形成的结构刚度方程为

$$
\begin{Bmatrix} X_1 \\ Y_2 \\ M_3 \\ M_4 \\ X_5 \\ Y_6 \\ M_7 \\ M_8 \end{Bmatrix} =
\begin{bmatrix}
k_{11}^1 + k_{11}^2 & k_{12}^1 + k_{12}^2 & k_{13}^1 & k_{14}^2 & k_{15}^2 & k_{16}^2 & k_{17}^2 & 0 \\
k_{21}^1 + k_{21}^2 & k_{22}^1 + k_{22}^2 & k_{23}^1 & k_{24}^2 & k_{25}^2 & k_{26}^2 & k_{27}^2 & 0 \\
k_{31}^1 & k_{32}^1 & k_{33}^1 & 0 & 0 & 0 & 0 & 0 \\
k_{41}^2 & k_{42}^2 & 0 & k_{44}^2 & k_{45}^2 & k_{46}^2 & k_{47}^2 & 0 \\
k_{51}^2 & k_{52}^2 & 0 & k_{54}^2 & k_{55}^2 + k_{55}^3 & k_{56}^2 + k_{56}^3 & k_{57}^2 + k_{57}^3 & k_{58}^3 \\
k_{61}^2 & k_{62}^2 & 0 & k_{64}^2 & k_{65}^2 + k_{65}^3 & k_{66}^2 + k_{66}^3 & k_{67}^2 + k_{67}^3 & k_{68}^3 \\
k_{71}^2 & k_{72}^2 & 0 & k_{74}^2 & k_{75}^2 + k_{75}^3 & k_{76}^2 + k_{76}^3 & k_{77}^2 + k_{77}^3 & k_{78}^3 \\
0 & 0 & 0 & 0 & k_{85}^3 & k_{86}^3 & k_{87}^3 & k_{88}^3
\end{bmatrix}
\begin{Bmatrix} u_1 \\ v_2 \\ \varphi_3 \\ \varphi_4 \\ u_5 \\ v_6 \\ \varphi_7 \\ \varphi_8 \end{Bmatrix}
$$

它可以简写为

$$P = K\delta \tag{2-22}$$

其中 K 表示结构刚度矩阵。

$$
K =
\begin{bmatrix}
k_{11}^1 + k_{11}^2 & k_{12}^1 + k_{12}^2 & k_{13}^1 & k_{14}^2 & k_{15}^2 & k_{16}^2 & k_{17}^2 & 0 \\
k_{21}^1 + k_{21}^2 & k_{22}^1 + k_{22}^2 & k_{23}^1 & k_{24}^2 & k_{25}^2 & k_{26}^2 & k_{27}^2 & 0 \\
k_{31}^1 & k_{32}^1 & k_{33}^1 & 0 & 0 & 0 & 0 & 0 \\
k_{41}^2 & k_{42}^2 & 0 & k_{44}^2 & k_{45}^2 & k_{46}^2 & k_{47}^2 & 0 \\
k_{51}^2 & k_{52}^2 & 0 & k_{54}^2 & k_{55}^2 + k_{55}^3 & k_{56}^2 + k_{56}^3 & k_{57}^2 + k_{57}^3 & k_{58}^3 \\
k_{61}^2 & k_{62}^2 & 0 & k_{64}^2 & k_{65}^2 + k_{65}^3 & k_{66}^2 + k_{66}^3 & k_{67}^2 + k_{67}^3 & k_{68}^3 \\
k_{71}^2 & k_{72}^2 & 0 & k_{74}^2 & k_{75}^2 + k_{75}^3 & k_{76}^2 + k_{76}^3 & k_{77}^2 + k_{77}^3 & k_{78}^3 \\
0 & 0 & 0 & 0 & k_{85}^3 & k_{86}^3 & k_{87}^3 & k_{88}^3
\end{bmatrix}
$$

显然，它是由单元刚度矩阵组集而成的。实际上，从结构刚度矩阵 K 的组成规律上看，每个单元的单元刚度方程无须进行扩大，只要将单刚中的元素按照它们的下标直接送入总刚对应位置即可，这就是所谓"对号入座"。例如单元②单刚中第 3 行第 2 列的元素 k_{42}^2 按照下标 42 送入总刚第 4 行第 2 列上去；又如单元②单刚中第 5 行第 4 列的元素 k_{65}^2 按照下标 65 送入总刚第 6 行第 5 列上去，而单元③单刚中第 2 行第 1 列的元素 k_{65}^3 按照下标 65 也送入总刚第 6 行第 5 列上去；两个元素送入同一位置，即要相加，这就是所谓"同号叠加"。

为了讨论方便，定义两个概念：将相交于一个结点的各单元称为该结点的相关单元；如果两个结点之间有一个单元直接相连，则称此两结点为相关结点。

从上面的分析中，可以得到先处理法中结构刚度矩阵的组成规律：

（1）只有当两个位移分量同时出现在某一个单元中，即两个位移分量所属的

结点为相关结点时，该对应的单元刚度系数才会对总刚有贡献。例如，v_2 和 φ_7 同时出现在单元②中，这时有 $k_{27} = k_{27}^2$ 和 $k_{72} = k_{72}^2$。

（2）对于两个位移分量同属一个结点时，这时的刚度系数一定存在，且可能有叠加，这要看该结点涉及几个相关单元，有几个相关单元，就有几项相加。例如，u_5 和 v_6 同属结点 4，相关单元有两个，单元②和③，这时对应的刚度系数有两项相加，即有 $k_{56} = k_{56}^2 + k_{56}^3$ 和 $k_{65} = k_{65}^2 + k_{65}^3$。又 φ_8 只属结点 5，且只涉及一个单元③，这时的刚度系数只有一项 $k_{88} = k_{88}^3$。特别注意，这些刚度系数肯定发生在矩阵对角线附近。

（3）如果两个位移分量未能同时出现在任一个单元中，也就是两个位移分量所属的结点不是相关结点，这时对应的刚度系数一定为零。例如，u_1 和 φ_8 无论如何也不能出现在某一单元中，因此 k_{18} 和 k_{81} 一定等于零。

四、结构刚度矩阵的性质

1. 结构刚度矩阵 $[K]$ 中任一元素 k_{rs} 的物理意义为：$\{\delta\}$ 中第 s 个结点位移分量为 1，而其他结点位移分量为零时，引起的 $\{P\}$ 中第 r 个结点外力分量的值。每一列元素的物理意义为：第一列元素就是假设 $\delta_1 = 1$（即沿位移分量 1 方向发生单位位移），而其他位移为零时，作用在所有自由结点上的结点力；第二列元素就是假设 $\delta_2 = 1$（即沿位移分量 2 方向发生单位位移），其他位移为零时，作用在所有自由结点上的结点力；以此类推。

2. 结构刚度矩阵 $[K]$ 是一个对称方阵，也就是 $[K]$ 中位于主对角线两边处于对称位置上的两个元素相等，即 $k_{ml} = k_{lm}$（$l \neq m$，l，$m = 1, 2, \cdots$，n；n 表示位移分量数），这可以通过反力互等定理得到。

3. 按先处理法形成刚度矩阵时，由于事先已经考虑了支承边界条件，结构不再可能发生刚体位移，因此 $[K]$ 不再是一个奇异阵，这时的刚度方程即可求解。

4. 刚度矩阵 $[K]$ 的主对角元素总是正的。

例如，由性质 1 可知，刚度矩阵 $[K]$ 中的元素 k_{33} 表示使位移分量 3 方向发生单位位移，其他位移为零时，在对应的位移分量上施加的力，它自然应顺着位移方向，因而是正的。

5. 当结点数目较多时，它会显示出是一个稀疏阵，如果使每个单元的两个结点编号差值尽可能小，可使非零元素集中在主对角线附近呈带状。

很明显，k_{ml} 中 m 和 l 号接近时，说明这个元素越接近对角线，当单元的两个结点编号差值较小时，那么非零元素就一定集中在主对角线附近，因而呈带状。当结点数目较多时，同时含有 m 和 l 的单元就越少，这样零元素也就越多，因此它就越可能是稀疏阵。

第五节　结构的综合结点荷载

在运用矩阵位移法分析结构的时候，是按结点平衡条件形成的结构刚度矩阵，要求荷载必须作用在结点上。对于集中荷载，我们可以通过在集中力作用点处设置结点，从而避免出现非结点荷载。然而，有些荷载是无论如何也无法回避的，例如，分布荷载、自重等，这时必须想办法把它们转换到结点上去，然后才能用矩阵位移法进行结构分析。我们把非结点荷载转换到结点上的荷载称之为等效结点荷载。这种等效必须建立在能量或位移相等的基础之上，而不是绝对的等效。因此，必然会带来计算上的误差，但根据圣维南原理，影响是局部的。

一、等效结点荷载

这里，我们介绍一种比较简单易行的方法，即所谓的"固端内力法"。它的分析过程如图 2-10。首先，像一般位移法那样，通过加附加刚臂和附加链杆对能产生位移的结点加以限制。图 2-10（a）中，为了限制 1、2、3 三个结点的转角，需要在这些结点加上附加刚臂；为了限制结点 2 的水平和铅垂位移，需要在该结点加上两个附加链杆；这样，所有结点的所有位移均被限制住，两个杆件单元即成为两个独立的两端固定梁，如图 2-10（b）所示。由于附加刚臂和附加链杆的加入，在两根梁的两端将产生固端剪力和固端弯矩，由表 2-1，对于单元①

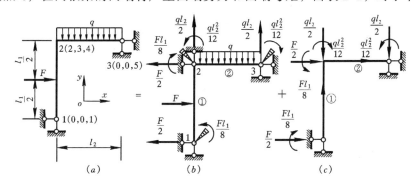

图 2-10　等效结点荷载计算分析示例

固端剪力：$V_{12} = \dfrac{F}{2}$，$V_{21} = \dfrac{F}{2}$；固端弯矩：$M_{12} = \dfrac{Fl_1}{8}$，$M_{21} = -\dfrac{Fl_1}{8}$

它们统称为固端力，在单元局部坐标系下，将这些固端力写成矩阵形式为

$$\boldsymbol{\overline{F}}_{\mathrm{f}}^1 = \{\overline{F}_{\mathrm{f}}^1\} = \begin{bmatrix} 0 & \dfrac{F}{2} & \dfrac{Fl_1}{8} & 0 & \dfrac{F}{2} & -\dfrac{Fl_1}{8} \end{bmatrix}^{\mathrm{T}}$$

类似，对于单元②的固端力为

$$\overline{\boldsymbol{F}}_f^2 = \{\overline{F}_f^2\} = \begin{bmatrix} 0 & \dfrac{ql_2}{2} & \dfrac{ql_2^2}{12} & 0 & \dfrac{ql_2}{2} & -\dfrac{ql_2^2}{12} \end{bmatrix}^T$$

由于附加约束的出现，产生了固端力。我们可以这样理解，正是由于这些固端力，使得结点没有了位移，如果要想恢复原来的变形状态，必须在结点反向加上这些固端力，如图 2-10（c），这些反向的固端力，我们就称它们为等效结点荷载。这样，图 2-10（a）和图 2-10（c）的位移是相等的，而图 2-10（a）的状态正是图 2-10（b）和图 2-10（c）两种情况的叠加。

我们用 $\overline{\boldsymbol{F}}_E^1$ 和 $\overline{\boldsymbol{F}}_E^2$ 表示单元①和②的等效结点力，即

$$\overline{\boldsymbol{F}}_E^1 = -\overline{\boldsymbol{F}}_f^1, \quad \overline{\boldsymbol{F}}_E^2 = -\overline{\boldsymbol{F}}_f^2 \tag{2-23}$$

则

$$\overline{\boldsymbol{F}}_E^1 = \{\overline{F}_E^1\} = \begin{bmatrix} 0 & -\dfrac{F}{2} & -\dfrac{Fl_1}{8} & 0 & -\dfrac{F}{2} & \dfrac{Fl_1}{8} \end{bmatrix}^T$$

$$\overline{\boldsymbol{F}}_E^2 = \{\overline{F}_E^2\} = \begin{bmatrix} 0 & -\dfrac{ql_2}{2} & -\dfrac{ql_2^2}{12} & 0 & -\dfrac{ql_2}{2} & \dfrac{ql_2^2}{12} \end{bmatrix}^T \tag{2-24}$$

实际计算时，为了求得整体等效结点荷载列阵，还必须利用（2-10）式，将以上局部坐标系下的等效结点荷载转换为整体坐标系下的等效结点荷载，即

$$\boldsymbol{F}_E^1 = T_1^T \overline{\boldsymbol{F}}_E^1, \quad \boldsymbol{F}_E^2 = T_2^T \overline{\boldsymbol{F}}_E^2$$

注意到

$$T_1^T = \begin{bmatrix} 0 & -1 & 0 & & & \\ 1 & 0 & 0 & & 0 & \\ 0 & 0 & 1 & & & \\ & & & 0 & -1 & 0 \\ & 0 & & 1 & 0 & 0 \\ & & & 0 & 0 & 1 \end{bmatrix}, \quad T_2^T = I$$

则

$$\boldsymbol{F}_E^1 = \{F_E^1\} = \begin{bmatrix} \dfrac{F}{2} & 0 & -\dfrac{Fl_1}{8} & \dfrac{F}{2} & 0 & \dfrac{Fl_1}{8} \end{bmatrix}^T$$

$$\boldsymbol{F}_E^2 = \{F_E^2\} = \begin{bmatrix} 0 & -\dfrac{ql_2}{2} & -\dfrac{ql_2^2}{12} & 0 & -\dfrac{ql_2}{2} & \dfrac{ql_2^2}{12} \end{bmatrix}^T$$

二、结构综合结点荷载

等效结点荷载是将单元固端力反向加在杆端结点上，它是原来荷载的等效转换荷载，因此它一定是作用在结构上的外力。当每个单元的等效结点荷载计算完后，就可按总体编号对号入座，送入结构荷载列阵里面去，形成结构等效结点荷载列阵

$$\boldsymbol{P}_{\mathrm{E}} = \sum_{e=1}^{n_{\mathrm{e}}} \boldsymbol{F}_{\mathrm{E}}^{\mathrm{e}} \tag{2-25}$$

式中，n_{e} 代表单元总数。

采用先处理法计算时，$\boldsymbol{P}_{\mathrm{E}}$ 阶数只对应结点未知位移分量数，因此 $\boldsymbol{F}_{\mathrm{E}}^{\mathrm{e}}$ 需要按单元定位向量所指定的位置送入 $\boldsymbol{P}_{\mathrm{E}}$ 中去，当然对应单元定位向量为零的荷载分量就不再送入 $\boldsymbol{P}_{\mathrm{E}}$ 中。

对于先处理法，这时

$$\boldsymbol{P}_{\mathrm{E}} = \{P_{\mathrm{E}}\} = [\begin{array}{ccccc} P_{\mathrm{E}1} & P_{\mathrm{E}2} & P_{\mathrm{E}3} & P_{\mathrm{E}4} & P_{\mathrm{E}5} \end{array}]^{\mathrm{T}}$$

两个单元的单元定位向量分别为

$$[\lambda]^{(1)} = [\begin{array}{cccccc} 0 & 0 & 1 & 2 & 3 & 4 \end{array}]^{\mathrm{T}}$$
$$[\lambda]^{(2)} = [\begin{array}{cccccc} 2 & 3 & 4 & 0 & 0 & 5 \end{array}]^{\mathrm{T}}$$

按照定位向量，将 $\boldsymbol{F}_{\mathrm{E}}^{1}$ 和 $\boldsymbol{F}_{\mathrm{E}}^{2}$ 送入 $\boldsymbol{P}_{\mathrm{E}}$ 中，得

$$\boldsymbol{P}_{\mathrm{E}} = \{P_{\mathrm{E}}\} = \left[\begin{array}{cccccc} -\dfrac{Fl_1}{8} & \dfrac{F}{2} & -\dfrac{ql_2}{2} & \dfrac{Fl_1}{8}-\dfrac{ql_2^2}{12} & \dfrac{ql_2^2}{12} \end{array}\right]^{\mathrm{T}}$$

以上讨论的是等效结点荷载，如果结构中还存在直接作用在结点上的荷载，那么相应的结构结点荷载列向量 $\boldsymbol{P}$ 中应是这两部分荷载的和，如果用 $\boldsymbol{P}_{\mathrm{J}}$ 表示直接作用在结点上的整体荷载列阵，那么

$$\boldsymbol{P} = \boldsymbol{P}_{\mathrm{J}} + \boldsymbol{P}_{\mathrm{E}} \tag{2-26}$$

这时的 $\boldsymbol{P}$ 就是结构的综合结点荷载向量，也就是结构刚度方程（2-22）中左边的荷载向量。

第六节 结构内力和支座反力的求解

当解算结构刚度方程求出结点位移分量后，就可以计算各杆的内力和支座反力。

一、单元杆端力的计算

因为整体坐标系中的杆端力分量没有明显的物理意义，所以这里要计算的单元杆端力是指在局部坐标系中的杆端力 $\overline{\boldsymbol{F}}^{\mathrm{e}}$，它实际上就是单元的轴力、剪力和弯矩。由式（2-4）和（2-13）我们很容易就得到

$$\overline{\boldsymbol{F}}^{\mathrm{e}} = \overline{\boldsymbol{K}}^{\mathrm{e}} \overline{\boldsymbol{\delta}}^{\mathrm{e}} = \overline{\boldsymbol{K}}^{\mathrm{e}} \boldsymbol{T} \boldsymbol{\delta}^{\mathrm{e}} \tag{2-27}$$

必须注意，当单元上有非结点荷载作用时，因要转化为等效荷载作用在结点上，因此按上式计算出来的 $\overline{\boldsymbol{F}}^{\mathrm{e}}$ 包括了这些等效结点荷载，而结点实际上并没有这部分荷载作用，所以原结构在实际荷载作用下的杆端力必须从上式中减去等效结点荷载或加上固端力，即

$$\overline{F}^e = \overline{K}^e T \delta^e - \overline{F}_E^e = \overline{K}^e T \delta^e + \overline{F}_f^e \tag{2-28}$$

最后，还应注意，按上式求出来的杆端力，是按本章符号规定给出来的，当要画结构内力图时，需按一般结构力学的符号规定进行。

二、支座反力的计算

结构支座反力的计算与单元杆端力的计算，从原理上讲没有什么区别，对于只涉及一个单元的支座，其支座端的杆端力就是该支座的支座反力，如图（2-11）所示，①单元 1 结点的杆端力就是支座 A 的约束反力。即

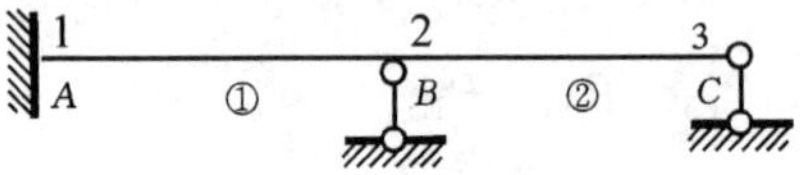

图 2-11　两跨连续梁

$$F_{RA} = F_1^1$$

然而，有的支座可能涉及两个以上的单元，可根据支座结点的平衡条件计算反力。如图 2-11 中支座 B，这时的支座反力应是两个单元在 2 结点杆端力的和，即

$$F_{RB} = F_2^1 + F_2^2$$

第七节　先处理法的计算步骤和算例

在用矩阵位移法进行结构分析的时候，必须借助电子计算机（有关平面杆系结构静力分析程序见附录Ⅰ）。然而，为了能从本质上理解矩阵位移法的原理，为此，在这一节中，我们先通过几个简单的例子了解一下矩阵位移法的计算过程。先处理法的计算步骤是：

（1）对结构进行离散化，即进行单元和结点划分；

（2）将结点和单元进行编号，分别用 1、2、…和①、②、…表示，选取整体坐标系和局部坐标系；

（3）对结点位移分量进行编码，形成单元定位向量 λ^e；

（4）建立按结构整体编码顺序排列的结点位移列向量 δ 和相应的结点荷载列向量 P；

（5）计算各单元局部坐标系下的刚度矩阵 $\overline{K}^e$，通过坐标变换矩阵 T 形成整体坐标系下的单元刚度矩阵 $K^e = T^T \overline{K}^e T$；

（6）利用单元定位向量形成结构刚度矩阵 K；

（7）按式 $\delta = K^{-1} P$ 求解未知结点位移；

（8）计算杆端力 $\overline{F}^e$ 和支座反力 F_R。

【**例 2-1**】　用先处理法计算图 2-12（a）所示平面刚架的结点位移、各杆端内力以及支座反力。

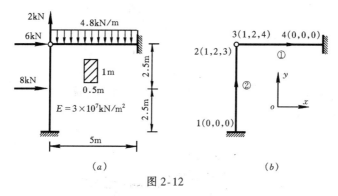

图 2-12

【解】　（1）进行结构离散化，共划分 2 个单元，4 个结点，如图（2-12b）；

（2）结点和单元编号以及建立局部坐标系和整体坐标系，如图（2-12b）；

（3）2 个单元的定位向量分别为

$$\{\lambda\}^{(1)} = \begin{bmatrix} 1 & 2 & 4 & 0 & 0 & 0 \end{bmatrix}^{\mathrm{T}}$$

$$\{\lambda\}^{(2)} = \begin{bmatrix} 0 & 0 & 0 & 1 & 2 & 3 \end{bmatrix}^{\mathrm{T}}$$

（4）整体结点位移列向量和对应的荷载列向量分别为

$$\boldsymbol{\delta} = \begin{bmatrix} u_1 & v_2 & \varphi_3 & \varphi_4 \end{bmatrix}^{\mathrm{T}}$$

$$\boldsymbol{P} = \begin{bmatrix} X_1 & Y_2 & M_3 & M_4 \end{bmatrix}^{\mathrm{T}}$$

首先由式（2-24）得局部坐标系下的单元等效结点荷载

$$\overline{\boldsymbol{F}}_{\mathrm{E}}^{1} = \{\overline{F}_{\mathrm{E}}^{1}\} = \begin{bmatrix} 0 & -12 & -10 & 0 & -12 & 10 \end{bmatrix}^{\mathrm{T}}$$

$$\overline{\boldsymbol{F}}_{\mathrm{E}}^{2} = \{\overline{F}_{\mathrm{E}}^{2}\} = \begin{bmatrix} 0 & -4 & -5 & 0 & -4 & 5 \end{bmatrix}^{\mathrm{T}}$$

注意到单元①和②的倾角分别为 $\alpha_1 = 0$，$\alpha_2 = 90°$，由式（2-11）得

$$T_1^{\mathrm{T}} = I, \quad T_2^{\mathrm{T}} = \begin{bmatrix} 0 & -1 & 0 & 0 & 0 & 0 \\ 1 & 0 & 0 & 0 & 0 & 0 \\ 0 & 0 & 1 & 0 & 0 & 0 \\ 0 & 0 & 0 & 0 & -1 & 0 \\ 0 & 0 & 0 & 1 & 0 & 0 \\ 0 & 0 & 0 & 0 & 0 & 1 \end{bmatrix}$$

从而根据式（2-10）得整体坐标系下的单元等效结点荷载

$$\boldsymbol{F}_{\mathrm{E}}^{1} = T_1^{\mathrm{T}} \overline{\boldsymbol{F}}_{\mathrm{E}}^{1} = \begin{bmatrix} 0 & -12 & -10 & 0 & -12 & 10 \end{bmatrix}^{\mathrm{T}}$$

$$\boldsymbol{F}_{\mathrm{E}}^{2} = T_2^{\mathrm{T}} \overline{\boldsymbol{F}}_{\mathrm{E}}^{2} = \begin{bmatrix} 4 & 0 & -5 & 4 & 0 & 5 \end{bmatrix}^{\mathrm{T}}$$

最后再根据式（2-26）求得刚架的综合结点荷载 $\boldsymbol{P}$

$$\boldsymbol{P} = \boldsymbol{P}_{\mathrm{E}} + \boldsymbol{P}_{\mathrm{J}} = \begin{Bmatrix} 4 \\ -12 \\ 5 \\ -10 \end{Bmatrix} + \begin{Bmatrix} 6 \\ 2 \\ 0 \\ 0 \end{Bmatrix} = \begin{Bmatrix} 10 \\ -10 \\ 5 \\ -10 \end{Bmatrix}$$

（5）根据式（2-17）和（2-18）计算单元①和②整体坐标系下的单元刚度矩阵，由已知条件先求出

$$\frac{EA}{l} = 300 \times 10^4, \quad \frac{4EI}{l} = 100 \times 10^4, \quad \frac{6EI}{l^2} = 30 \times 10^4, \quad \frac{12EI}{l^3} = 12 \times 10^4, \quad 则$$

$$\boldsymbol{K}^1 = 10^4 \times \begin{matrix} \begin{matrix} 1 & \ 2 & \ \ 4 & \ \ \ 0 & \ \ \ 0 & \ \ \ 0 \end{matrix} \\ \begin{bmatrix} 300 & 0 & 0 & -300 & 0 & 0 \\ 0 & 12 & 30 & 0 & -12 & 30 \\ 0 & 30 & 100 & 0 & -30 & 50 \\ -300 & 0 & 0 & 300 & 0 & 0 \\ 0 & -12 & -30 & 0 & 12 & -30 \\ 0 & 30 & 50 & 0 & -30 & 100 \end{bmatrix} \end{matrix} \begin{matrix} 1 \\ 2 \\ 4 \\ 0 \\ 0 \\ 0 \end{matrix}$$

$$\boldsymbol{K}^2 = 10^4 \times \begin{matrix} \begin{matrix} 0 & \ \ 0 & \ \ \ 0 & \ \ 1 & \ \ \ 2 & \ \ \ 3 \end{matrix} \\ \begin{bmatrix} 12 & 0 & -30 & -12 & 0 & -30 \\ 0 & 300 & 0 & 0 & -300 & 0 \\ -30 & 0 & 100 & 30 & 0 & 50 \\ -12 & 0 & 30 & 12 & 0 & 30 \\ 0 & -300 & 0 & 0 & 300 & 0 \\ -30 & 0 & 50 & 30 & 0 & 100 \end{bmatrix} \end{matrix} \begin{matrix} 0 \\ 0 \\ 0 \\ 1 \\ 2 \\ 3 \end{matrix}$$

（6）采用"对号入座"，将上面单元刚度矩阵集成结构刚度矩阵 $\boldsymbol{K}$

$$\boldsymbol{K} = 10^4 \times \begin{matrix} \begin{matrix} 1 & \ \ \ 2 & \ \ 3 & \ \ 4 \end{matrix} \\ \begin{bmatrix} 300+12 & 0 & 30 & 0 \\ 0 & 12+300 & 0 & 30 \\ 30 & 0 & 100 & 0 \\ 0 & 30 & 0 & 100 \end{bmatrix} \end{matrix} \begin{matrix} 1 \\ 2 \\ 3 \\ 4 \end{matrix}$$

$$= 10^4 \times \begin{bmatrix} 312 & 0 & 30 & 0 \\ 0 & 312 & 0 & 30 \\ 30 & 0 & 100 & 0 \\ 0 & 30 & 0 & 100 \end{bmatrix}$$

（7）将 $\boldsymbol{P}$、$\boldsymbol{K}$、$\boldsymbol{\delta}$ 代入式（2-22），得结构刚度方程

$$10^4 \times \begin{bmatrix} 312 & 0 & 30 & 0 \\ 0 & 312 & 0 & 30 \\ 30 & 0 & 100 & 0 \\ 0 & 30 & 0 & 100 \end{bmatrix} \begin{Bmatrix} u_1 \\ v_2 \\ \varphi_3 \\ \varphi_4 \end{Bmatrix} = \begin{Bmatrix} 10 \\ -10 \\ 5 \\ -10 \end{Bmatrix}$$

解此方程，得

$$\begin{Bmatrix} u_1 \\ v_2 \\ \varphi_3 \\ \varphi_4 \end{Bmatrix} = 10^{-6} \times \begin{Bmatrix} 2.8053 & \text{m} \\ -2.3102 & \text{m} \\ 4.1584 & \text{rad} \\ -9.3069 & \text{rad} \end{Bmatrix}$$

（8）因杆②是竖杆，可先由式（2-15）$\boldsymbol{F}^e = \boldsymbol{K}^e \boldsymbol{\delta}^e$，求出它们在整体坐标中的杆端力 $\boldsymbol{F}^2$，但由于该单元有等效结点荷载，实际杆端力应等于 $\boldsymbol{F}^2 = \boldsymbol{K}^2 \boldsymbol{\delta}^2 - \boldsymbol{F}_E^2$，即

$$\begin{Bmatrix} X_1^2 \\ Y_1^2 \\ M_1^2 \\ X_2^2 \\ Y_2^2 \\ M_2^2 \end{Bmatrix} = 10^4 \times \begin{matrix} u_1 v_2 \varphi_3 \\ \begin{bmatrix} -12 & 0 & -30 \\ 0 & -300 & 0 \\ 30 & 0 & 50 \\ 12 & 0 & 30 \\ 0 & 300 & 0 \\ 30 & 0 & 100 \end{bmatrix} \end{matrix} \cdot 10^{-6} \times \begin{Bmatrix} 2.8053 \\ -2.3102 \\ 4.1584 \end{Bmatrix} \begin{matrix} u_1 \\ v_2 \\ \varphi_3 \end{matrix} - \begin{Bmatrix} 4 \\ 0 \\ -5 \\ 4 \\ 0 \\ 5 \end{Bmatrix}$$

$$= \begin{Bmatrix} -1.5842 \\ 6.9306 \\ 2.9208 \\ 1.5842 \\ -6.9306 \\ 5.0000 \end{Bmatrix} - \begin{Bmatrix} 4 \\ 0 \\ -5 \\ 4 \\ 0 \\ 5 \end{Bmatrix} = \begin{Bmatrix} -5.5842 & \text{kN} \\ 6.9306 & \text{kN} \\ 7.9208 & \text{kN·m} \\ -2.4158 & \text{kN} \\ -6.9306 & \text{kN} \\ 0.0000 & \text{kN·m} \end{Bmatrix}$$

由式（2-10）$\overline{\boldsymbol{F}}^e = \boldsymbol{T} \boldsymbol{F}^e$，可得到在局部坐标系中的杆端力

$$\begin{Bmatrix} N_1^2 \\ V_1^2 \\ M_1^2 \\ N_2^2 \\ V_2^2 \\ M_2^2 \end{Bmatrix} = \begin{Bmatrix} 6.9306 & \text{kN} \\ 5.5842 & \text{kN} \\ 7.9208 & \text{kN·m} \\ -6.9306 & \text{kN} \\ 2.4158 & \text{kN} \\ 0.0000 & \text{kN·m} \end{Bmatrix}$$

对于单元①，可直接应用式（2-4）计算该单元的杆端力，但也要注意有等效结点荷载，因此，最终杆端力应等于 $\overline{\boldsymbol{F}}^e = \overline{\boldsymbol{K}}^e\overline{\boldsymbol{\delta}}^e - \overline{\boldsymbol{F}}_E^e$，即

$$
\begin{Bmatrix} X_3^1 \\ Y_3^1 \\ M_3^1 \\ X_4^1 \\ Y_4^1 \\ M_4^1 \end{Bmatrix} = 10^4 \times
\begin{matrix} u_1 & v_2 & \varphi_4 \end{matrix}
\begin{bmatrix} 300 & 0 & 0 \\ 0 & 12 & 30 \\ 0 & 30 & 100 \\ -300 & 0 & 0 \\ 0 & -12 & -30 \\ 0 & 30 & 50 \end{bmatrix}
\times 10^{-6} \times
\begin{Bmatrix} 2.8053 \\ -2.3102 \\ -9.3069 \end{Bmatrix}
\begin{matrix} u_1 \\ v_2 \\ \varphi_4 \end{matrix}
-
\begin{Bmatrix} 0 \\ -12 \\ -10 \\ 0 \\ -12 \\ 10 \end{Bmatrix}
$$

$$
= \begin{Bmatrix} 8.4159 \\ -3.0693 \\ -10 \\ -8.4159 \\ 3.0693 \\ -5.3465 \end{Bmatrix}
- \begin{Bmatrix} 0 \\ -12 \\ -10 \\ 0 \\ -12 \\ 10 \end{Bmatrix}
= \begin{Bmatrix} 8.4159 & \text{kN} \\ 8.9307 & \text{kN} \\ 0 & \\ -8.4159 & \text{kN} \\ 15.0693 & \text{kN} \\ -15.3465 & \text{kN·m} \end{Bmatrix}
$$

（9）绘出 M、V 和 N 图（如图 2-13）

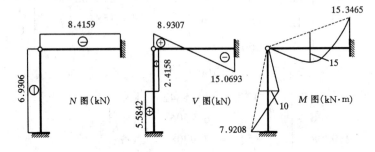

图 2-13

【例 2-2】 图 2-14 为一直角三角形桁架，试用先处理法计算各结点位移和各杆内力。设 EA 为常数。

【解】 （1）进行结构离散化，共划分 3 个单元，3 个结点，如图（2-14）；

（2）列表给出基本数据：

单元	局部坐标系 $i \rightarrow j$	杆长	$\cos\alpha$	$\sin\alpha$
①	$1 \rightarrow 2$	l	0	-1
②	$2 \rightarrow 3$	l	1	0
③	$1 \rightarrow 3$	$\sqrt{2}l$	$\sqrt{2}/2$	$-\sqrt{2}/2$

(3) 3 个单元的定位向量分别为

$$\{\lambda\}^{(1)} = \begin{bmatrix} 0 & 1 & 0 & 0 \end{bmatrix}^{\mathrm{T}}$$

$$\{\lambda\}^{(2)} = \begin{bmatrix} 0 & 0 & 2 & 3 \end{bmatrix}^{\mathrm{T}}$$

$$\{\lambda\}^{(3)} = \begin{bmatrix} 0 & 1 & 2 & 3 \end{bmatrix}^{\mathrm{T}}$$

(4) 整体结点位移列向量及对应的荷载列向量分别

为

$$\boldsymbol{\delta} = \begin{bmatrix} v_1 & u_2 & v_3 \end{bmatrix}^{\mathrm{T}}$$

$$\boldsymbol{P} = \begin{bmatrix} Y_1 & X_2 & Y_3 \end{bmatrix}^{\mathrm{T}} = \begin{bmatrix} 0 & 0 & -P \end{bmatrix}^{\mathrm{T}}$$

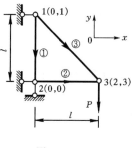

图 2-14

(5) 按式 (2-19) 计算各单元的刚度矩阵

$$\boldsymbol{K}^1 = \frac{EA}{l} \begin{matrix} & \begin{matrix} 0 & \quad 1 & \quad 0 & \quad 0 \end{matrix} \\ \begin{bmatrix} 0 & 0 & 0 & 0 \\ 0 & 1 & 0 & -1 \\ 0 & 0 & 0 & 0 \\ 0 & -1 & 0 & 1 \end{bmatrix} & \begin{matrix} 0 \\ 1 \\ 0 \\ 0 \end{matrix} \end{matrix}$$

$$\boldsymbol{K}^2 = \frac{EA}{l} \begin{matrix} & \begin{matrix} 0 & \quad 0 & \quad 2 & \quad 3 \end{matrix} \\ \begin{bmatrix} 1 & 0 & -1 & 0 \\ 0 & 0 & 0 & 0 \\ -1 & 0 & 1 & 0 \\ 0 & 0 & 0 & 0 \end{bmatrix} & \begin{matrix} 0 \\ 0 \\ 2 \\ 3 \end{matrix} \end{matrix} \qquad \boldsymbol{K}^3 = \frac{EA\sqrt{2}}{l} \cdot \frac{1}{4} \begin{matrix} & \begin{matrix} 0 & \quad 1 & \quad 2 & \quad 3 \end{matrix} \\ \begin{bmatrix} 1 & -1 & -1 & 1 \\ -1 & 1 & 1 & -1 \\ -1 & 1 & 1 & -1 \\ 1 & -1 & -1 & 1 \end{bmatrix} & \begin{matrix} 0 \\ 1 \\ 2 \\ 3 \end{matrix} \end{matrix}$$

(6) 利用"对号入座"，将上面单元刚度矩阵集成结构刚度矩阵 $\boldsymbol{K}$

$$\boldsymbol{K} = \frac{EA}{l} \begin{matrix} & \begin{matrix} \quad 1 & \qquad 2 & \qquad 3 \end{matrix} \\ \begin{bmatrix} 1+\dfrac{\sqrt{2}}{4} & \dfrac{\sqrt{2}}{4} & -\dfrac{\sqrt{2}}{4} \\[2mm] \dfrac{\sqrt{2}}{4} & 1+\dfrac{\sqrt{2}}{4} & -\dfrac{\sqrt{2}}{4} \\[2mm] -\dfrac{\sqrt{2}}{4} & -\dfrac{\sqrt{2}}{4} & \dfrac{\sqrt{2}}{4} \end{bmatrix} & \begin{matrix} 1 \\[2mm] 2 \\[2mm] 3 \end{matrix} \end{matrix}$$

(7) 将 $\boldsymbol{P}$、$\boldsymbol{K}$、$\boldsymbol{\delta}$ 代入式 (2-22)，得结构刚度方程

$$\frac{EA}{l} \begin{bmatrix} 1+\dfrac{\sqrt{2}}{4} & \dfrac{\sqrt{2}}{4} & -\dfrac{\sqrt{2}}{4} \\[2mm] \dfrac{\sqrt{2}}{4} & 1+\dfrac{\sqrt{2}}{4} & -\dfrac{\sqrt{2}}{4} \\[2mm] -\dfrac{\sqrt{2}}{4} & -\dfrac{\sqrt{2}}{4} & \dfrac{\sqrt{2}}{4} \end{bmatrix} \begin{Bmatrix} v_1 \\ u_2 \\ v_3 \end{Bmatrix} = \begin{Bmatrix} 0 \\ 0 \\ -P \end{Bmatrix}$$

解此方程，得

$$\begin{Bmatrix} v_1 \\ u_2 \\ v_3 \end{Bmatrix} = \frac{pl}{EA} \begin{Bmatrix} -1 \\ -1 \\ -2\,(1+\sqrt{2}) \end{Bmatrix}$$

(8) 计算杆端力，以单元①为例，由 (2-19) 式得

$$\begin{Bmatrix} X_1^1 \\ Y_1^1 \\ X_2^1 \\ Y_2^1 \end{Bmatrix} = \frac{EA}{l} \begin{bmatrix} 0 & 0 & 0 & 0 \\ 0 & 1 & 0 & -1 \\ 0 & 0 & 0 & 0 \\ 0 & -1 & 0 & 1 \end{bmatrix} \frac{pl}{EA} \begin{Bmatrix} 0 \\ -1 \\ 0 \\ P \end{Bmatrix} = \begin{Bmatrix} 0 \\ -P \\ 0 \\ P \end{Bmatrix}$$

再由 (2-10) 式，得局部坐标系下的单元杆端力

$$\begin{Bmatrix} \overline{N}_1^1 \\ \overline{V}_1^1 \\ \overline{N}_2^1 \\ \overline{V}_2^2 \end{Bmatrix} = \begin{bmatrix} 0 & -1 & 0 & 0 \\ 1 & 0 & 0 & 0 \\ 0 & 0 & 0 & -1 \\ 0 & 0 & 1 & 0 \end{bmatrix} \begin{Bmatrix} 0 \\ -P \\ 0 \\ P \end{Bmatrix} = \begin{Bmatrix} P \\ 0 \\ -P \\ 0 \end{Bmatrix}$$

【例 2-3】　用先处理法求作图 2-15 (a) 所示连续梁的 M 图。

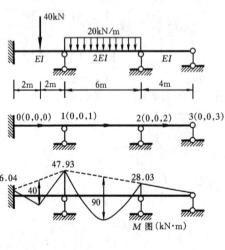

图 2-15

【解】　(1) 进行结构离散化，共划分 3 个单元，4 个结点，如图 2-15 (b)；

(2) 进行结点和单元编号，如图 2-15 (b)；

(3) 3 个单元的定位向量分别为

$$\{\lambda\}^{(1)} = \begin{bmatrix} 0 & 0 & 0 & 0 & 0 & 1 \end{bmatrix}^{\mathrm{T}}$$

$$\{\lambda\}^{(2)} = \begin{bmatrix} 0 & 0 & 1 & 0 & 0 & 2 \end{bmatrix}^{\mathrm{T}}$$

$$\{\lambda\}^{(3)} = \begin{bmatrix} 0 & 0 & 2 & 0 & 0 & 3 \end{bmatrix}^{\mathrm{T}}$$

(4) 整体结点位移列向量和对应的荷载列向量分别为

$$\boldsymbol{\delta} = \begin{bmatrix} \varphi_1 & \varphi_2 & \varphi_3 \end{bmatrix}^{\mathrm{T}}$$

$$\boldsymbol{P} = \begin{bmatrix} M_1 & M_2 & M_3 \end{bmatrix}^{\mathrm{T}}$$

将单元①、②的非结点荷载转换成等效结点荷载，并送入综合结点荷载列向量 $\boldsymbol{P}$ 中，得

$$\boldsymbol{P} = \begin{bmatrix} \dfrac{pl}{8} - \dfrac{ql^2}{12} & \dfrac{ql^2}{12} & 0 \end{bmatrix}^{\mathrm{T}} = \begin{bmatrix} \dfrac{40 \times 4}{8} - \dfrac{20 \times 6^2}{12} & \dfrac{20 \times 6^2}{12\cdot} & 0 \end{bmatrix}^{\mathrm{T}}$$

$$= \begin{bmatrix} -40 & 60 & 0 \end{bmatrix}^{\mathrm{T}}$$

(5) 由于 3 个单元都是水平杆，无需进行坐标变换，因此根据式 (2-3)，通

过单元定位向量选取，得到单元①、②、③整体坐标系下的单元刚度矩阵

$$\boldsymbol{K}^1 = \begin{matrix} 0 & 1 \end{matrix} \begin{bmatrix} \dfrac{4EI}{4} & \dfrac{2EI}{4} \\ \dfrac{2EI}{4} & \dfrac{4EI}{4} \end{bmatrix} \begin{matrix} 0 \\ 1 \end{matrix} = EI \begin{bmatrix} 1 & \dfrac{1}{2} \\ \dfrac{1}{2} & 1 \end{bmatrix} \begin{matrix} 0 \\ 1 \end{matrix} ;$$

$$\boldsymbol{K}^2 = \begin{matrix} 1 & 2 \end{matrix} \begin{bmatrix} \dfrac{8EI}{6} & \dfrac{4EI}{6} \\ \dfrac{4EI}{6} & \dfrac{8EI}{6} \end{bmatrix} \begin{matrix} 1 \\ 2 \end{matrix} = EI \begin{bmatrix} \dfrac{4}{3} & \dfrac{2}{3} \\ \dfrac{2}{3} & \dfrac{4}{3} \end{bmatrix} \begin{matrix} 1 \\ 2 \end{matrix} ;$$

$$\boldsymbol{K}^3 = \begin{matrix} 2 & 3 \end{matrix} \begin{bmatrix} \dfrac{4EI}{4} & \dfrac{2EI}{4} \\ \dfrac{2EI}{4} & \dfrac{4EI}{4} \end{bmatrix} \begin{matrix} 2 \\ 3 \end{matrix} = EI \begin{bmatrix} 1 & \dfrac{1}{2} \\ \dfrac{1}{2} & 1 \end{bmatrix} \begin{matrix} 2 \\ 3 \end{matrix}$$

（6）采用"对号入座"，将上面单元刚度矩阵集成结构刚度矩阵 $\boldsymbol{K}$

$$\boldsymbol{K} = EI \begin{matrix} 1 & 2 & 3 \end{matrix} \begin{bmatrix} 1+\dfrac{4}{3} & \dfrac{2}{3} & 0 \\ \dfrac{2}{3} & \dfrac{4}{3}+1 & \dfrac{1}{2} \\ 0 & \dfrac{1}{2} & 1 \end{bmatrix} \begin{matrix} 1 \\ 2 \\ 3 \end{matrix} = EI \begin{bmatrix} 2.3333 & 0.6667 & 0 \\ 0.6667 & 2.3333 & 0.5000 \\ 0 & 0.5000 & 1 \end{bmatrix}$$

（7）将 $\boldsymbol{P}$、$\boldsymbol{K}$、$\boldsymbol{\delta}$ 代入式（2-22），得结构刚度方程

$$EI \begin{bmatrix} 2.3333 & 0.6667 & 0 \\ 0.6667 & 2.3333 & 0.5000 \\ 0 & 0.5000 & 1 \end{bmatrix} \begin{Bmatrix} \varphi_1 \\ \varphi_2 \\ \varphi_3 \end{Bmatrix} = \begin{Bmatrix} -40 \\ 60 \\ 0 \end{Bmatrix}$$

解此方程，得

$$\begin{Bmatrix} \varphi_1 \\ \varphi_2 \\ \varphi_3 \end{Bmatrix} = \dfrac{1}{EI} \begin{Bmatrix} -27.928 & \text{rad} \\ 37.740 & \text{rad} \\ -18.872 & \text{rad} \end{Bmatrix}$$

（8）由于各单元局部与整体坐标系均相同，因此可直接应用式（2-4）计算该单元的杆端力，但要注意，若单元有等效结点荷载，则最终杆端力应等于 $\overline{\boldsymbol{F}}^e = \overline{\boldsymbol{K}}^e \, \overline{\boldsymbol{\delta}}^e - \overline{\boldsymbol{F}}_{\mathrm{E}}^e$，则单元①

$$\left\{ \begin{matrix} \overline{M}_0^1 \\ \overline{M}_1^1 \end{matrix} \right\} = EI \begin{bmatrix} 1 & \dfrac{1}{2} \\ \dfrac{1}{2} & 1 \end{bmatrix} \dfrac{1}{EI} \left\{ \begin{matrix} 0 \\ -27.928 \end{matrix} \right\} - \left\{ \begin{matrix} -20 \\ 20 \end{matrix} \right\} = \left\{ \begin{matrix} 6.036 \\ -47.928 \end{matrix} \right\} \text{kN·m}$$

单元②

$$\left\{ \begin{matrix} \overline{M}_1^2 \\ \overline{M}_2^2 \end{matrix} \right\} = EI \begin{bmatrix} \dfrac{4}{3} & \dfrac{2}{3} \\ \dfrac{2}{3} & \dfrac{4}{3} \end{bmatrix} \dfrac{1}{EI} \left\{ \begin{matrix} -27.928 \\ 37.740 \end{matrix} \right\} - \left\{ \begin{matrix} -60 \\ 60 \end{matrix} \right\} = \left\{ \begin{matrix} 47.928 \\ -28.299 \end{matrix} \right\} \text{kN·m}$$

单元③

$$\left\{ \begin{matrix} \overline{M}_2^3 \\ \overline{M}_3^3 \end{matrix} \right\} = EI \begin{bmatrix} 1 & \dfrac{1}{2} \\ \dfrac{1}{2} & 1 \end{bmatrix} \dfrac{1}{EI} \left\{ \begin{matrix} 37.740 \\ -18.872 \end{matrix} \right\} - \left\{ \begin{matrix} 0 \\ 0 \end{matrix} \right\} = \left\{ \begin{matrix} 28.304 \\ 0 \end{matrix} \right\} \text{kN·m}$$

最终根据三个单元的杆端弯矩作出弯矩图（如图 2-15c）。

思 考 题

1. 局部坐标系是如何建立的？
2. 单元刚度矩阵和结构刚度矩阵各有什么特点？
3. 单元刚度矩阵和结构刚度矩阵中元素的物理意义是什么？
4. 为什么要对单元刚度矩阵进行坐标变换？
5. 为什么自由单元的单元刚度矩阵是奇异的？
6. 等效结点荷载和固端力是什么关系？
7. 矩阵位移法计算求得的单元杆端力是否是该单元实际情况下的杆端力，为什么？

习 题

2-1 用先处理法求图示结构刚度矩阵，忽略横梁的轴向变形。

2-2 用先处理法写出图示刚架的结构刚度矩阵。各杆 EI，EA 均为常数。

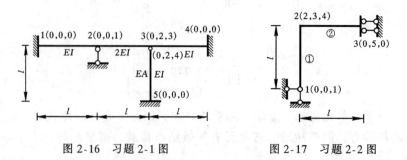

图 2-16 习题 2-1 图　　　　图 2-17 习题 2-2 图

2-3 用先处理法写出图示变截面梁的结构刚度矩阵。$E =$ 常数。忽略轴向变形的影响。

2-4 用先处理法写出图示梁的结构刚度矩阵 $[K]$。忽略轴向变形的影响。

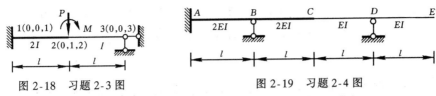

图 2-18　习题 2-3 图　　　　　　　图 2-19　习题 2-4 图

2-5　用先处理法求图示刚架的结构刚度矩阵 $[K]$，只考虑弯曲变形。

2-6　按先处理法计算图示结构的结构刚度矩阵 $[K]$。各杆长度为 l。AB 杆只考虑弯曲变形。

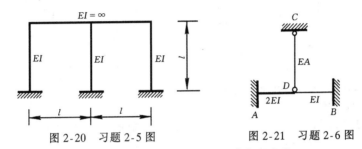

图 2-20　习题 2-5 图　　　　　　图 2-21　习题 2-6 图

2-7　用先处理法求图示刚架的结点荷载列阵 $\{P\}$。各杆长度为 4m。

2-8　用先处理法求图示梁的结点荷载列阵 $\{P\}$。

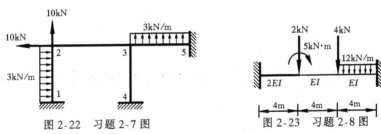

图 2-22　习题 2-7 图　　　　　　图 2-23　习题 2-8 图

2-9　用先处理法求图示结构的结点荷载列阵 $\{P\}$。

2-10　求图示结构结点 2 的综合结点荷载列阵 $\{P_2\}$。

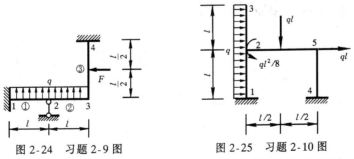

图 2-24　习题 2-9 图　　　　　图 2-25　习题 2-10 图

2-11　求杆 23 的杆端力列阵的第 2 个元素。已知图示结构结点位移列阵为 $\{\Delta\} = \begin{bmatrix} 0 & 0 \end{bmatrix}$

$0 \; -0.1569 \; -0.2338 \; 0.4232 \; 0 \; 0 \; 0]^{T}$。

2-12 求单元①的内力。已知图示桁架（各杆 EA 为常数）的结点位移列阵 $\{\Delta\} = \left(\dfrac{1}{EA}\right) \times [342.322 \; -1139.555 \; -137.680 \; -1167.111]^{T}$（分别为结点 2、4 沿 x、y 方向位移）。

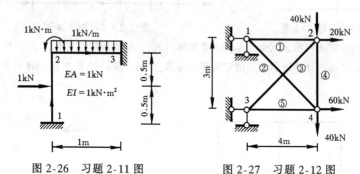

图 2-26　习题 2-11 图　　　　图 2-27　习题 2-12 图

2-13 已知图示梁结点转角列阵为 $\{\Delta\} = [0 \; 11ql^{2}/168i \; -11ql^{2}/42i]^{T}$，求 C 支座的反力，A 支座反力偶。

2-14 求单元②的杆端力列阵。图示连续梁，不计轴向变形，$EI =$ 常数，已知结点位移 $\{\Delta\} = \left[-\dfrac{ql^{3}}{12EI} \; -\dfrac{ql^{4}}{8EI}\right]^{T}$。

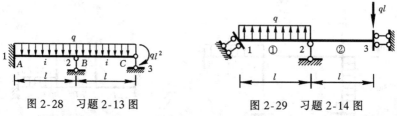

图 2-28　习题 2-13 图　　　　图 2-29　习题 2-14 图

2-15 试计算图示刚架各杆端力，并绘出内力图。设已知各杆 EI、EA 均为常数。$A = 20\text{cm}^{2}$，$E = 2.1 \times 10^{4}\text{kN/cm}^{2}$，$l = 100\text{cm}$。

2-16 试计算图示连续梁 A、D 两端约束反力。已知 EI 等于常数，并略去轴向变形影响。

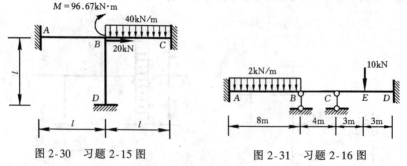

图 2-30　习题 2-15 图　　　　图 2-31　习题 2-16 图

2-17 试用本教材附录 I 所附 PMGX 程序计算题 2-11，2-12，2-15，2-16 的内力，并绘内力图。

第三章 结构动力计算

学习要点

通过本章学习，掌握结构动力计算的特点和动力计算自由度，结构振动运动方程的建立。掌握单自由度及两个自由度体系动力特性的计算方法和简谐荷载作用下强迫振动的计算方法。了解阻尼对振动的影响，振型叠加法计算多自由度体系在一般荷载作用下的强迫振动，频率的近似计算方法。

第一节 概 述

一、结构动力计算的特点

前面各章讨论了静力荷载作用下结构的内力和位移计算问题，本章将研究动力荷载作用下结构的内力和位移的计算原理和方法。

所谓静力荷载，是指其大小、方向和作用点不随时间变化，而且加载速率非常缓慢，不致使结构产生显著的加速度，由此引起的惯性力与作用荷载相比可以略去不计的荷载。而动力荷载，是指其大小、方向和作用点不仅随时间变化，而且加载速率较快，由此产生的惯性力在结构分析中不容忽视的荷载。

与静力计算相区别，动力计算要取时间为自变量，还需要考虑质点的惯性力。在动力分析中，内力与荷载不能构成静力平衡，但根据达朗伯原理可将动力问题转化为静力平衡问题来处理。其具体作法是：引入附加惯性力，考虑瞬间动平衡，即在某一时刻引进质点的惯性力作为外力，结构便在形式上处于平衡状态。因此，可利用静力学的原理和方法计算结构在该时刻的内力和位移。与静力平衡方程不同的是动力平衡方程为微分方程，它的解（即动力反应）是随时间变化的，因而动力分析比静力分析更为复杂。

如果结构受到外部因素干扰发生振动，而在以后的振动过程中不再受外部干扰力作用，这种振动称为自由振动；若在振动过程中还不断受到外部干扰力作用，则称为强迫振动。例如爆炸产生的冲击波压力，作用于结构的时间很短，当作用时间结束后，结构仍在振动，即属于自由振动；安装在楼板上的电动机在转动期间引起的楼板振动即属于强迫振动。

由于动力荷载作用使结构产生的内力和位移称为动内力和动位移，统称为动力反应。学习结构的动力计算就是要掌握强迫振动时动力反应的计算原理和方法，确定它们随时间变化的规律，从而找出其最大值以作为设计或验算的依据。因此，研究强迫振动就成为动力计算的一项根本任务。然而，结构的动力反应与结构自由振动时的频率和振动形式（即动力特性）密切相关，因此，分析自由振动时结构的动力特性即成为计算强迫振动的前提。在以后的讨论中，对各种结构体系，都必须先分析它的自由振动，然后再进一步研究其强迫振动。

二、动力荷载的分类

在实际工程中，常见的动力荷载按其大小随时间变化的规律来分，主要有以下几类：

1. 周期荷载

这类荷载随时间作周期性地变化。如按正弦或余弦函数规律变化的荷载就是其中的一种（图 3-1a），通常称它为简谐荷载。一般有旋转轮的设备，例如水轮机、电动机、发电机等在运转时都会产生这种荷载。对于其他周期荷载可称为非简谐性周期荷载。图 3-1（b）所示的为非简谐性周期撞击荷载，如打桩时落锤撞击所产生的荷载；图 3-1（c）所示的为有曲柄连杆的活塞式压缩机、柴油机等所产生的非简谐性周期荷载。

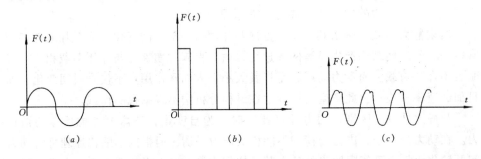

图 3-1 周期荷载

2. 冲击荷载

这类荷载作用时间很短，荷载值急剧减小（或增加），如爆炸时所产生的荷载（图 3-2），就是其中一例。

3. 突加荷载

这类荷载突然作用于结构上，荷载值在较长时间内保持不变，例如结构上突然增加重物或者突然卸掉重物，均属突加荷载，其变化规律如图 3-3 所示。

4. 随机荷载

前述三类荷载是时间的确定函数，对于任一时刻的荷载值是确定的，称之为确定性动力荷载。此外，还有一类动力荷载，诸如地震、风和波浪作用所产生的荷载极无规律，只能用概率论和数理统计的方法来定义，称为随机荷载（图3-4 *a*、*b*）。

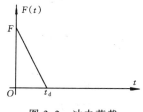

图 3-2　冲击荷载

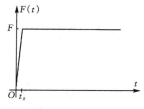

图 3-3　突加荷载

应当指出，一种荷载是否作为动力荷载并不是一成不变的，因它与结构本身的动力特性有关。有时某一荷载对一些结构可视为静力荷载，而对另一些结构则需要看作动力荷载。如脉动风压对高耸柔性结构的作用就不同于对一般结构的作用。一般来说，当振动荷载的周期为结构的自振周期五倍以上时，动力作用较小，这时的动力荷载可以看作静力荷载以简化计算。

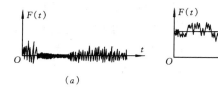

（*a*）　　　　　　　　　　（*b*）

图 3-4　随机荷载

（*a*）地震随机荷载；（*b*）风力随机荷载

三、动力自由度

在动力计算中，与静力计算一样，也要选取一个合理的结构计算简图。所不同的是，在动力计算中要考虑惯性力的作用，因此需要研究体系中质量的分布情况以及质量在运动过程中的自由度问题。

在动力学中，描述一个体系在振动过程中全部质量的位置所需独立变量的数目，称为动力自由度或简称自由度。这些变量通常称为坐标（也称为几何参数），它们代表质量的线位移或转角。但它们也可代表抽象的量，如级数的系数等，称它们为广义坐标。

根据结构的动力自由度，结构可分为：单自由度体系（图3-5）、多自由

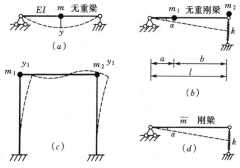

图 3-5　单自由度体系

度体系（图 3-6）和无限自由度体系（图 3-7）。

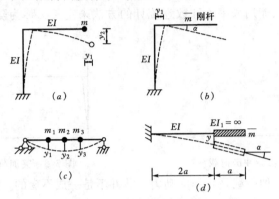

图 3-6　多自由度体系

对于较复杂的体系，通常用限制集中质量运动的办法来确定体系的自由度。

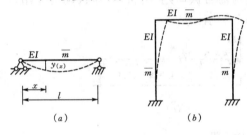

图 3-7　无限自由度体系

如图 3-8（*a*）所示的具有两个集中质量的结构，为了限制它们的运动，至少要在集中质量上增设三个附加链杆（图 3-8*b*），才能将它们完全固定，因此该结构有三个自由度。又如图 3-8（*c*）所示结构具有三个集中质量，只要加两个附加链杆（图 3-8*d*），就可将它们完全固定，因而该结构有两个自由度。

从上述两个例子中，可以看出：为了使体系上所有集中质量完全固定，在集中质量上所需增设的最少链杆数即为该体系的动力自由度数。值得注意的是，动力自由度数不一定等于集中质量数（例如图 3-8），它也与结构超静定次数无关，但往往与结构计算的精度有关。

必须注意，在结构动力计算中的自由度与几何组成分析中所指的不同。在几何组成分析中，未考虑结构的弹性变形，而是将组成体系的杆件作为刚体看待，但是在动力计算中则必须考虑结构的弹性变形。

实际上，所有结构的质量分布都是连续的，因此都具有无限个自由度。在动力计算中，体系的独立位移参数是作为未知

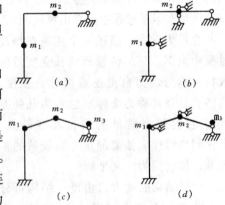

图 3-8　用附加链杆法确定体系自由度

量来求解的。自由度多，即独立位移参数多，求解就比较复杂，对于无限自由度体系的计算就更为复杂了。但在一定条件下，可以略去次要因素而将问题简化。常用的简化方法有下述三种。

1. 集中质量法

集中质量法是从物理角度提供一种减少动力自由度的简化方法。这种方法是把连续分布的质量体系根据静力等效原则集中成为有限个集中质量（实际上是质点），集中质量体系的自由度是有限的，从而使计算得到简化。下面举几个例子加以说明。

图 3-9（a）所示为一简支梁，跨中放有重物 W。当梁本身质量远小于重物的质量时，可忽略梁的质量，而用图 3-9（b）所示的计算简图。这样，该体系由无限自由度简化为一个自由度的体系。

图 3-10（a）所示为一单层厂房，由于屋盖的刚度比柱子大得多，可忽略柱子的重量，而简化为如图 3-10（b）所示的一个自由度的体系。

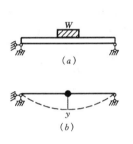

图 3-9　集中质量法

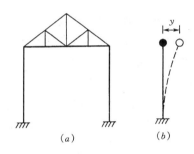

图 3-10　集中质量法

图 3-11（a）所示为三层平面刚架，在水平力作用下计算刚架的侧向振动时，一种常用的简化计算方法是将柱子的分布质量简化为作用于上下横梁处，因而刚架的全部质量都作用在横梁上，如图 3-11（b）所示。由于每层横梁的刚度很大，故梁上各点的水平位移彼此相等，因此每层横梁上的分布质量可用一个集中质量来代替。最后简化为如图 3-11（c）所示的有三个自由度的计算简图。

图 3-12（a）所示具有分布质量 $\overline{m}$ 的简支梁，将它分为二等分段、三等分段、……根据杠杆原理，将每段质量集中于该段的两端，这时，体系简化为具有一个、二个、……自由度的体系，如图 3-12（b）和图 3-12（c）所示。

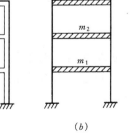

图 3-11　集中质量法

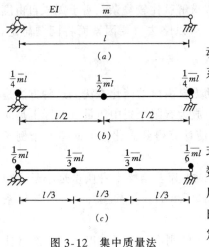

图 3-12 集中质量法

2. 广义坐标法

广义坐标法是从数学角度提供一种减少动力自由度的简化方法。这种方法是假定体系的振动曲线为

$$y(x) = \sum_{k=1}^{n} \alpha_k \varphi_k(x) \qquad (a)$$

式中，$\varphi_k(x)$ 为满足位移边界条件的给定函数，称为形状函数；α_k 为未知的系数，称为广义坐标。从式 (a) 可以看出：体系的振动曲线 $y(x)$ 完全由 n 个待定的广义坐标所确定，也就是说，把体系的动力自由度减为 n 个。

3. 有限单元法

可看作广义坐标法的一种特殊应用。将结构分成为有限个单元，单元的端点称为节点，把这些节点的位移作为广义坐标，整个结构的位移曲线可以借助于给定的节点位移的形状函数叠加而得。图 3-13 (a) 所示两端固定梁，把它分为三个单元，取节点位移参数（挠度 y 和转角 θ）作为广义坐标。在图 3-13 (a) 中，取中间两个节点的四个位移参数 y_1、θ_1、y_2、θ_2 作为广义坐标。在图 3-13 (b)、(c)、(d)、(e) 中分别给出各位移参数的形状函数 $\varphi_1(x)$、$\varphi_2(x)$、$\varphi_3(x)$、$\varphi_4(x)$，仿照式 (a)，可用四个广义坐标及其形状函数表示如下

$$y(x) = y_1\varphi_1(x) + \theta_1\varphi_2(x)$$
$$+ y_2\varphi_3(x) + \theta_2\varphi_4(x) \qquad (b)$$

通过以上步骤，该梁即转化为具有四个自由度的体系。可以看出，把体系的离散化与单元的广义坐标两者结合起来就构成了有限单元法的概念。

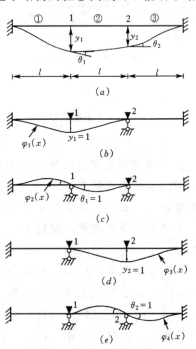

图 3-13 广义坐标法

第二节　单自由度体系的运动方程

在建筑工程中，有很多问题可以当作单自由度体系来进行研究，而所得结果在一定程度上能满足工程上的要求。

单自由度体系虽然是最简单的振动体系，但单自由度体系的动力分析能反映出振动的基本特性，是多自由度体系动力分析的基础。掌握了单自由度体系的振动，学习多自由度体系的振动就不难了。

本章只限于讨论微小振幅的振动，此时体系的动力特性保持不变。按这种小振幅振动建立的振动方程是线性的，故称为线性振动。对于线性振动，叠加原理仍然有效。

根据达朗伯原理建立运动方程有两种基本作法，现分别说明如下。

一、按平衡条件建立运动方程——刚度法

图 3-14（a）表示单自由度体系的振动模型。图中 m 为集中质量，C 为阻尼器，$F(t)$ 为动力荷载，$y(t)$ 为质量在某一个时刻 t 的水平位移。

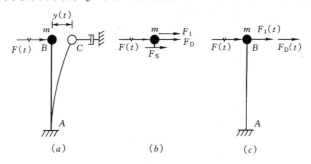

图 3-14　刚度法

为了建立动力平衡方程，取质量 m 为隔离体，如图 3-14（b）所示。隔离体上受到以下四种力的作用。

（1）动力荷载 $F(t)$。

（2）阻尼力 $F_D(t)$。在体系振动过程中，实际上都会遇到不同程度的阻力作用。这种阻力通常统称为阻尼力（简称为阻尼）。产生阻尼力的因素是多种多样的。如构件在变形过程中材料的内摩擦，支承部分的摩擦，空气和液体介质的影响等。

阻尼的理论有好几种，本章只介绍黏滞阻尼理论。按照这种理论，阻尼力 $F_D(t)$ 的大小和质量运动的速度成正比，它的数学表达式为

$$F_D(t) = -c\,\dot{y}(t) \tag{3-1}$$

式中，负号表示阻尼力的方向总是与质量速度的方向相反；c 为阻尼系数。

（3）弹性力 $F_s(t)$。它是在振动过程中，由于杆件的弹性变形所产生的恢复力。它的大小与质量的位移成正比，但方向相反，可表示为

$$F_s(t) = - K_{11} Y(t) \tag{3-2}$$

式中，K_{11} 表示使质量沿其运动方向产生单位位移时结构所产生的弹性力，称为刚度系数。

（4）惯性力 $F_I(t)$。它的大小等于质量 m 与其位移加速度的乘积。而方向与加速度方向相反，可表示为

$$F_I(t) = - m \ddot{y}(t) \tag{3-3}$$

根据达朗伯原理，对于图 12-14（b）可列出平衡方程为

$$F_I(t) + F_D(t) + F_s(t) + F(t) = 0 \tag{3-4}$$

将式（3-1）～（3-3）代入上式，即得

$$m \ddot{y} + c \dot{y} + K_{11} y = F(t) \tag{3-5}$$

上式是根据平衡条件建立的单自由度体系的运动方程。它是一个二阶线性常系数微分方程。这种推导方法仅涉及体系的刚度系数，所以称为刚度法。

二、按位移协调条件建立运动方程——柔度法

动力运动方程也可以根据位移协调条件来建立。质量 m 所产生的位移 $y(t)$，可视为由动力荷载 $F(t)$、惯性力 $F_I(t)$ 和阻尼力 $F_D(t)$ 共同作用在结构 AB 上所产生的，如图 3-14（c）所示。根据叠加原理，位移 $y(t)$ 可表示为

$$y(t) = \delta_{11} F_I(t) + \delta_{11} F_D(t) + \delta_{11} F(t) \tag{3-6}$$

式中，δ_{11} 表示在质量的运动方向施加单位力时在该方向所产生的位移，称为柔度系数。将式（3-1）和（3-3）代入上式，即得

$$m \ddot{y} + c \dot{y} + \frac{1}{\delta_{11}} y = F(t) \tag{3-7}$$

上式是根据位移协调条件建立的运动方程。这种推导方法只涉及体系的柔度系数，所以称为柔度法。柔度系数 δ_{11} 与刚度系数 K_{11} 互为倒数，即 $\delta_{11} = \dfrac{1}{K_{11}}$，将此式代入式（3-7），即得到与刚度法相同的结果（式3-5）。

上述原理和方法也可用于 $F(t)$、$F_I(t)$ 和 $F_D(t)$ 三力不全作用于质体上的情况。

【**例 3-1**】 图 3-15 所示静定梁，支座 B 为弹性支承，弹簧的刚度系数为 k，梁上有两个分别为 m_1、m_2 的集中质量，刚性杆 AC 不计质量。试建立其运动方程。

【**解**】　本题采用刚度法建立方程较方便。这是一个单自由度体系的振动问题。取 AC 杆 A 端转角 α 为坐标，在某一个时刻 t，质量 m_1、m_2 上作用的惯性力为 F_{I1}、F_{I2}，B 支座的弹性反力为 F_B，即

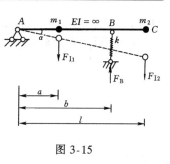

$$F_{I1} = - m_1 a \ddot{\alpha}$$

$$F_{I2} = - m_2 l \ddot{\alpha}$$

$$F_B = kb\alpha$$

图 3-15

考虑瞬间平衡建立运动方程，由 $\Sigma M_A = 0$，得

$$m_1 a^2 \ddot{\alpha} + m_2 l^2 \ddot{\alpha} + kb^2 \alpha = 0$$

经整理，即得运动方程

$$(m_1 a^2 + m_2 l^2) \ddot{\alpha} + kb^2 \alpha = 0$$

【**例 3-2**】　图 3-16（a）所示刚架在 C 结点处有一个集中质量 m，在 B 点作用一个动力荷载 $M(t) = M\sin\theta t$，各杆 $EI =$ 常数，杆长为 l，试建立其运动方程。

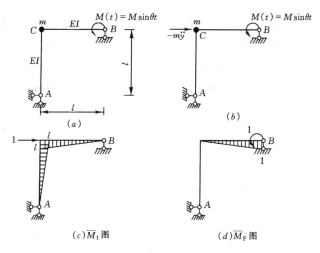

图 3-16

【**解**】　本题为单自由度体系的振动。用柔度法建立运动方程比较方便。取质量 m 水平方向的位移为坐标，在某一时刻 t，体系所受到的力如图 3-16（b）所示。利用柔度法建立运动方程

$$y(t) = - m \ddot{y} \delta_{11} + M(t) \delta_{1F} \qquad (a)$$

其中，δ_{11} 为单位力作用在质量水平方向引起质量处的水平位移；δ_{1F} 为单位弯矩

$M(t)$ 作用在 B 点时引起质量处的水平位移。

绘出 $\overline{M}_1$、$\overline{M}_F$ 图如图 3-16 (c)、(d) 所示，由图乘法得

$$\delta_{11} = \frac{1}{EI}\left(\frac{1}{2} \times l^2 \times \frac{2}{3}l \times 2\right) = \frac{2l^3}{3EI} \qquad (b)$$

$$\delta_{1F} = \frac{1}{EI}\left(\frac{1}{2} \times l^2 \times \frac{1}{3}\right) = \frac{l^2}{6EI} \qquad (c)$$

将式 (b)、(c) 代入式 (a)，得

$$y = -m\ddot{y}\frac{2l^3}{3EI} + M\sin\theta t\frac{l^2}{6EI}$$

整理后可得运动方程

$$\ddot{y} + \frac{3EI}{2ml^3}y = \frac{M}{4lm}\sin\theta t$$

第三节　单自由度体系的自由振动

在没有动力荷载即 $F(t) = 0$ 作用时所发生的振动称为自由振动。体系的自由振动是由于初位移或初速度激发而产生的。自由振动的分析将能揭示体系本身的动力特性，这些动力特性和它在动力荷载作用下的反应有密切关系，所以分析自由振动具有重要意义。自由振动又分为无阻尼和阻尼两种情况，本节先讨论无阻尼的自由振动。

根据式 (3-5)，并令 $F(t) = 0$，$F_D(t) = 0$，即得体系的无阻尼自由振动方程为

$$m\ddot{y} + K_{11}y = 0$$

将上式各项除以 m，并令

$$\omega^2 = \frac{K_{11}}{m} \qquad (3\text{-}8)$$

可得

$$\ddot{y} + \omega^2 y = 0 \qquad (3\text{-}9)$$

上式为二阶常系数齐次线性微分方程，它的通解为

$$y(t) = C_1\sin\omega t + C_2\cos\omega t \qquad (3\text{-}10)$$

将 $y(t)$ 对时间 t 求导，即得质量运动的速度

$$\dot{y}(t) = C_1\omega\cos\omega t - C_2\omega\sin\omega t \qquad (3\text{-}11)$$

公式 (3-10)、(3-11) 中的积分常数 C_1 和 C_2 可由振动的初始条件初位移 y_0 和

初速度 v_0 来确定。

根据初始条件：$t=0$ 时，$y(0)=y_0$，$\dot{y}(0)=v_0$，将它们代入式（3-10）和式（3-11）中，解得

$$C_1 = \frac{v_0}{\omega}, \quad C_2 = y_0$$

将上述结果代入式（3-10）中，于是得到

$$y(t) = y_0\cos\omega t + \frac{v_0}{\omega}\sin\omega t \qquad (3\text{-}12)$$

由上式看出，振动是由如下两部分组成：

一部分是单独由初始位移 y_0（没有初始速度）引起的，质点按 $y_0\cos\omega t$ 的规律振动，如图 3-17（a）所示。

另一部分是单独由初始速度（没有初始位移）引起的，质点按 $\frac{v_0}{\omega}\sin\omega t$ 的规律振动，如图 3-17（b）所示。

若令

$$\left. \begin{array}{l} y_0 = a\sin\alpha \\[2mm] \dfrac{v_0}{\omega} = a\cos\alpha \end{array} \right\} \qquad (3\text{-}13)$$

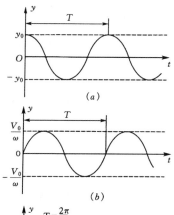

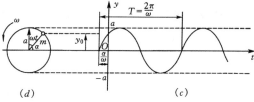

图 3-17 单自由度体系的自由振动规律

则式（3-12）可改写成

$$y(t) = a\sin(\omega t + \alpha) \qquad (3\text{-}14)$$

式中，a 表示质点 m 的最大动位移，称为振幅；α 称为初始相位角，它表示 $t=0$ 时质量 m 所处的位置。根据公式（3-13）可求得

$$\left. \begin{array}{l} a = \sqrt{y_0^2 + \left(\dfrac{v_0}{\omega}\right)^2} \\[4mm] \alpha = \arctan\dfrac{y_0\omega}{v_0} \end{array} \right\} \qquad (3\text{-}15)$$

从式（3-14）可以看出，无阻尼自由振动是简谐振动，它的变化规律如图 3-17（c）所示。

从图 3-17（c）的图像可以看出，简谐振动是周期性的运动。这种运动与质

量 m 以角速度 ω 作匀速圆周运动时纵标的改变规律相同。如图 3-17（d）所示。角速度的单位为单位时间所经过的弧度。运动一周或一圈所经过的弧度为 2π，运动一周或一圈所需要的时间称为自振周期，记作 T，它的数学表达式为

$$T = \frac{2\pi}{\omega} \tag{3-16}$$

不难验证，式（3-14）中的位移 y 确实满足周期运动的下列条件

$$y(t) = y(t + T)$$

$$\dot{y}(t) = \dot{y}(t + T)$$

这表明，在自由振动过程中，质点每隔一段时间 T 又重复原来的运动情况。

自振周期的单位为秒，它的倒数称为工程频率，用 f 表示

$$f = \frac{1}{T} = \frac{\omega}{2\pi} \tag{3-17}$$

工程频率表示单位时间内的振动次数，它的单位为秒$^{-1}$（s^{-1}），称为赫兹（Hz）。

从公式（3-16）和公式（3-17），可得

$$\omega = \frac{2\pi}{T} = 2\pi f \tag{3-18}$$

上式表明：ω 是在 2π 秒内的振动次数，称为自振频率。从圆周运动的角度来看，ω 是角速度，因此又称它为圆频率（简称为频率）。

下面给出自振周期计算公式的几种型式：

将式（3-8）代入式（3-16），得

$$T = 2\pi \sqrt{\frac{m}{K_{11}}} \tag{3-19a}$$

将 $\frac{1}{K_{11}} = \delta_{11}$ 代入上式，得

$$T = 2\pi \sqrt{m\delta_{11}} \tag{3-19b}$$

将 $m = \frac{W}{g}$ 代入上式，得

$$T = 2\pi \sqrt{\frac{W\delta_{11}}{g}} \tag{3-19c}$$

令 $\Delta_{\mathrm{st}} = W\delta_{11}$，得

$$T = 2\pi \sqrt{\frac{\Delta_{\mathrm{st}}}{g}} \tag{3-19d}$$

其中，δ_{11} 是沿质量振动方向的结构柔度系数，它表示在质点上沿振动方向施加单位荷载时质点沿振动方向所产生的静位移。因此，Δ_{st} 表示在质量上沿振动方

向施加 W 的荷载时，沿质量振动方向所产生的静位移。

同样，利用式（3-18），可得出自振频率的计算公式如下：

$$\omega = \sqrt{\frac{K_{11}}{m}} = \sqrt{\frac{1}{m\delta_{11}}} = \sqrt{\frac{g}{W\delta_{11}}} = \sqrt{\frac{g}{\Delta_{\text{st}}}} \qquad (3\text{-}20)$$

由式（3-20）可以看出，自振频率（或自振周期）只决定于体系的质量和刚度，而与外界激发自由振动的因素无关。它是体系本身所固有的属性，所以也常将自振频率称为固有频率。刚度愈大或质量愈小，则自振频率愈高，反之愈低。

自振频率或自振周期是结构动力特性重要的数量标志。两个外表相似的结构，如果周期相差很大，则动力性能相差很大；反之，两个外表看来并不相同的结构，如果其自振周期相近，则在动荷载作用下其动力性能基本一致，在地震中常会发现这样的现象。所以自振周期或自振频率的计算是结构动力分析中的重要内容。

【例 3-3】　图 3-18 所示一等截面简支梁，长度 $l = 5\text{m}$，离 A 支座 3m 处有一质量为 $m = 100\text{kg}$ 的动力机械。梁由 10 号工字钢做成，弹性模量 $E = 206\text{GPa}$，梁截面惯性矩 $I = 245\text{cm}^4$，梁的自重不计。求自振周期 T 与自振频率 ω。

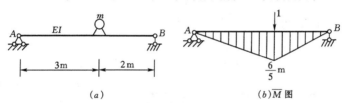

图 3-18

【解】　该体系为单自由度体系。集中质量作竖向振动。在集中质量处沿振动方向加单位力可得 $\overline{M}$ 图如图 3-18（b）所示。应用图乘法可得柔度系数

$$\delta_{11} = \frac{12}{5EI} = \frac{12}{5 \times 2.06 \times 10^7 \times 10^4 \times 245 \times 10^{-8}} = 4.755 \times 10^{-6}\text{m/N}$$

将 m 及 δ_{11} 之值代入式（3-19b）中，即得

$$T = 2\pi\sqrt{m\delta_{11}} = 2 \times 3.14\sqrt{100 \times 4.755 \times 10^{-6}} = 0.137\text{s}$$

又由式（3-20），可得

$$\omega = \sqrt{\frac{1}{m\delta_{11}}} = \sqrt{\frac{1}{100 \times 4.755 \times 10^{-6}}} = 45.86\text{s}^{-1}$$

【例 3-4】　求图 3-19（a）所示结构的自振频率，各杆 $EI =$ 常数。

【解】　该体系为单自由度体系。质量 m 在水平方向作自由振动。在质量处

沿水平方向加单位集中力，用力矩分配法作出弯矩 $\overline{M}$ 图如图 3-19（b）所示。用图乘法计算柔度系数得

$$\delta_{11} = \frac{1}{EI}\left(\frac{1}{2} \times l \times l \times \frac{2}{3}l + 2 \times \frac{1}{2} \times 0.3l \times l \times \frac{2}{3} \times 0.3l\right)$$

$$+ \frac{1}{EI}\left(\frac{1}{2} \times 0.4l \times \frac{2}{3}l \times \frac{2}{3} \times 0.4l + \frac{1}{2} \times 0.2l \times \frac{1}{3}l \times \frac{2}{3} \times 0.2l\right)$$

$$= \frac{1.3l^3}{3EI}$$

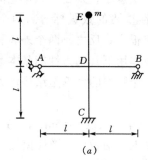 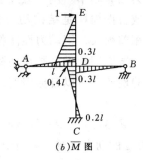

(a)　(b) $\overline{M}$ 图

图 3-19

由式（3-20），可得

$$\omega = \sqrt{\frac{1}{m\delta_{11}}} = \sqrt{\frac{3EI}{1.3\,ml^3}} = 1.52\sqrt{\frac{EI}{ml^3}}$$

【例 3-5】　求图 3-20（a）所示结构的自振频率。

【解】　体系为单自由度体系。质量 m 在竖向作自由振动。用柔度法比较简便。在质量处沿竖直方向加单位集中力，作出弯矩图如图 3-20（b）所示，用图乘法计算柔度系数，得

(a)　(b) $\overline{M}$ 图

图 3-20

$$\delta_{11} = \frac{1}{EI}\left(2 \times \frac{1}{2} \times l \times \frac{l}{4} \times \frac{2}{3} \times \frac{l}{4} + 2 \times \frac{1}{2} \times \frac{l}{2} \times \frac{l}{4} \times \frac{2}{3} \times \frac{l}{4}\right) = \frac{l^3}{16EI}$$

由式（3-20），可得

$$\omega = \sqrt{\frac{1}{m\delta_{11}}} = 4\sqrt{\frac{EI}{ml^3}}$$

【例 3-6】　图 3-21 所示两跨铰接排架，结点 F 上有一水平弹簧支承，其刚度系数为 $K_2 = \dfrac{6EI}{l^3}$。已知各柱的弯曲刚度均为 EI，不计质量，各横梁的弯曲刚度 $EI = \infty$，质量为 m。求自振周期。

【解】 该体系为排架，通常用刚度法计算比较简便。为了求体系的刚度系数，需要在沿质量振动方向施以单位位移，此时结构成为并联体系。各柱的抗剪刚度均为 $K_1 = \dfrac{3EI}{l^3}$，弹簧刚度系数 $K_2 = \dfrac{6EI}{l^3}$，于是并联体系的刚度为

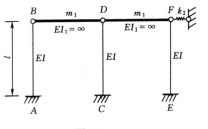

图 3-21

$$K_{11} = 3 \times K_1 + K_2 = 3 \times \left(\frac{3EI}{l^3}\right) + \frac{6EI}{l^3} = \frac{15EI}{l^3}$$

该排架的总质量 $m = 2m_1$。根据公式（3-19a），得

$$T = 2\pi\sqrt{\frac{m}{K_{11}}} = 2 \times 3.14 \times \sqrt{\frac{2m_1 l^3}{15EI}} = 2.293\sqrt{\frac{m_1 l^3}{EI}}$$

【例 3-7】 图 3-22（a）所示刚架，在结点 B 上有一集中质量 m，各杆件的弯曲刚度均为 EI，不计杆件质量。求自振周期。

【解】 该体系为具有一个水平动力自由度的超静定结构，用刚度法求解为宜。为了求体系的刚度系数，可按下述步骤进行：

（1）在沿质量 m 的水平位移方向附加一水平支杆，如图 3-22（b）所示。

（2）让支承 D 水平移动单位位移，由此产生的弯矩图可用位移法或力矩分配法求得，如图 3-22（b）所示。

（3）取 BD 为脱离体，如图 3-22（c）所示，由 $\Sigma X = 0$，求得附加支杆的约束力 K_{11} 即为刚度系数。

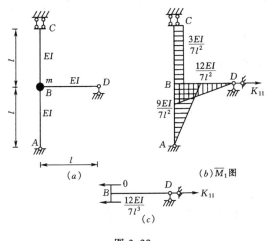

图 3-22

$$K_{11} = \frac{12EI}{7l^3}$$

由式（3-19a），得

$$T = 2\pi\sqrt{\frac{m}{K_{11}}} = 2 \times 3.14 \times \sqrt{\frac{7l^3 m}{12EI}} = 4.796\sqrt{\frac{ml^3}{EI}}$$

【例 3-8】 求图 3-23（a）所示梁的自振频率，已知杆件为刚性杆，单位

长度的质量 $\overline{m} = \dfrac{m}{l}$。

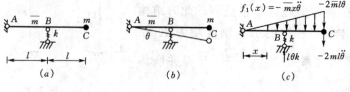

图 3-23

【解】 该体系为单自由度体系的振动问题。因有分布质量，不能直接用公

式 $\omega = \sqrt{\dfrac{K}{m}}$ 求自振频率。宜先考虑整体平衡建立运动方程然后求解。取 A 点的

转角 θ 为独立坐标，任一时刻 t 体系的位置如图 3-23（b）所示，此时质量所受
到的惯性力和 B 支座的反力如图 3-23（c）所示。

由 $\Sigma M_A = 0$，列动力平衡方程，得

$$-2ml\ddot{\theta} \times 2l + \frac{1}{2} \times (-2\overline{ml}\,\ddot{\theta}) \times 2l \times \frac{2}{3} \times 2l - l\theta k \times l = 0$$

将 $\overline{m} = \dfrac{m}{l}$ 代入上式，整理后得动力平衡方程

$$\ddot{\theta} + \frac{3K}{20m}\theta = 0$$

对比式（3-9），得

$$\omega^2 = \frac{3K}{20m}$$

$$\omega = \frac{1}{2}\sqrt{\frac{3K}{5m}}$$

第四节 单自由度体系的强迫振动

结构在动力荷载（亦称干扰力）作用下的振动称为强迫振动或受迫振动。本
节研究无阻尼的强迫振动。

在第二节式（3-5）中，若不考虑阻尼，则得单自由度体系强迫振动的微分
方程为

$$m\ddot{y} + K_{11}y = F(t)$$

或写成

$$\ddot{y} + \omega^2 y = \frac{F(t)}{m} \tag{3-21}$$

其中 $\omega = \sqrt{\dfrac{K_{11}}{m}}$。

下面分别讨论几种常见动力荷载作用下结构的振动情况和动力性能。

一、简谐荷载

设体系承受简谐荷载

$$F(t) = F\sin\theta t \qquad (a)$$

其中 θ 为简谐荷载的频率，F 是荷载的最大值，称为动荷载幅值。将式（a）代入式（3-21）即得运动方程

$$\ddot{y} + \omega^2 y = \frac{F}{m}\sin\theta t \qquad (b)$$

其通解由两部分组成

$$y = \overline{y} + y^*$$

齐次解 $\overline{y}$ 已在上节求出为

$$\overline{y} = C_1\sin\omega t + C_2\cos\omega t$$

现求其特解 y^*。设特解为

$$y^* = A\sin\theta t \qquad (c)$$

将式（c）代入式（b），得

$$(-\theta^2 + \omega^2)A\sin\theta t = \frac{F}{m}\sin\theta t$$

由此得

$$A = \frac{F}{m(\omega^2 - \theta^2)}$$

代回式（c）得特解为

$$y^* = \frac{F}{m\omega^2\left(1 - \dfrac{\theta^2}{\omega^2}\right)}\sin\theta t \qquad (d)$$

由于

$$\omega^2 = \frac{K_{11}}{m} = \frac{1}{m\delta_{11}}$$

故

$$\frac{F}{m\omega^2} = F\delta_{11} = y_{st} \qquad (e)$$

上式中，y_{st} 称为最大静力位移，即把荷载最大值 F 当作静荷载作用在结构上所产生的位移。所以，特解（d）可写成

$$y^* = y_{st}\frac{1}{1 - \dfrac{\theta^2}{\omega^2}}\sin\theta t \qquad (f)$$

于是式 (b) 的通解为

$$y = C_1\sin\omega t + C_2\cos\omega t + y_{st}\frac{1}{1-\dfrac{\theta^2}{\omega^2}}\sin\theta t \qquad (g)$$

其中，积分常数 C_1 和 C_2 可由初始条件确定。设在 $t=0$ 时，初始位移和初速度均为零，则得

$$C_1 = -y_{st}\frac{\theta/\omega}{1-\dfrac{\theta^2}{\omega^2}}, \qquad C_2 = 0$$

将上式代入式 (g)，即得

$$y = y_{st}\frac{1}{1-\dfrac{\theta^2}{\omega^2}}\left(\sin\theta t - \frac{\theta}{\omega}\sin\omega t\right) \qquad (3\text{-}22)$$

上式表明，体系的振动由两部分组成：第一部分是按荷载频率 θ 振动；第二部分按自振频率 ω 振动，它是伴随简谐荷载的作用而产生的，称为伴生自由振动。实际上由于阻尼的存在（参看下节），它将很快地衰减，最后只余下按荷载频率振动的那一部分。把振动刚开始两种振动同时存在的阶段称为过渡阶段，而把后来只按荷载频率振动的阶段称为平稳阶段。由于过渡阶段延续的时间较短，因此，在实际问题中，平稳阶段的振动较为重要。

下面讨论平稳阶段。任一时刻的位移为

$$y(t) = y_{st}\frac{1}{1-\dfrac{\theta^2}{\omega^2}}\sin\theta t \qquad (h)$$

最大动位移（即振幅）为

$$[y(t)]_{\max} = y_{st}\frac{1}{1-\dfrac{\theta^2}{\omega^2}}$$

最大动位移 $[y(t)]_{\max}$ 与最大静力位移 y_{st} 的比值叫做动力系数，用 β 表示，即

$$\beta = \frac{[y(t)]_{\max}}{y_{st}} = \frac{1}{1-\dfrac{\theta^2}{\omega^2}} \qquad (3\text{-}23)$$

于是，式 (h) 可改写为

$$y(t) = \beta y_{st}\sin\theta t \qquad (3\text{-}24)$$

式 (3-23) 表示，动力系数 β 是频率比值 $\dfrac{\theta}{\omega}$ 的函数。函数图形如图 3-24 所示。

图 3-24 表明：

(1) 当 $\dfrac{\theta}{\omega}\to 0$ 时，动力系数 $\beta\to 1$。这时简谐荷载虽然随时间变化，但变化非

常缓慢（与结构自振周期相比），结构的动力反应与动荷载幅值所产生的静力反应趋于一致，因而可当作静荷载处理。

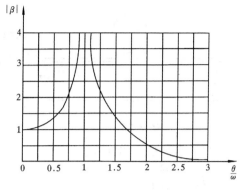

例如，当 $\dfrac{\theta}{\omega}=\dfrac{1}{5}$ 时，有

$$\beta=\dfrac{1}{1-\dfrac{1}{25}}=\dfrac{25}{24}=1.0417$$

它与 1 已相差不多，一般来说，当简谐荷载的周期大于结构的自振周期五倍以上时，可将其视为静力荷载。

图 3-24　动力系数的函数图形

(2) 当 $0<\dfrac{\theta}{\omega}<1$ 时，动力系数 $\beta>1$，且 β 随 $\dfrac{\theta}{\omega}$ 的增大而增大。这表明动力位移的方向与干扰力 $F(t)$ 的方向相同，质体振动和荷载是同相位的，即质体向下达最大位移时，荷载也向下达最大值，而且动力位移恒大于干扰力幅值所产生的静力位移。

(3) 当 $\dfrac{\theta}{\omega}\to 1$ 时，$|\beta|\to\infty$，即振幅趋于无限大，这种现象称为共振。后面将可看到，由于实际上有阻尼存在，共振时的振幅比静位移大很多倍的情况是可能出现的，但并不会趋于无限大。然而，由于共振时将产生相当大的位移和内力，在设计中应加以避免。一般规定，θ 与 ω 之值至少应相差 20%，即应避开 $0.75<\dfrac{\theta}{\omega}<$
1.25 区段，这一区段即为人为划定的共振区，而 $\dfrac{\theta}{\omega}=1$ 则常称为共振点。

(4) 当 $\dfrac{\theta}{\omega}>1$ 时，β 的绝对值随 $\dfrac{\theta}{\omega}$ 的增大而减小。动力位移 $y(t)$ 的方向与干扰力 $F(t)$ 的方向相反。这种现象与静力现象是不相同的。若 $\theta\gg\omega$，即机器的转速很大时，将有 $\beta\to 0$，这表明质量 m 只在静平衡位置附近作极微小的振动。

从上面的讨论可得出下面的减振方法。当 $\dfrac{\theta}{\omega}<1$ 时，称为共振前区，这时应设法加大结构的自振频率 ω，即增大结构的刚度，这样可使振幅减小，这种方法称为刚性方案；当 $\dfrac{\theta}{\omega}>1$ 时，称为共振后区，这时应设法减小结构的自振频率，即减小结构的刚度，这样可使振幅减小，这种方法称为柔性方案。

【例 3-9】　图 3-25 所示简支梁中点装有一台电动机。电动机和梁的总重 G = 30000N，偏心旋转块重力 Q = 4500N，偏心矩 r = 0.268cm，电动机转速为 n = 860 转/min。梁跨度 l = 4m，弹性模量 E = 210GPa，截面惯性矩 I = 4570cm⁴，

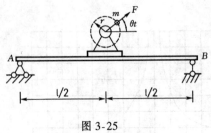

图 3-25

截面抵抗矩 $W = 381\text{cm}^3$。不考虑阻尼影响，试验算梁的挠度和强度。已知允许应力 $[\sigma]$ $= 200\text{MPa}$；允许挠度 $[\delta] = \dfrac{l}{500}$。

【解】　偏心块的圆周运动使梁在跨中受到一个竖向简谐荷载 $F(t) = F\sin\theta t$ 的作用，计算步骤如下：

（1）求梁中点的静位移

$$\Delta_{\text{st}} = \frac{l^3}{48EI}G = \frac{4^3}{48 \times 210 \times 10^9 \times 4570 \times 10^{-8}} \times 30000 = 0.0042\text{m} = 0.42\text{cm}$$

（2）求梁的自振频率

由公式（3-20），得

$$\omega = \sqrt{\frac{g}{\Delta_{\text{st}}}} = \sqrt{\frac{980}{0.42}} = 48.3\text{rad/s}$$

（3）求简谐荷载频率

$$\theta = \frac{2\pi n}{60} = \frac{2 \times 3.14 \times 860}{60} = 90.06\text{rad/s}$$

（4）求简谐荷载的幅值

$$F = \frac{Q}{g}\theta^2 r = \frac{4500}{980} \times 90.06^2 \times 0.268 = 10000\text{N}$$

（5）求动力系数

$$\beta = \frac{1}{1 - \left(\dfrac{\theta}{\omega}\right)^2} = \frac{1}{1 - \left(\dfrac{90.06}{48.3}\right)^2} = -0.404$$

取绝对值

$$\beta = 0.404$$

（6）求梁的挠度最大值（静力作用产生的挠度与动力作用产生的挠度之和）

$$\Delta = \Delta_{\text{静}} + \Delta_{\text{动}} = \delta_{11} \cdot G + \delta_{11} \cdot F\beta = \delta_{11}(G + F \cdot \beta) = \frac{l^3}{48EI}(G + F \cdot \beta)$$

$$= 1.39 \times 10^{-7}(30000 + 10000 \times 0.404)$$

$$= 4.73 \times 10^{-3}\text{m} = 0.473\text{cm} < \left[\frac{l}{500}\right] = 0.8\text{cm}$$

（7）求梁的最大正应力（静力作用与动力作用产生的应力之和）

$$\sigma = \sigma_{\text{静}} + \sigma_{\text{动}} = \frac{Gl/4}{W} + \frac{\beta Fl/4}{W} = \frac{l}{4W}(G + \beta F)$$

$$= \frac{4}{4 \times 381 \times 10^{-6}}(30000 + 0.404 \times 10000)$$

$$= 89.3\text{MPa} < [\sigma] = 200\text{MPa}$$

计算结果表明，梁具有足够的强度和刚度。

【例 3-10】　图 3-26（a）所示跨中带有一质量 m 的无重简支梁，动力荷载 $F(t) = F\sin\theta t$ 作用在距梁左端 $\dfrac{l}{4}$ 处，若 $\theta = 1.2\sqrt{\dfrac{48EI}{ml^3}}$，试求在荷载 $F(t)$ 作用下，质量 m 的最大动力位移。

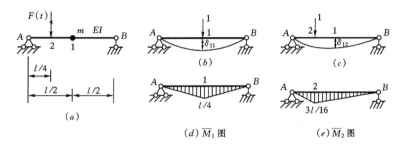

图 3-26

【解】　（1）求梁的柔度系数

柔度系数的物理意义如图 3-26（b）、（c）所示，单位弯矩图如图 3-26（d）、（e）所示，用图乘法得

$$\delta_{11} = \frac{l^3}{48EI}, \quad \delta_{12} = \frac{11l^3}{768EI}$$

（2）计算梁的自振频率

$$\omega = \sqrt{\frac{1}{m\delta_{11}}} = \sqrt{\frac{48EI}{ml^3}}$$

（3）建立质量的动力平衡方程

用叠加原理，根据柔度法可写出质量 m 的运动方程为

$$y = \delta_{11}(-m\ddot{y}) + \delta_{12}F(t)$$

将上式各项除以 δ_{11}，并整理得

$$\ddot{y} + \omega^2 y = \frac{\delta_{12}}{\delta_{11}}\frac{F(t)}{m} = 0.6875\frac{F(t)}{m}$$

将上式与式（3-21）相比较可见，只是在干扰力 $F(t)$ 项中多了系数 $\dfrac{\delta_{12}}{\delta_{11}} = 0.6875$。即把非直接作用于质量的荷载按照静力位移等效的条件转换成直接作用于质量上的荷载 为 $\dfrac{\delta_{12}}{\delta_{11}}F(t)$。

动力方程的解为

$$y(t) = y_{\text{st}} \frac{1}{1 - \dfrac{\theta^2}{\omega^2}} \sin\theta t = \left(0.6875 \frac{F}{m\omega^2}\right) \frac{1}{1 - \dfrac{\theta^2}{\omega^2}} \sin\theta t$$

在上式中，代入 ω 及 θ 相应的值便可求得质量 m 的最大动力位移为

$$y_{\max} = 0.6875 \frac{F}{m\omega^2} \cdot \frac{1}{1 - 1.44} = 0.6875 \frac{F}{m} \cdot \frac{ml^3}{48EI} \, (-2.2727)$$

$$= -0.0326 \frac{Fl^3}{EI}$$

因为 $\theta = 1.2\omega$，荷载频率超过了该梁的自振频率，故 $y_{\max}$ 出现了负号。

二、一般动荷载

单自由度体系在一般动荷载 $F(t)$ 作用下所引起的动力反应可分两步讨论：首先讨论瞬时冲量的动力反应，然后在此基础上讨论一般动荷载的动力反应。

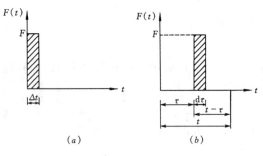

图 3-27 瞬时冲量

设体系在 $t = 0$ 时处于静止状态，在极短时间 Δt 内作用一冲击荷载 F 于质点上，如图 3-27（a）所示。其冲量 S 即为 $F\Delta t$，以图 3-27（a）中阴影的面积表示。

根据动量定理，体系的质点在时间 $t - t_0$ 内的动量变化等于冲量，即

$$mv - mv_0 = F(t - t_0)$$

式中，t_0、v_0 分别表示初始时间和初始速度。由于体系 $t_0 = 0$ 时处于静止状态，于是得到

$$v = \frac{Ft}{m} \tag{a}$$

将上式对时间从 0 到 t 积分得

$$y = \frac{1}{2} \cdot \frac{F}{m} t^2 \tag{b}$$

当荷载作用时间 $t = \Delta t$ 时，式（a）、（b）分别为

$$v = \frac{F\Delta t}{m} \tag{c}$$

$$y = \frac{1}{2} \frac{F}{m} (\Delta t)^2 \tag{d}$$

体系在瞬时冲击荷载移去后，运动成为自由振动。这时的初速度和初位移分别用式（c）和式（d）表示。由于荷载作用的时间 Δt 极短，式（d）表明初始位移 y 是一个二阶微量，因此对体系运动的影响可忽略不计。这样，体系在瞬

时冲击荷载作用下的振动可看成是初始条件为 $y_0 = 0$，$v_0 = \dfrac{F\Delta t}{m}$ 的自由振动，它的解可由公式（3-12）得到

$$y(t) = \frac{v_0}{\omega}\sin\omega t = \frac{F\Delta t}{m\omega}\sin\omega t \tag{3-25}$$

式（3-25）的瞬时冲量荷载是从 $t = 0$ 开始作用的，如果瞬时冲击荷载从 $t = \tau$ 开始作用（图 3-27b），那么公式（3-25）中的位移反应时间 t 应改成（$t - \tau$），即公式（3-25）应改成

$$\left.\begin{array}{ll} y(t) = \dfrac{F\Delta t}{m\omega}\sin\omega(t - \tau) & (t > \tau) \\[2mm] y(t) = 0 & (t < \tau) \end{array}\right\} \tag{3-26}$$

现在，讨论图（3-28）所示一般动力荷载 $F(t)$ 作用下的动力反应。整个加载过程中可看作由一系列瞬时冲量所组成。例如，在时刻 $t = \tau$ 作用的荷载为 $F(\tau)$，此荷载在微分时段 $d\tau$ 内产生的冲量为 $dS = F(\tau)d\tau$。由式（3-26）得到

$$dy(t) = \frac{F(\tau)d\tau}{m\omega}\sin\omega(t - \tau)$$

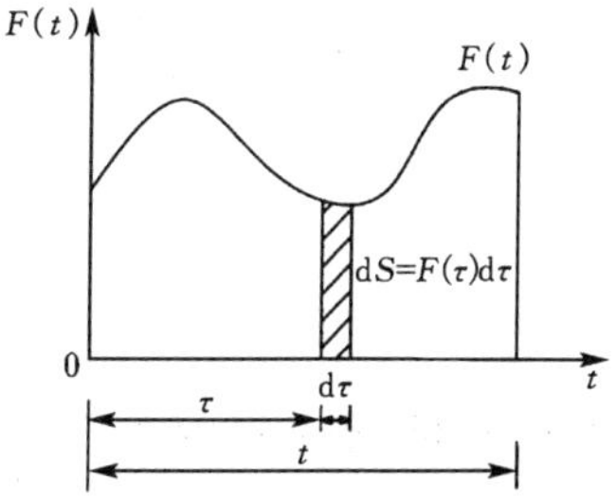

然后对加载过程中产生的所有微分反应进行叠加，即对上式进行积分，可得出总反应

图 3-28　一般动荷载

$$y(t) = \frac{1}{m\omega}\int_0^t F(\tau)\sin\omega(t - \tau)d\tau \tag{3-27}$$

式（3-27）称为杜哈梅（J. M. C. Duhamal）积分。这是初始处于静止状态的单自由度体系在任意动荷载 $F(\tau)$ 作用下的位移公式。如初始位移 y_0 和初始速度 v_0 不为零，则总位移应为

$$y(t) = y_0\cos\omega t + \frac{v_0}{\omega}\sin\omega t + \frac{1}{m\omega}\int_0^t F(\tau)\sin\omega(t - \tau)d\tau \tag{3-28}$$

这里，之所以用 $d\tau$ 而不是用 dt 是因为：我们在考察加在不同时刻 τ 的一系列瞬时冲量对同一时刻 t 的位移的影响。这里位移发生的时刻 t，被暂时固定起来（是指定的常数）；而瞬时冲量施加的时刻 τ 表示时间的流动坐标，是变量。

应用式（3-28）可以推导出以下几种常见动力荷载作用下体系的动力反应。

1. 突加长期荷载

设体系原处于静止状态。在 $t = 0$ 时，突然加上荷载 F_0，并一直作用在结构上，这种荷载称为突加长期荷载，其表达式为

$$F(t) = \begin{cases} 0, & \text{当 } t < 0 \\ F_0, & \text{当 } t > 0 \end{cases}$$

$F - t$ 曲线如图（3-29a）所示。

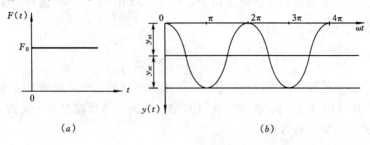

(a)　　　　　　　　　　　　　　　　　(b)

图 3-29　突加长期荷载的动力反应

将荷载表达式代入式（3-28），可得位移反应的算式为

$$y(t) = \frac{1}{m\omega} \int F_0 \sin\omega \ (t - \tau) \ \mathrm{d}\tau$$

$$= \frac{F_0}{m\omega^2} \ (1 - \cos\omega t)$$

$$= y_{st} \ (1 - \cos\omega t)$$

$$= y_{st}\left(1 - \cos\frac{2\pi t}{T}\right) \tag{3-29}$$

这里，$y_{st} = \dfrac{F_0}{m\omega^2} = F_0\delta$，表示把 F_0 当成静荷载作用所产生的静位移。

根据式（3-29）作出的动力位移图如图 3-29（b）所示。由图中可以看出，当 $t > 0$ 时，质点是围绕其静力平衡位置（新的基线）$y = y_{st}$ 作简谐振动。最大动位移发生在 $\cos\omega t = -1$ 时，其值为 $[y \ (t)]_{max} = 2y_{st}$。动力系数为

$$\beta = \frac{[y(t)]_{max}}{y_{st}} = 2 \tag{3-30}$$

由此可见，突加荷载所引起的最大动位移比相应的静位移增大一倍。

2. 突加短期荷载

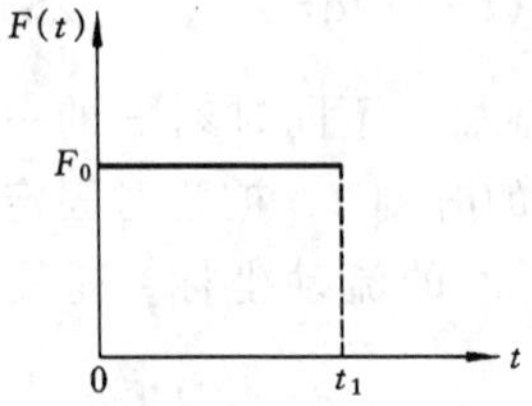

这种荷载的特点是当 $t = 0$ 时，在质体上突然施加常量荷载 F_0，而且一直保持不变，直到 $t = t_1$ 时突然卸去，如图 3-30 所示。若作用时间 t_1 较短，这种荷载称为突加短期荷载。其表达式为

图 3-30　突加短期荷载

$$F(t) = \begin{cases} 0, & \text{当 } t < 0 \\ F_0, & \text{当 } 0 < t < t_1 \\ 0, & \text{当 } t > t_1 \end{cases}$$

体系在这种荷载作用下的位移反应需按两个阶段分别计算。

第一阶段（$0 \leqslant t \leqslant t_1$）：此阶段的荷载情况与突加长期荷载相同，因此动力位移反应仍按式（3-29）计算，即

$$y(t) = y_{st}(1 - \cos\omega t)$$

第二阶段（$t \geqslant t_1$）：此阶段无荷载作用，因此体系为自由振动。以第一阶段终了时刻（$t = t_1$）的位移 $y(t_1)$ 和速度 $v(t_1)$ 作为初始位移和初始速度，即可得出动力位移计算公式。也可直接由式（3-27）求得。将荷载表达式代入后，即得

$$y(t) = \frac{1}{m\omega}\int_0^{t_1} F_0\sin\omega(t - \tau)d\tau + \frac{1}{m\omega}\int_{t_1}^{t} 0 \cdot \sin\omega(t - \tau)d\tau$$

$$= \frac{F_0}{m\omega^2}\left[\cos\omega(t - t_1) - \cos\omega t\right]$$

$$= y_{st} \cdot 2\sin\frac{\omega t_1}{2}\sin\omega\left(t - \frac{t_1}{2}\right) \tag{3-31}$$

体系的最大位移反应与荷载作用的时间 t_1 有关。

当 $t_1 \geqslant \dfrac{T}{2}$（加载持续时间大于半个自振周期）时，最大动力位移反应发生在第一阶段，此时动力系数为

$$\beta = 2$$

当 $t_1 < \dfrac{T}{2}$ 时，最大动力位移反应发生在第二阶段，由式（3-31）得知最大动力位移反应（即位移幅值）为

$$y_{max} = y_{st} \cdot 2\sin\frac{\omega t_1}{2} = y_{st} \cdot 2\sin\frac{\pi t_1}{T}$$

因此动力系数为

$$\beta = 2\sin\frac{\pi t_1}{T}$$

综合上述两个阶段情况的结果，得到

$$\beta = \begin{cases} 2\sin\dfrac{\pi t_1}{T}, & \text{当}\dfrac{t_1}{T} < \dfrac{1}{2} \\ 2, & \text{当}\dfrac{t_1}{T} \geqslant \dfrac{1}{2} \end{cases} \tag{3-32}$$

由此看出，动力系数 β 的数值取决于参数 $\dfrac{t_1}{T}$，即短时荷载的动力效果取决于加载持续时间的长短（与结构自振周期相比）。根据式（3-32）可列出 β 与 $\dfrac{t_1}{T}$ 间的对应关系如表 3-1。

根据式（3-32）也可画出 β 与 $\dfrac{t_1}{T}$ 间的关系曲线如图 3-31 所示。这种以 $\dfrac{t_1}{T}$ 作为横坐标，以 β 作为纵坐标，绘出的曲线称为动力系数反应谱。

表 3-1

$\frac{t_1}{T}$	0.01	0.05	0.1	0.20	0.40	0.50	>0.50
β	0.052	0.313	0.613	1.175	1.902	2.00	2.00

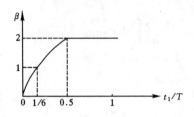

图 3-31　突加短期荷载的动力反应

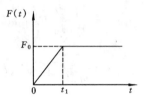

图 3-32　线性渐增荷载

3. 线性渐增荷载

在一定时间内 $(0 \leqslant t \leqslant t_1)$，荷载由 0 增至 F_0，然后荷载值保持不变（图 3-32）。荷载表达式为

$$F(t) = \begin{cases} \dfrac{F_0}{t_1}t, & 当 0 \leqslant t \leqslant t_1 \\[2mm] F_0, & 当 t \geqslant t_1 \end{cases}$$

这种荷载引起的动力反应可利用式（3-27）求得。下面分两个阶段计算。

第一阶段 $(0 \leqslant t \leqslant t_1)$

$$y(t) = \frac{1}{m\omega}\int_0^t \frac{F_0}{t_1} \cdot \tau \cdot \sin\omega(t-\tau)\mathrm{d}\tau$$

$$= \frac{F_0}{m\omega^2 t_1}\left[\tau\cos\omega\ (t-\tau) + \frac{1}{\omega}\sin\omega\ (t-\tau)\right]_0^t$$

$$= y_{\text{st}} \cdot \frac{1}{t_1}\left(t - \frac{\sin\omega t}{\omega}\right)$$

第二阶段 $(t \geqslant t_1)$

$$y(t) = \frac{1}{m\omega}\int_0^{t_1} \frac{F_0}{t_1}\tau \cdot \sin\omega(t-\tau)\mathrm{d}\tau + \frac{1}{m\omega}\int_{t_1}^t F_0\sin\omega(t-\tau)\mathrm{d}\tau$$

$$= \frac{F_0}{m\omega^2 t_1}\left[\tau\cos\omega\ (t-\tau) + \frac{1}{\omega}\sin\omega\ (t-\tau)\right]_0^{t_1} + \frac{F_0}{m\omega^2}\left[\cos\omega\ (t-\tau)\right]_{t_1}^t$$

$$= y_{\text{st}}\left\{1 - \frac{1}{\omega t_1}\left[\sin\omega t - \sin\omega\ (t-t_1)\right]\right\}$$

将第一、二阶段位移反应的公式汇总

$$y(t) = \begin{cases} y_{st} \dfrac{1}{t_1}\left(t - \dfrac{\sin\omega t}{\omega}\right), 当\ 0 \leqslant t \leqslant t_1 \\ y_{st}\left\{1 - \dfrac{1}{\omega t_1}[\sin\omega t - \sin\omega(t - t_1)]\right\}, 当\ t \geqslant t_1 \end{cases} \quad (3\text{-}33)$$

对于这种线性渐增荷载，其动力
反应与升载时间 t_1 的长短有很大关系。
图 3-33 所示曲线表示动力系数 β 随升
载时间比值 $\dfrac{t_1}{T}$ 而变化的情形，即动力
系数的反应谱曲线。

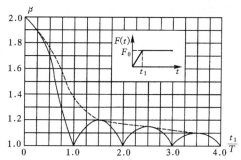

由图 3-33 看出，动力系数 β 介于
1 与 2 之间。如果升载时间很短，例如
$t_1 < \dfrac{T}{4}$，则动力系数 β 接近于 2，即相
当于突加荷载的情况。如果升载时间
很长，例如 $t_1 > 4T$，则动力系数 β 接

图 3-33　线性渐增荷载的动力
系数反应谱曲线

近于 1.0，即相当于静荷载的情况。在设计中，常以图 3-33 中所示外包虚线作
为设计依据。

三、地面运动作用

地面在水平方向发生运动，将使单自由度体系产生强迫振动。如地震和邻近
动力设备对结构的影响都属于地面运动作用。下面讨论地面运动所产生的强迫振
动。

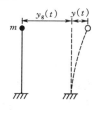

图 3-34　地面运
动作用

如图 3-34 所示结构，在质量 m 上并无动力荷载直接作
用，但地面产生了水平运动 $y_g(t)$，于是结构的质量 m 发生了
水平相对位移 $y(t)$ 的振动。在振动过程中的任一时刻 t，质量 m
具有绝对位移 $(y(t) + y_g(t))$，绝对加速度为 $(\ddot{y}(t) + \ddot{y}_g(t))$。
作用在质量 m 上的惯性力为

$$F_I(t) = - m(\ddot{y}(t) + \ddot{y}_g(t)) \qquad (a)$$

在振动过程中，结构的弹性恢复力 $F_s(t)$ 和阻尼力 F_D
(t) 分别只和质量 m 的相对位移和相对速度有关，因而列出
结构的运动方程为

$$- m(\ddot{y}(t) + \ddot{y}_g(t)) - c\dot{y} - K_{11}y = 0$$

或

$$m\ddot{y} + c\dot{y} + K_{11}y = - m\ddot{y}_g(t)$$

可写成

$$m\ddot{y} + c\dot{y} + K_{11}y = F_E(t) \tag{b}$$

式中

$$F_E(t) = -m\ddot{y}_g(t) \tag{c}$$

称为等效动力荷载。上式中的负号，只表明等效荷载的方向与地面运动的加速度方向相反，它在实际分析中没有多大意义。

根据杜哈梅积分，若不考虑阻尼的影响，可得式（b）的解为

$$y(t) = \frac{1}{\omega}\int_0^t \ddot{y}_g(\tau)\sin\omega(t-\tau)d\tau \tag{d}$$

可见，在地面运动作用下产生的动力反应，等效于在质量 m 水平方向施加动荷载 $F_E(t)$ 所产生的动力作用。

第五节 阻尼对振动的影响

以上两节研究体系的振动问题时没有考虑阻尼的影响，所得结果大体反映了实际结构的振动规律。例如，结构的自振频率是结构本身一个固有性质的结论，在简谐荷载作用下有可能出现共振现象的结论等。但是也有一些结论与实际振动情况不尽相符，例如，自由振动时振幅永不衰减的结论，共振时振幅可趋于无限大的结论等。这是因为实际工程不可避免地存在阻力，能使体系原来的能量逐渐被消耗掉从而使运动停止下来。这种使能量耗散的因素称为阻尼影响。

振动中的阻尼力有多种来源，归结起来主要有以下几种：

（1）结构变形中，材料的内摩擦阻力；

（2）周围介质对振动的阻力；

（3）支座、结点等构件连接处的摩擦力；

（4）地基土等的内摩擦阻力。

关于阻尼因素的本质，目前研究得还很不够，另外，对一个结构来说，往往同时存在几种不同性质的阻尼因素，这就使数学表达更加困难，因而不得不采用简化的阻尼模型。其中应用最为广泛的是黏滞阻尼理论（也称伏伊特理论）。这种理论假定阻尼力与质点的速度成正比，阻尼力方向与运动方向相反。即

$$F_D = -c\dot{y}$$

式中，F_D 为质点所受的阻尼力；c 为阻尼系数；$\dot{y} = \dfrac{dy}{dt}$ 为质点速度。

上式中的负号表示阻尼力的方向恒与速度 $\dot{y}$ 的方向相反，它在体系振动时作负功，因而造成能量耗散。

试验证明，当物体在黏滞液体中运动而速度不大时，它所受的阻尼与上式符合，因此，这一种理论即称为黏滞阻尼理论。在某些情况下，应用这种理论所得

的计算结果与实验结果相差较大，但由于按这一理论所建立的运动方程易于求解，所以目前仍被采用。其他类型的阻尼力也可化为等效黏滞阻尼力来分析。因此，本节主要讨论黏滞阻尼力对振动的影响。

以下分别讨论有阻尼的自由振动和强迫振动。

一、有阻尼的自由振动

根据公式（3-5），令 $F(t) = 0$，即得体系考虑黏滞阻尼作用时单自由度体系的运动方程为

$$m\ddot{y} + c\dot{y} + K_{11}y = 0 \tag{3-34}$$

令

$$\omega^2 = \frac{K_{11}}{m}, \quad \frac{c}{m} = 2\xi\omega, \quad \xi = \frac{c}{2m\omega} \tag{3-35}$$

则式（3-34）可改写为

$$\ddot{y} + 2\xi\omega\dot{y} + \omega^2 y = 0 \tag{3-36}$$

式中，ξ 称为阻尼比。上式是一个常系数齐次线性微分方程，其特征方程为

$$r^2 + 2\xi\omega r + \omega^2 = 0 \tag{a}$$

解得

$$r_{1,2} = \omega\left(-\xi \pm \sqrt{\xi^2 - 1}\right) \tag{b}$$

方程（3-36）的解取决于式（b）中根号内的数值。现分三种情况讨论如下：

1. $\xi < 1$（即低阻尼情况）

令

$$\omega_r = \omega\sqrt{1 - \xi^2} \tag{3-37}$$

则方程（3-36）的解为

$$y(t) = e^{-\xi\omega t}(C_1\cos\omega_r t + C_2\sin\omega_r t) \tag{c}$$

积分常数 C_1、C_2 可由初始条件求得

$$C_1 = y_0, \qquad C_2 = \frac{v_0 + \xi\omega y_0}{\omega_r}$$

于是式（c）可改写为

$$y(t) = e^{-\xi\omega t}\left(y_0\cos\omega_r t + \frac{v_0 + \xi\omega y_0}{\omega_r}\sin\omega_r t\right) \tag{3-38}$$

令

$$y_0 = a\sin\alpha$$

$$\frac{v_0 + \zeta\omega y_0}{\omega_r} = a\cos\alpha$$

则式（3-38）也可写成如下单项形式

$$y(t) = a \mathrm{e}^{-\xi \omega t} \sin(\omega_{\mathrm{r}} t + \alpha) \tag{3-39}$$

式中

$$\left. \begin{array}{l} a = \sqrt{y_0^2 + \left(\dfrac{v_0 + \xi \omega y_0}{\omega_{\mathrm{r}}} \right)^2} \\[4mm] \alpha = \arctan \dfrac{y_0 \omega_{\mathrm{r}}}{v_0 + \xi \omega y_0} \end{array} \right\} \tag{3-40}$$

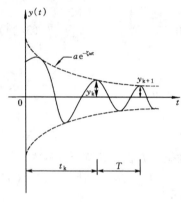

图 3-35 低阻尼体系自由
振动的位移曲线

由式（3-38）或（3-39）可画出低阻尼体系自由振动时的 $y(t) - t$ 曲线，如图 3-35 所示。这是一条逐渐衰减的波动曲线。图中虚线为随时间衰减的振幅包络线。

首先，讨论阻尼对自振频率的影响。在式（3-38）中，ω_{r} 是低阻尼体系的自振频率，它与无阻尼的自振频率 ω 之间的关系由式（3-37）给出。由此可知，在 $\xi < 1$ 的低阻尼情况下，ω_{r} 恒小于 ω，而 ω_{r} 随 ξ 值的增大而减小。此外，在通常情况下 ξ 是一个小数（一般建筑结构的 ξ 值约在 $0.005 \sim 0.05$ 之间）。如果 $\xi < 0.2$，则 $0.96 < \dfrac{\omega_{\mathrm{r}}}{\omega} < 1$，即 ω_{r} 与 ω 的值很相近。因此，在 $\xi < 0.2$ 的情况下，阻尼对自振频率的影响不大，可以忽略。

然后，讨论阻尼对振幅的影响。在式（3-39）中，振幅为 $a \mathrm{e}^{-\xi \omega t}$，由此可见，由于阻尼的影响，振幅随时间而逐渐衰减。还可看出，经过一个周期 $T \left(T = \dfrac{2\pi}{\omega_{\mathrm{r}}} \right)$ 后，相邻两个振幅 y_{k+1} 与 y_k 的比值为

$$\frac{y_{k+1}}{y_k} = \frac{\mathrm{e}^{-\xi \omega (t_k + T)}}{\mathrm{e}^{-\xi \omega t_k}} = \mathrm{e}^{-\xi \omega T} \tag{d}$$

由此可见，振幅是按等比级数衰减的，ξ 值愈大，则衰减速度愈快。

在有阻尼的振动问题中，ξ 是一个极为重要的参数，一般称为阻尼比。对式（d）两边倒数后取对数，得

$$\ln \frac{y_k}{y_{k+1}} = \xi \omega T = \xi \omega \frac{2\pi}{\omega_{\mathrm{r}}}$$

因此

$$\xi = \frac{1}{2\pi} \frac{\omega_{\mathrm{r}}}{\omega} \ln \frac{y_k}{y_{k+1}}$$

如果 $\xi < 0.2$，则 $\frac{\omega_r}{\omega} \approx 1$，于是有

$$\xi = \frac{1}{2\pi} \ln \frac{y_k}{y_{k+1}}$$

这里，$\ln \frac{y_k}{y_{k+1}}$ 称作振幅的对数递减率。同样，用 y_k 和 y_{k+n} 表示两个相隔 n 个周期的振幅，可得

$$\xi = \frac{1}{2\pi n} \frac{\omega_r}{\omega} \ln \frac{y_k}{y_{k+n}}$$

当 $\frac{\omega_r}{\omega} = 1$ 时

$$\xi = \frac{1}{2\pi n} \ln \frac{y_k}{y_{k+n}} \tag{3-41}$$

工程上常通过实测并根据式（3-41）来计算 ξ。

2. $\xi = 1$（即临界阻尼情况）

此时，$r_{1,2} = -\omega$，微分方程（3-36）的解为

$$y(t) = \mathrm{e}^{-\omega t}(C_1 t + C_2)$$

再引入初始条件，得

$$y(t) = [y_0(1 + \omega t) + v_0 t]\mathrm{e}^{-\omega t} \tag{3-42}$$

其 $y(t) - t$ 曲线如图 3-36 所示。它表示体系从初始位移出发，逐渐返回到静平衡位置而无振动发生。说明这条曲线仍然具有衰减性质，但不具有图 3-35 那样的波动性质。这是因为阻尼作用较大，体系受干扰后偏离平衡位置所积蓄的初始能量，在恢复到平衡位置的过程中全部消耗于克服阻尼的影响，没有多余的能量来引起振动，这种情况称为临界阻尼。这时的阻尼系数称为临界阻尼系数，并用 c_r 表示。在式（3-35）中，令 $\xi = 1$，即可知临界阻尼系数为

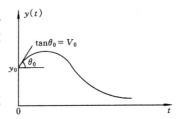

图 3-36　强阻尼自由振动的位移曲线

$$c_r = 2m\omega = 2\sqrt{mK_{11}} \tag{3-43}$$

由式（3-35）式（3-43），得

$$\xi = \frac{c}{2m\omega} = \frac{c}{c_r}$$

参数 ξ 表示阻尼常数 c 与临界阻尼常数 c_r 的比值，故称为阻尼比。

3. $\xi > 1$（即强阻尼情况）

此时，r_1 和 r_2 为两个负的实根，方程（3-36）的解为

$$y(t) = e^{-\xi\omega t}(C_1 \mathrm{sh}\sqrt{\xi^2 - 1}\,\omega t + C_2 \mathrm{ch}\sqrt{\xi^2 - 1}\,\omega t)$$

其 $y(t) - t$ 曲线大体上与图 3-36 相似，它也无振动发生。这种情况称为强阻尼。由于实际问题中很少遇到这种情况，故不作进一步讨论。

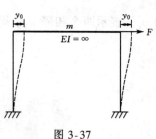

图 3-37

【例 3-11】 图 3-37 所示为一单层刚架。设横梁 $EI = \infty$，屋盖系统的质量和柱子的部分质量均集中在横梁处，共计为 m。为了确定刚架水平振动时的动力特性，进行以下振动实验：在横梁处加一水平力 F，使柱顶发生侧移 $y_0 = 0.5\,\mathrm{cm}$，然后突然释放，使刚架作自由振动。测得一个周期后横梁摆回的侧移为 $y_1 = 0.3\,\mathrm{cm}$。计算：（1）刚架的阻尼比 ξ；（2）振幅衰减到 y_0 的 5%（即 $0.025\,\mathrm{cm}$）以下所需的时间（以整周计）。

【解】 （1）求 ξ

假定阻尼比 $\xi < 0.2$，此时阻尼对周期的影响很小，可取 $T_r = T$，于是可用式（3-41）求阻尼比

$$\xi = \frac{1}{2\pi}\ln\frac{y_0}{y_1} = \frac{1}{2\pi}\ln\frac{0.5}{0.3}$$

$$= \frac{1}{2 \times 3.14} \times 0.5108 = 0.0813$$

可见属于小阻尼，与假定相符合。

（2）计算振幅衰减到 $0.05y_0$ 所需的振动周期 n

在式（3-41）中，令 $k = 0$，则

$$\xi = \frac{1}{2\pi n}\ln\frac{y_0}{y_n}$$

由此得

$$n = \frac{1}{2\pi\xi}\ln\frac{y_0}{y_n} = \frac{1}{2 \times 3.14 \times 0.0813}\ln\frac{0.5}{0.025} = 5.87$$

取 $n = 6$，即经过 6 个周期后，振幅可衰减到初位移的 5% 以下。

二、有阻尼的强迫振动

单自由度体系考虑阻尼的强迫振动方程由公式（3-5）得

$$m\ddot{y} + c\dot{y} + K_{11}y = F(t)$$

同样，令

$$\omega^2 = \frac{K_{11}}{m}, \quad \xi = \frac{c}{2m\omega}$$

可得

$$\ddot{y} + 2\xi\omega\dot{y} + \omega^2 y = \frac{F(t)}{m} \tag{3-44}$$

1. 任意荷载作用下的有阻尼强迫振动

单自由度体系在任意荷载作用下的有阻尼强迫振动可仿照推导单自由度体系在任意荷载作用下无阻尼强迫振动的方法，把整个荷载作用看成是无数个瞬时冲量连续作用之和。在时间 $d\tau$ 内，由冲量 $F(\tau)d\tau$ 引起的质点位移应为

$$dy(t) = \frac{F(\tau)d\tau}{m\omega_r}e^{-\xi\omega(t-\tau)}\sin\omega_r(t-\tau)$$

对上式从 $\tau = 0$ 到 $\tau = t$ 进行积分，即得任意荷载作用下的位移反应为

$$y(t) = \frac{1}{m\omega_r}\int_0^t e^{-\xi\omega(t-\tau)}F(\tau)\sin\omega_r(t-\tau)d\tau \tag{3-45}$$

上式为初始处于静止状态的单自由度体系在任意荷载作用下的位移反应计算式。

如果体系的初始条件不等于零，式（3-45）可改写成

$$y(t) = e^{-\xi\omega t}\left(y_0\cos\omega_r t + \frac{v_0 + \xi\omega y_0}{\omega_r}\sin\omega_r t\right)$$

$$+ \frac{1}{m\omega_r}\int_0^t e^{-\xi\omega(t-\tau)}F(\tau)\sin\omega_r(t-\tau)d\tau \tag{3-46}$$

现在应用式（3-46）来讨论突加荷载及简谐荷载作用下单自由度体系的动力反应。

2. 突加长期荷载

将 $F(\tau) = F_0$ 代入式(3-45)，经积分得

$$y(t) = \frac{F_0}{m\omega^2}\left[1 - e^{-\xi\omega t}\left(\cos\omega_r t - \frac{\xi\omega}{\omega_r}\sin\omega_r t\right)\right] \tag{3-47}$$

上式与无阻尼体系的式（3-29）相对应。

根据式（3-47）可作出动力位移图如图 3-38 所示（此图与无阻尼体系的图 3-29 相对应）。由图看出，具有阻尼的体系在突加荷载作用下，最初所引起的最大位移可能接近静力位移 $y_{st} = \frac{F_0}{m\omega^2}$ 的两倍，然后经过衰减振动，最后停留在静力平衡位置上。

3. 简谐荷载

在式（3-44）中，令 $F(t) = F\sin\theta t$，即得简谐荷载作用下有阻尼体系的振动微分方程

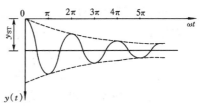

图 3-38 突加长期荷载
有阻尼的位移图

$$\ddot{y} + 2\xi\omega\dot{y} + \omega^2 y = \frac{F}{m}\sin\theta t \qquad (3\text{-}48)$$

上式的通解是由齐次解 $\overline{y}$ 和特解 y^* 两部分组成。小阻尼时的齐次解即为有阻尼的自由振动解式 (c)。特解 y^* 用待定系数法求解。

设特解 y^* 为

$$y^* = A\sin\theta t + B\cos\theta t$$

可得

$$\dot{y}^* = A\theta\cos\theta t - B\theta\sin\theta t$$

$$\ddot{y}^* = -A\theta^2\sin\theta t - B\theta^2\cos\theta t$$

将以上三式代入式 (3-48)，分别令等号两侧 $\sin\theta t$ 和 $\cos\theta t$ 的相应系数相等，整理后，可得

$$(\omega^2 - \theta^2)\ B + 2\xi\omega\theta A = 0$$

$$-2\xi\omega\theta B + (\omega^2 - \theta^2)\ A = \frac{F}{m}$$

由以上二式解出

$$\left.\begin{array}{l} A = \dfrac{F}{m}\dfrac{\omega^2 - \theta^2}{(\omega^2 - \theta^2)^2 + 4\xi^2\omega^2\theta^2} \\[4mm] B = \dfrac{F}{m}\dfrac{-2\xi\omega\theta}{(\omega^2 - \theta^2)^2 + 4\xi^2\omega^2\theta^2} \end{array}\right\} \qquad (3\text{-}49)$$

式 (12-48) 的通解为

$$\begin{aligned} y = \overline{y} + y^* = &\ \{e^{-\xi\omega t}\ (C_1\cos\omega_r t + C_2\sin\omega_r t)\} \\ &+ \{A\sin\theta t + B\cos\theta t\} \end{aligned} \qquad (3\text{-}50)$$

其中，两个常数 C_1 和 C_2 由初始条件确定。

在式 (3-50) 中，振动由两部分组成，一部分振动的频率与体系的自振频率 ω_r 一致，而另一部分的频率则与干扰力的频率 θ 一致。由于阻尼的作用，频率为 ω_r 的那一部分振动（包括自由振动和伴生自由振动）含有因子 $e^{-\xi\omega t}$，它将很快衰减而消失，最后只剩下频率为 θ 的那一部分振动（称纯受迫振动或稳态受迫振动）。图 3-39 表示体系振动的位移时程曲线。

下面讨论纯受迫振动的一些性质。

由式 (3-50) 可知，纯受迫振动的方程为

$$y\ (t) = A\sin\theta t + B\cos\theta t \qquad (e)$$

若令

$$A = y_F\cos\alpha,\ \ B = -y_F\sin\alpha \qquad (f)$$

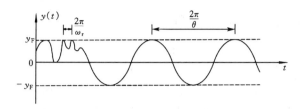

图 3-39　简谐荷载作用下有阻尼振动位移图

则式（e）可表为单项形式

$$y(t) = y_F \sin(\theta t - \alpha) \tag{3-51}$$

式中，y_F 称为有阻尼的纯受迫振动的振幅，α 为位移与干扰力之间的相位角。

利用式（f）和式（3-49），可求得

$$\left.\begin{array}{c} y_F = y_{st}\left[\left(1 - \dfrac{\theta^2}{\omega^2}\right)^2 + 4\xi^2 \dfrac{\theta^2}{\omega^2} \right]^{-\frac{1}{2}} \\[4mm] \alpha = \arctan \dfrac{2\xi \dfrac{\theta}{\omega}}{1 - \left(\dfrac{\theta}{\omega}\right)^2} \end{array}\right\} \tag{3-52}$$

上式中，y_{st} 表示荷载最大值 F 作用下的静力位移。由此可求得动力系数为

$$\beta = \frac{y_F}{y_{st}} = \left[\left(1 - \frac{\theta^2}{\omega^2}\right)^2 + 4\xi^2 \frac{\theta^2}{\omega^2} \right]^{-\frac{1}{2}} \tag{3-53}$$

上式表明，动力系数 β 不仅与频率比值 $\dfrac{\theta}{\omega}$ 有关，而且与阻尼比 ξ 有关。对于不同的 ξ 值，可绘出相应的 β 与 $\dfrac{\theta}{\omega}$ 之间的关系曲线，如图 3-40 所示。

从图 3-40 可得出以下几点结论：

（1）阻尼对动力系数影响较大。随着阻尼比 ξ 值的增大，β 值迅速下降，特别是在 $\dfrac{\theta}{\omega}$ 的值趋近于 1 处，β 的峰值下降得最为显著。

（2）$\dfrac{\theta}{\omega} = 1$，即共振时，由式（3-53）得出动力系数为

$$\beta = \frac{1}{2\xi} \tag{3-54}$$

实际上 β 的最大值并不发生在 $\dfrac{\theta}{\omega} = 1$ 处，而稍偏左。β 的最大值可利用式（3-53），求 β

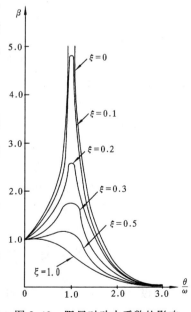

图 3-40　阻尼对动力系数的影响

对参数 $\dfrac{\theta}{\omega}$ 的导数，并令导数为零，得到

$$\beta_{\max} = \frac{1}{2\xi\sqrt{1-\xi^2}} \qquad\qquad (3\text{-}55)$$

从式（3-54）看出，如果忽略阻尼的影响，则得出共振时动力系数趋于无穷大的结论。但是如果考虑阻尼的影响，即 ξ 不为零，则得出共振时动力系数总是一个有限值的结论。因此，为了研究共振时的动力反应，阻尼的影响是不容忽略的。但在共振区 $\left(0.75<\dfrac{\theta}{\omega}<1.25\right)$ 以外，阻尼对动力系数的影响较小，可按无阻尼计算。在通常情况下 ξ 值很小，可近似地认为

$$\beta_{\max} = \frac{1}{2\xi}$$

（3）由式（3-51）看出，阻尼体系的位移比荷载滞后一个相位角 α。α 之值由式（3-52）求出。下面是三个典型情况的相位角。

当 $\dfrac{\theta}{\omega}\to 0$（$\theta\ll\omega$）时，$\alpha\to 0$，位移 y 与荷载 F 同步；

当 $\dfrac{\theta}{\omega}\to 1$（$\theta\approx\omega$）时，$\alpha\to 90°$，位移 y 与荷载 F 的相位角 α 总是 $90°$；

当 $\dfrac{\theta}{\omega}\to\infty$（$\theta\gg\omega$）时，$\alpha\to 180°$，位移 y 与荷载 F 方向相反。

上述三种典型情况的结果可结合各自的受力特点来说明。

当荷载频率很小（$\theta\ll\omega$）时，体系振动很慢，因为惯性力和阻尼力都很小，动力荷载主要与弹性力平衡。由于弹性力与位移成正比，但方向相反，故荷载与位移基本上是同步的。

当荷载频率很大（$\theta\gg\omega$）时，体系振动很快，因此惯性力很大，弹性力和阻尼力相对来说较小，动力荷载主要与惯性力平衡。由于惯性力与位移是同相位的，因此荷载与位移的相位角相差 $180°$，即方向彼此相反。

当荷载频率接近自振频率（$\theta\approx\omega$）时，y 与 F 相差的相位角接近 $90°$。因此当荷载值为最大时，位移和加速度接近于零，因而弹性力和惯性力都接近于零，这时动力荷载主要与阻尼力相平衡。由此看出，在共振情况下，若无阻尼作用，位移会趋于无限大，而实际情况是有阻尼存在的，所以位移不会是无限大，可见阻尼对共振的影响是不容忽视的。

第六节　多自由度体系的自由振动

在以上各节中，讨论了单自由度体系的振动。对单自由度体系的研究，可以使我们建立有关振动的一些基本概念，并且在实用上对一些可化作单自由度体系

的结构进行动力计算或初步估算也有其重要的意义。但是，在工程中有很多结构是不宜简化为单自由度体系计算的，例如多层房屋的侧向振动、不等高排架的振动、构架式基础的振动、高耸结构在地震作用下的振动等，都应按多自由度体系进行计算。其求解的方法有两种：刚度法和柔度法。刚度法通过建立力的平衡方程求解，柔度法通过建立位移协调方程求解，两者各有其适用范围。在本节中，主要讨论确定多自由度体系的频率和振动形式（简称振型）的方法，并讨论振型的特性。在分析中略去阻尼的影响。此外，在受弯杆件中，略去轴向变形和剪切变形的影响。

一、刚度法

先讨论两个自由度体系，然后推广到 n 个自由度体系。

图 3-41 （a）所示为一具有两个集中质量的体系，具有两个自由度。取质量为隔离体如图 3-41 （b）所示。

根据达朗伯原理，可列出平衡方程

$$\left. \begin{aligned} m_1\ddot{y}_1 + F_{s1} &= 0 \\ m_2\ddot{y}_2 + F_{s2} &= 0 \end{aligned} \right\} \qquad (a)$$

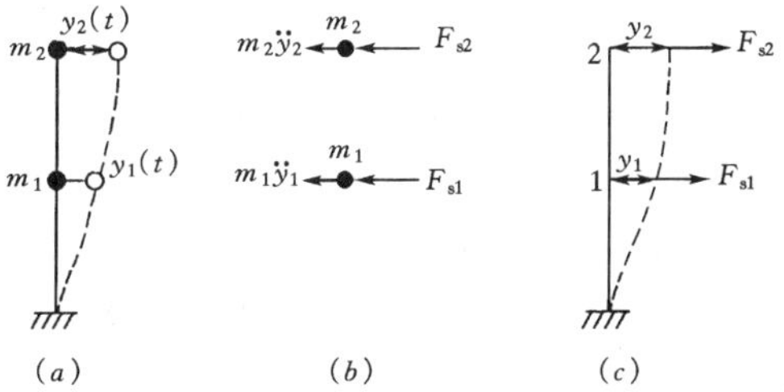

式中，F_{s1} 和 F_{s2} 分别为质量 m_1 和 m_2 上的弹性力，即质量 m_1、m_2 与结构之间的相互作用力。

图 3-41 （b）中的 F_{s1}、F_{s2} 是结构

图 3-41 两个自由度体系的刚度法

对质点的作用力，图 3-41 （c）中的 F_{s1}、F_{s2} 是质点对结构的作用力，两者的方向彼此相反。结构所受到的 F_{s1}、F_{s2} 与结构的位移 y_1，y_2 之间应满足刚度方程

$$\left. \begin{aligned} F_{s1} &= K_{11}y_1 + K_{12}y_2 \\ F_{s2} &= K_{21}y_1 + K_{22}y_2 \end{aligned} \right\} \qquad (b)$$

式中，K_{ij} 是结构的刚度系数。例如 K_{12} 是使点 2 产生单位位移（点 1 位移保持为零），在点 1 所需施加的力。

将式（b）代入式（a），可得

$$\begin{aligned} m_1\ddot{y}_1 + K_{11}y_1 + K_{12}y_2 &= 0 \\ m_2\ddot{y}_2 + K_{21}y_1 + K_{22}y_2 &= 0 \end{aligned} \qquad (3\text{-}56)$$

上式即为按刚度法建立的两个自由度无阻尼体系的自由振动微分方程。假定微分方程组特解的形式仍和单自由度体系自由振动的一样为简谐振动，即为

$$\left. \begin{aligned} y_1(t) &= Y_1\sin(\omega t + \alpha) \\ y_2(t) &= Y_2\sin(\omega t + \alpha) \end{aligned} \right\} \qquad (3\text{-}57)$$

上式表明：在振动过程中，两个质点具有相同的频率 ω 和相同的相位角 α，Y_1 和 Y_2 是位移幅值；两个质点的位移在数值上随时间而变化，但二者的比值始终保持不变，即

$$\frac{y_1(t)}{y_2(t)} = \frac{Y_1}{Y_2} = 常数$$

这种结构位移形状保持不变的振动形式称为主振型或振型。

将式（3-57）代入式（3-56），整理后，得

$$\left.\begin{array}{r}(K_{11} - \omega^2 m_1)\ Y_1 + K_{12} Y_2 = 0 \\ K_{21} Y_1 + (K_{22} - \omega^2 m_2)\ Y_2 = 0\end{array}\right\}$$
(3-58)

上式是以两个质量 m_1 及 m_2 的振幅 Y_1 及 Y_2 为未知数的齐次联立方程组，称为位移幅值方程或特征向量方程，该方程组有非零解的必要且充分条件是方程组的系数行列式的值为零，即

$$D = \begin{vmatrix} (K_{11} - \omega^2 m_1) & K_{12} \\ K_{21} & (K_{22} - \omega^2 m_2) \end{vmatrix} = 0$$
(3-59)

由上式可以确定体系的自振频率 ω。因此方程（3-59）称为频率方程或广义特征方程。

将上式展开得

$$(K_{11} - \omega^2 m_1)(K_{22} - \omega^2 m_2) - K_{12} K_{21} = 0$$

整理后，得

$$(\omega^2)^2 - \left(\frac{K_{11}}{m_1} + \frac{K_{22}}{m_2}\right)\omega^2 + \frac{K_{11} K_{22} - K_{12} K_{21}}{m_1 m_2} = 0$$

由此可解出 ω^2 的两个根

$$\omega^2 = \frac{1}{2}\left(\frac{K_{11}}{m_1} + \frac{K_{22}}{m_2}\right) \pm \sqrt{\left[\frac{1}{2}\left(\frac{K_{11}}{m_1} + \frac{K_{22}}{m_2}\right)\right]^2 - \frac{K_{11} K_{22} - K_{12} K_{21}}{m_1 m_2}}$$
(3-60)

可以证明，这两个根都是正的。由此可见，具有两个自由度的体系共有两个自振频率。用 ω_1 表示其中最小的圆频率，称为第一圆频率或基本圆频率。另一个圆频率 ω_2 则称为第二圆频率。

将 ω_1 代入式（3-58），由于系数行列式 $D = 0$，方程组中的两个方程是线性相关的，实际上只有一个独立的方程。由式（3-58）中的任一个方程可求出比值 Y_1/Y_2，这个比值所确定的振动型式就是与第一圆频率 ω_1 相对应的振型，称为第一振型或基本振型。例如由式（3-58）的第一式可得

$$\frac{Y_{11}}{Y_{21}} = -\frac{K_{12}}{K_{11} - \omega_1^2 m_1}$$
(3-61a)

式中，Y_{11}和Y_{21}分别表示第一振型中质点1和2的振幅。

同理，将ω_2代入式（3-58）中的第一式可求出Y_1/Y_2的另一个比值，这个比值所确定的另一个振动形式称为第二振型，即

$$\frac{Y_{12}}{Y_{22}} = -\frac{K_{12}}{K_{11} - \omega_2^2 m_1} \tag{3-61b}$$

上式中的Y_{12}和Y_{22}分别表示第二振型中质点1和2的振幅。

上面求出的两个振型分别如图3-42（b）、（c）所示。

以上分析表明：在特定的初始条件下，两个质点m_1、m_2按频率ω_1或ω_2作简谐振动；在振动过程中，两个质点同时经过静平衡位置和振幅位置；位移$Y_1（t）$，$Y_2（t）$的比值保持为常数，结构的变形形式不变，只需一个几何坐标即确定全部质点的位置，因此它实际上如同一个单自由度体系那样在振动。体系能够按某个主振型自由振动的条件是：初始位移和初始速度应当与此主振型相对应。但主振型的形式则与初始条件无关，而是完全由体系本身的动力特性所决定。与自振频率一样，主振型也是体系本身的固有性质，与刚度系数及质量的分布情况有关，而与外部荷载无关。

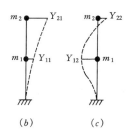

图 3-42　两个自由度
体系的振型

一般情况下，两个自由度体系的自由振动可看作是两种频率及其主振型的组合振动，即

$$\begin{aligned} y_1(t) &= A_1 Y_{11}\sin(\omega_1 t + \alpha_1) + A_2 Y_{12}\sin(\omega_2 t + \alpha_2) \\ y_2(t) &= A_1 Y_{21}\sin(\omega_1 t + \alpha_1) + A_2 Y_{22}\sin(\omega_2 t + \alpha_2) \end{aligned}\Bigg\}$$

这就是微分方程（3-56）的通解。其中两对待定常数A_1、α_1和A_2、α_2可由初始条件来确定。

为了使主振型$\{Y^{(i)}\}$的振幅也具有确定值，需要另外补充条件。这样得到的主振型叫做标准化主振型。进行标准化的作法可有多种，其中一种常用的作法是：规定主振型$\{Y^{(i)}\}$中的某个元素为某个给定值。例如规定第一个元素Y_{1i}等于1，或者规定最大元素等于1。

【例3-12】　图3-43（a）所示两层刚架，其横梁为无限刚性。设质量集中在楼层上，第一、二层的质量$m_1 = m_2 = m$，各柱的刚度为$EI/2$，试求刚架水平振动时的自振频率和主振型。

【解】　体系的自由度为2。首先求刚度系数，在各楼层处加水平支杆，并分别使各楼层产生一单位侧移，如图3-43（b）、（c）所示，由各层的剪力平衡条件可求得各刚度系数为

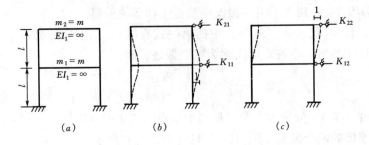

图 3-43

$$K_{11} = 24EI/l^3, \qquad K_{21} = -12EI/l^3$$

$$K_{21} = -12EI/l^3, \qquad K_{22} = 12EI/l^3$$

将刚度系数和 m_1、m_2 的值代入式（3-60），得

$$\omega^2 = \frac{36\dfrac{EI}{l^3}m \pm \sqrt{\left(\dfrac{36EI}{l^3}m\right)^2 - 4m^2 \times 144\left(\dfrac{EI}{l^3}\right)^2}}{2m^2}$$

$$= \frac{36\dfrac{EI}{l^3}m \pm 26.832\dfrac{EI}{l^3}m}{2m^2}$$

$$= (18 \pm 13.4164)\frac{EI}{ml^3}$$

由此可得

$$\omega_1^2 = 4.5836\frac{EI}{ml^3}$$

$$\omega_1 = 2.1409\sqrt{\frac{EI}{ml^3}}$$

$$\omega_2^2 = 31.4164\frac{EI}{ml^3}$$

$$\omega_2 = 5.605\sqrt{\frac{EI}{ml^3}}$$

由式（3-61a）和式（3-61b）求出主振型，即

第一振型：
$$\frac{Y_{11}}{Y_{21}} = \frac{12EI/l^3}{24\dfrac{EI}{l^3} - m \cdot \dfrac{4.5836EI}{ml^3}} = \frac{1}{1.618}$$

第二振型：
$$\frac{Y_{11}}{Y_{21}} = \frac{12EI/l^3}{24\dfrac{EI}{l^3} - m \cdot \dfrac{31.4164EI}{ml^3}} = -\frac{1}{0.618}$$

两个主振型如图 3-44（a）、（b）所示。

【**例 3-13**】 图 3-45（*a*）所示刚架，*AB*、*BC* 杆的刚度均为 *EI*，*CD* 杆为无限刚性；结点 *C* 上有一集中质量 *m*；支座 *D* 上有一竖向弹簧支承，其刚度系数为 $K = \dfrac{13i}{2l^2}\left(i = \dfrac{EI}{l}\right)$。求该刚架的频率和振型。

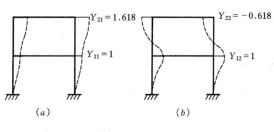

图 3-44

【**解**】 该题的质量可沿水平方向和竖直方向运动，故有两个自由度。为了求刚度系数，先在质量所在的结点 *C* 上增设两个附加链杆（图 3-45*b*），并令它们分别移动单位位移，然后用位移法或力矩分配法绘出它们的弯矩图示于图 3-45（*b*）、（*c*）中。然后利用截面平衡条件可以求得

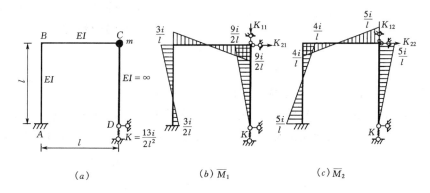

图 3-45

$$K_{11} = 14\,\frac{i}{l^2}, \quad K_{12} = K_{21} = -\frac{9i}{l^2}, \quad K_{22} = \frac{14i}{l^2}$$

将刚度系数代入式（3-60）可得频率为

$$\omega^2 = \frac{1}{2}\left(\frac{14EI}{ml^3} + \frac{14EI}{ml^3}\right) \pm \sqrt{\left[\frac{1}{2}\left(\frac{14EI}{ml^3} + \frac{14EI}{ml^3}\right)\right]^2 - \left(\frac{14\times14 - 9^2}{ml^3}EI\right)^2}$$

$$= (14 \pm 9)\,\frac{EI}{ml^3}$$

得

$$\omega_1^2 = \frac{5EI}{ml^3}, \quad \omega_1 = 2.236\sqrt{\frac{EI}{ml^3}}$$

$$\omega_2^2 = \frac{23EI}{ml^3}, \quad \omega_2 = 4.796\sqrt{\frac{EI}{ml^3}}$$

由式（3-61*a*）和式（3-61*b*）求出主振型，即

第一振型： $\dfrac{Y_{11}}{Y_{21}} = -\dfrac{-9EI/l^3}{14EI/l^3 - 5EI/l^3} = \dfrac{1}{1}$

第二振型： $\dfrac{Y_{12}}{Y_{22}} = -\dfrac{-9EI/l^3}{14EI/l^3 - 23EI/l^3} = -\dfrac{1}{1}$

两个主振型如图 3-46 （a）、（b）所示。

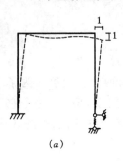

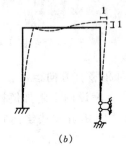

（a）　　　　　　　　（b）

图 3-46

以上推导了两个自由度体系自由振动刚度法的振动方程和频率方程。其推导原理和思路可以推广到 n 个自由度体系。

图 3-47 （a）所示为一具有 n 个自由度的体系。取各质点为隔离体，如图 3-47 （b）所示。质点 m 所受的力包括惯性力 $m_i \ddot{y}_i$ 和结构对质点产生的弹性力 F_{si}，其平衡方程为

$$m_i \ddot{y}_i + F_{si} = 0 \qquad (i = 1, 2, \cdots, n) \tag{3-62}$$

弹性力 F_{si} 是质点 m_i 与结构之间的相互作用力。图 3-47 （b）中的 F_{si} 是质点所受的力，图 3-47 （c）中的 F_{si} 是结构所受的力，两者的方向彼此相反。在图 3-47 （c）中，结构所受的力 F_{si} 与结构的位移 y_1、y_2、$\cdots$、y_n 之间应满足刚度方程

$$F_{si} = K_{i1}y_1 + K_{i2}y_2 + \cdots$$
$$+ K_{in}y_n (i = 1,2,\cdots,n) \tag{3-63}$$

上式中 K_{ij} 为结构的刚度系数，即使点 j 产生单位位移（其他各点的位移保持为零）时在点 i 所需施加的力。由反力互等定理知： $K_{ij} = K_{ji}$。

将式 （3-63） 代入式 （3-62），即得自由振动微分方程组

图 3-47 n 个自由度体系的刚度法

$$\left.\begin{array}{l} m_1 \ddot{y}_1 + K_{11}y_1 + K_{12}y_2 + \cdots + K_{1n}y_n = 0 \\ m_2 \ddot{y}_2 + K_{21}y_1 + K_{22}y_2 + \cdots + K_{2n}y_n = 0 \\ \cdots\cdots\cdots\cdots\cdots\cdots\cdots\cdots\cdots\cdots\cdots\cdots\cdots\cdots \\ m_n \ddot{y}_n + K_{n1}y_1 + K_{n2}y_2 + \cdots + K_{nn}y_n = 0 \end{array}\right\} \tag{3-64}$$

其矩阵形式为

$$\begin{bmatrix} m_1 & & & \\ & m_2 & & 0 \\ 0 & & \ddots & \\ & & & m_n \end{bmatrix} \begin{Bmatrix} \ddot{y}_1 \\ \ddot{y}_2 \\ \vdots \\ \ddot{y}_n \end{Bmatrix} + \begin{bmatrix} K_{11} & K_{12} & \cdots & K_{1n} \\ K_{21} & K_{22} & \cdots & K_{2n} \\ \vdots & \vdots & & \vdots \\ K_{n1} & K_{n2} & \cdots & K_{nn} \end{bmatrix} \begin{Bmatrix} y_1 \\ y_2 \\ \vdots \\ y_n \end{Bmatrix} = \begin{Bmatrix} 0 \\ 0 \\ \vdots \\ 0 \end{Bmatrix}$$

或简写为

$$[M]\{\ddot{y}\} + [K]\{y\} = \{0\} \tag{3-65}$$

其中，$\{\ddot{y}\}$ 和 $\{y\}$ 分别是加速度向量和位移向量

$$\{\ddot{y}\} = \begin{Bmatrix} \ddot{y}_1 \\ \ddot{y}_2 \\ \vdots \\ \ddot{y}_n \end{Bmatrix}, \qquad \{y\} = \begin{Bmatrix} y_1 \\ y_2 \\ \vdots \\ y_3 \end{Bmatrix}$$

$[M]$ 和 $[K]$ 分别是体系的质量矩阵和刚度矩阵

$$[M] = \begin{bmatrix} m_1 & & & 0 \\ & m_2 & & \\ & & \ddots & \\ 0 & & & m_n \end{bmatrix}, \qquad [K] = \begin{bmatrix} K_{11} & K_{12} & \cdots & K_{1n} \\ K_{21} & K_{22} & \cdots & K_{2n} \\ \vdots & \vdots & & \vdots \\ K_{n1} & K_{n2} & \cdots & K_{nn} \end{bmatrix}$$

$[K]$ 是对称方阵；在集中质量体系中，$[M]$ 是对角矩阵。

下面求方程（3-65）的解答。设其特解为

$$\{y\} = \{Y\}\sin(\omega t + \alpha) \tag{3-66}$$

这里，$\{Y\}$ 是位移幅值向量，即

$$\{Y\} = \begin{Bmatrix} Y_1 \\ Y_2 \\ \vdots \\ Y_n \end{Bmatrix}$$

将式（3-66）代入式（3-65），消去公因子 $\sin(\omega t + \alpha)$，即得

$$([K] - \omega^2[M])\{Y\} = \{0\} \tag{3-67}$$

上式是位移幅值 $\{Y\}$ 的齐次方程。为了得到 $\{Y\}$ 的非零解，应使系数行列式之值为零，即

$$|[K] - \omega^2[M]| = 0 \tag{3-68}$$

其展开式为

$$\begin{vmatrix} (K_{11} - m_1\omega^2) & K_{12} & \cdots & K_{1n} \\ K_{21} & (K_{22} - m_2\omega^2) & \cdots & K_{2n} \\ \vdots & \vdots & & \vdots \\ K_{n1} & K_{n2} & \cdots & (K_{nn} - m_n\omega^2) \end{vmatrix} = 0 \qquad (3\text{-}69)$$

上式即为 n 个自由度体系刚度法的频率方程。将行列式展开，可得到一个关于频率参数 ω^2 的 n 次代数方程（n 是体系的自由度数）。求出这个方程的 n 个根 ω_1^2、ω_2^2、$\cdots$、ω_n^2，即可得出体系的 n 个自振频率 ω_1、ω_2、$\cdots$、ω_n。把全部自振频率按照由小到大的顺序排列而成的向量叫做频率向量 $\{\omega\}$，其中最小的频率 ω_1 称为基本频率或第一频率。

令 $\{Y^{(i)}\}$ 表示与频率 ω_i 相应的主振型向量：

$$\{Y^{(i)}\}^T = \begin{bmatrix} Y_{1i} & Y_{2i} & \cdots & Y_{ni} \end{bmatrix}$$

将 ω_i 和 $\{Y^{(i)}\}$ 代入式（3-67）得

$$([K] - \omega_i^2[M])\{Y^{(i)}\} = \{0\} \qquad (3\text{-}70)$$

令 $i = 1$、2、$\cdots$、n，可得出 n 个向量方程，由此可求出 n 个主振型向量 $\{Y^{(1)}\}$、$\{Y^{(2)}\}$、$\cdots$、$\{Y^{(n)}\}$。

每一个向量方程（3-70）都代表 n 个联立代数方程，以 Y_{1i}、Y_{2i}、$\cdots$、Y_{ni} 为未知量，由于这是一组齐次方程，因此，如果

$$Y_{1i}, Y_{2i}, \cdots, Y_{ni}$$

是方程组的解，则

$$CY_{1i}, CY_{2i}, \cdots, CY_{ni}$$

也是方程组的解（这里 C 是任一常数）。也就是说，由式（3-70）可以唯一地确定主振型 $\{Y^{(i)}\}$ 的形状，即 $\{Y^{(i)}\}$ 中各幅值的相对值，但不能惟一地确定它的幅值。

如前所述，为了使主振型 $\{Y^{(i)}\}$ 的振幅也具有确定值，需要另外补充条件，进行标准化。

【例 3-14】 图 3-48（a）为一三层刚架。各层楼面的质量（包括柱子质量）分别为 $m_1 = 180t$，$m_2 = 270t$，$m_3 = 270t$，各层的侧移刚度（即该层柱子上、下端发生单位相对位移时，该层各柱剪力之和）分别为 $K_1 = 98MN/m$，$K_2 = 196MN/m$，$K_3 = 245MN/m$。求刚架的自振频率和主振型。设横梁变形略去不计。

【解】 （1）求自振频率

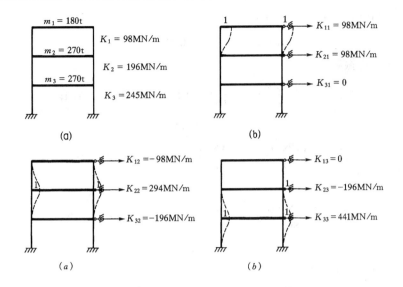

图 3-48 刚度系数的计算

体系的自由度数为 3。以各楼层的水平位移为几何坐标，频率方程为

$$| [K] - \omega^2 [M] | = 0$$

首先建立刚度矩阵。根据各刚度系数的物理意义，分别使各楼层产生一单位位移，并绘出结构的变形、受力图，如图 3-48 (b)、(c)、(d) 所示。由各层的剪力平衡条件，可以求得图中所示的各 K_{ij} 值。于是得刚度矩阵为

$$[K] = \begin{bmatrix} K_{11} & K_{12} & K_{13} \\ K_{21} & K_{22} & K_{23} \\ K_{31} & K_{32} & K_{33} \end{bmatrix} = 98\text{MN/m} \begin{bmatrix} 1 & -1 & 0 \\ -1 & 3 & -2 \\ 0 & -2 & 4.5 \end{bmatrix}$$

质量矩阵为

$$[M] = \begin{bmatrix} m_1 & 0 & 0 \\ 0 & m_2 & 0 \\ 0 & 0 & m_3 \end{bmatrix} = 180t \begin{bmatrix} 1 & 0 & 0 \\ 0 & 1.5 & 0 \\ 0 & 0 & 1.5 \end{bmatrix}$$

引入符号 η

$$\eta = \frac{180t}{98\text{MN/m}} \cdot \omega^2$$

则

$$[K] - \omega^2 [M] = 98\text{MN/m} \begin{bmatrix} 1-\eta & -1 & 0 \\ -1 & 3-1.5\eta & -2 \\ 0 & -2 & 4.5-1.5\eta \end{bmatrix}$$

将上式代入频率方程并展开，得

$$\eta^3 - 6\eta^2 + 8.556\eta - 2.22 = 0$$

解得上式的三个根为

$$\eta_1 = 0.332, \quad \eta_2 = 1.669, \quad \eta_3 = 3.999$$

于是得三个自振频率为

$$\omega_1^2 = \frac{98\text{MN/m}}{180\text{t}}\eta_1 = \frac{98}{180} \times 10^3 \times 0.332\text{s}^{-2} = 181\text{s}^{-2}$$

$$\omega_1 = 13.45\text{s}^{-1}$$

$$\omega_2^2 = \frac{98\text{MN/m}}{180\text{t}}\eta_2 = \frac{98}{180} \times 10^3 \times 1.669\text{s}^{-2} = 908\text{s}^{-2}$$

$$\omega_2 = 30.1\text{s}^{-1}$$

$$\omega_3^2 = \frac{98\text{MN/m}}{180\text{t}}\eta_3 = \frac{98}{180} \times 10^3 \times 3.999\text{s}^{-2} = 2175\text{s}^{-2}$$

$$\omega_3 = 46.6\text{s}^{-1}$$

（2）求主振型

设取各标准化振型的第一个元素为 1，确定 $Y^{(i)}$ 的方程为

$$([K] - \omega_i^2[M])\{Y^{(i)}\} = \{0\}$$

由前面可得

$$98\text{MN/m}\begin{bmatrix} 1-\eta_i & -1 & 0 \\ -1 & 3-1.5\eta_i & -2 \\ 0 & -2 & 4.5-1.5\eta_i \end{bmatrix}\begin{Bmatrix} Y_{1i} \\ Y_{2i} \\ Y_{3i} \end{Bmatrix} = \begin{Bmatrix} 0 \\ 0 \\ 0 \end{Bmatrix}$$

令 $Y_{11} = 1$，并将 $\eta_1 = 0.332$ 代入上式，利用上式的后两个方程得

$$\left.\begin{array}{l} -1 + 2.502Y_{21} - 2Y_{31} = 0 \\ -2Y_{21} + 4.002Y_{31} = 0 \end{array}\right\}$$

解出

$$Y_{21} = 0.667, Y_{31} = 0.333$$

将三个元素汇总在一起，得第一振型为

$$\{Y^{(1)}\} = \begin{Bmatrix} 1 \\ 0.667 \\ 0.333 \end{Bmatrix}$$

仿照以上作法，可得第二和第三标准化振型为

$$\{Y^{(2)}\} = \begin{Bmatrix} Y_{12} \\ Y_{22} \\ Y_{32} \end{Bmatrix} = \begin{Bmatrix} 1 \\ -0.663 \\ -0.664 \end{Bmatrix}$$

$$\{Y^{(3)}\} = \begin{Bmatrix} Y_{13} \\ Y_{23} \\ Y_{33} \end{Bmatrix} = \begin{Bmatrix} 1 \\ -3.022 \\ 4.032 \end{Bmatrix}$$

三个振型的大致形状如图 3-49 所示。

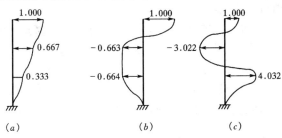

图 3-49 振型

二、柔度法

有些结构（如自由度数多而超静定次数低的结构）计算柔度系数较方便，宜采用柔度法。图 3-50 （*a*）所示为两个自由度体系。在自由振动过程中，任一瞬时，质量 m_1 和 m_2 的位移 $y_1(t)$ 和 $y_2(t)$，可以看作是当时惯性力 $-m_1\ddot{y}_1(t)$ 和 $-m_2\ddot{y}_2(t)$ 共同作用下产生的位移，这样，应用叠加原理，可得

$$\left. \begin{aligned} y_1(t) &= -m_1\ddot{y}_1(t)\delta_{11} - m_2\ddot{y}_2(t)\delta_{12} \\ y_2(t) &= -m_1\ddot{y}_1(t)\delta_{21} - m_2\ddot{y}_2(t)\delta_{22} \end{aligned} \right\} \tag{3-71}$$

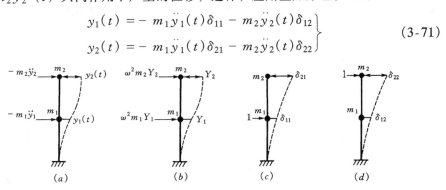

图 3-50 两个自由度体系的柔度法

式中，δ_{11}、δ_{12}、δ_{21}、δ_{22} 为柔度系数，它们的意义如图 3-50 （*c*）、（*d*）所示。由位移互等定理知，$\delta_{12} = \delta_{21}$。

下面，求微分方程 （3-71） 的解。仍设解为如下形式

$$\left. \begin{aligned} y_1(t) &= Y_1\sin(\omega t + \alpha) \\ y_2(t) &= Y_2\sin(\omega t + \alpha) \end{aligned} \right\} \tag{3-72}$$

假设多自由度体系按照某一主振型像单自由度体系那样作自由振动，Y_1 和 Y_2 是两个质点的振幅（图 3-50b）。由式（3-72）可知两个质点的惯性力为

$$
\left.
\begin{aligned}
- m_1 \ddot{y}_1(t) &= m_1 \omega^2 Y_1 \sin(\omega t + \alpha) \\
- m_2 \ddot{y}_2(t) &= m_2 \omega^2 Y_2 \sin(\omega t + \alpha)
\end{aligned}
\right\}
\tag{3-73}
$$

因此，两个质点惯性力的幅值为：$\omega^2 m_1 Y_1$，$\omega^2 m_2 Y_2$。将式（3-72）和式（3-73）代入式（3-71），消去公因子 $\sin(\omega t + \alpha)$ 后，得位移幅值方程

$$
\left.
\begin{aligned}
Y_1 &= (\omega^2 m_1 Y_1)\delta_{11} + (\omega^2 m_2 Y_2)\delta_{12} \\
Y_2 &= (\omega^2 m_1 Y_1)\delta_{21} + (\omega^2 m_2 Y_2)\delta_{22}
\end{aligned}
\right\}
\tag{3-74}
$$

上式表明，主振型的位移幅值 Y_1、Y_2 就是体系在主振型惯性力幅值 $\omega^2 m_1 Y_1$、$\omega^2 m_2 Y_2$ 作用下所引起的静力位移，如图 3-50（b）所示。

将式（3-74）通除以 ω^2，可改写成

$$
\left.
\begin{aligned}
\left(\delta_{11} m_1 - \frac{1}{\omega^2}\right) Y_1 + \delta_{12} m_2 Y_2 &= 0 \\
\delta_{21} m_1 Y_1 + \left(\delta_{22} m_2 - \frac{1}{\omega^2}\right) Y_2 &= 0
\end{aligned}
\right\}
\tag{3-75}
$$

为了求得 Y_1、Y_2 不全为零的解，应使系数行列式的值等于零，即

$$
D = \begin{vmatrix} \delta_{11} m_1 - \dfrac{1}{\omega^2} & \delta_{12} m_2 \\[2mm] \delta_{21} m_1 & \delta_{22} m_2 - \dfrac{1}{\omega^2} \end{vmatrix} = 0
\tag{3-76}
$$

这就是用柔度法表示的频率方程或特征方程，由它可以求出频率。

将上式展开

$$
\left(\delta_{11} m_1 - \frac{1}{\omega^2}\right)\left(\delta_{22} m_2 - \frac{1}{\omega^2}\right) - \delta_{12} m_2 \delta_{21} m_1 = 0
$$

令

$$
\lambda = \frac{1}{\omega^2}
$$

代入上式，得

$$
\lambda^2 - (\delta_{11} m_1 + \delta_{22} m_2)\lambda + (\delta_{11}\delta_{22} m_1 m_2 - \delta_{12}\delta_{21} m_1 m_2) = 0
$$

由此可解出 λ 的两个根

$$
\lambda_{1,2} = \frac{(\delta_{11} m_1 + \delta_{22} m_2) \pm \sqrt{(\delta_{11} m_1 + \delta_{22} m_2)^2 - 4(\delta_{11}\delta_{22} - \delta_{12}\delta_{21}) m_1 m_2}}{2}
\tag{3-77}
$$

约定 $\lambda_1 > \lambda_2$，于是求得自振频率的两个值为

$$
\omega_1 = \sqrt{\frac{1}{\lambda_1}}, \quad \omega_2 = \sqrt{\frac{1}{\lambda_2}}
\tag{3-78}
$$

下面，求体系的主振型。将 $\omega = \omega_1$ 代入式（3-75），由其中第一式，得

$$
\frac{Y_{11}}{Y_{21}} = -\frac{\delta_{12} m_2}{\delta_{11} m_1 - \dfrac{1}{\omega_1^2}}
\tag{3-79a}
$$

同样，将 $\omega = \omega_2$ 代入式（3-75）的第一式，可求出另一比值

$$\frac{Y_{12}}{Y_{22}} = -\frac{\delta_{12} m_2}{\delta_{11} m_1 - \dfrac{1}{\omega_2^2}} \qquad (3\text{-}79b)$$

根据标准化的主振型，可绘出主振型曲线。

【例 3-15】 试求图 3-51（a）所示梁的自振频率与主振型。质量 $m = 1\text{t}$，分布质量不计。$E = 200\text{GPa}$，$I = 2 \times 10^4 \text{cm}^4$，$l = 4\text{m}$。

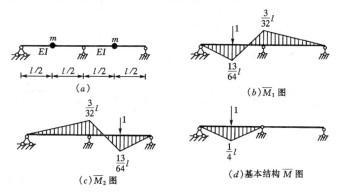

图 3-51

【解】 （1）求自振频率

体系有两个自由度。质体均在竖直方向振动。分别作单位力下的 $\overline{M}_1$、$\overline{M}_2$ 图，如图 3-51（b）、（c）所示。为求柔度系数，可将虚拟单位力加于力法基本结构上，作 $\overline{M}$ 图如图 3-51（d）所示。

$$\delta_{11} = \Sigma \int \frac{\overline{M}_1 \overline{M}}{EI} dx = \frac{23}{24EI}$$

$$\delta_{22} = \delta_{11} = \frac{23}{24EI}$$

$$\delta_{12} = \delta_{21} = \Sigma \int \frac{\overline{M}_2 \overline{M}}{EI} dx = -\frac{3}{8EI}$$

$$\lambda_{1,2} = \frac{1}{2}\left[(m_1\delta_{11} + m_2\delta_{22})\right] \pm \sqrt{(m_1\delta_{11} + m_2\delta_{22})^2 - 4m_1 m_2(\delta_{11}\delta_{22} - \delta_{12}^2)}$$

$$= \frac{m}{2EI}(2\delta_{11} \pm 2\delta_{12}) = \frac{m}{EI}\begin{Bmatrix} 4/3 \\ 7/12 \end{Bmatrix}$$

$$\omega_1 = \sqrt{\frac{1}{\lambda_1}} = 0.866\sqrt{\frac{EI}{m}} = 0.866 \times \sqrt{\frac{2 \times 10^{11} \times 2 \times 10^{-4}}{1 \times 1000}} = 173.20\text{s}^{-1}$$

$$\omega_2 = \sqrt{\frac{1}{\lambda_2}} = 1.3093\sqrt{\frac{EI}{m}} = 1.309 \times \sqrt{\frac{2 \times 10^{11} \times 2 \times 10^{-4}}{1 \times 1000}} = 261.86\text{s}^{-1}$$

（2）求主振型

第一主振型

$$\frac{Y_{11}}{Y_{21}} = \frac{-\delta_{12}m_2}{\delta_{11}m_1 - \lambda_1} = \frac{-m\left(-\dfrac{3}{8EI}\right)}{\dfrac{23m}{24EI} - \dfrac{4m}{3EI}} = -\frac{1}{1}$$

第二主振型

$$\frac{Y_{12}}{Y_{22}} = \frac{-\delta_{12}m_2}{\delta_{11}m_1 - \lambda_2} = \frac{-m\left(-\dfrac{3}{8EI}\right)}{\dfrac{23m}{24EI} - \dfrac{7m}{12EI}} = \frac{1}{1}$$

两个主振型的变形图如图 3-52 （a）、（b）所示。

图 3-52

结果表明，第一振型是反对称的；第二振型是对称的。由此可以得到这样的结论：如果结构和质量都是对称的，则其中一个主振型必是对称的，而另一个主振型则必然是反对称的。

【**例 3-16**】 图 3-53 所示结构，在梁跨中 D 处和柱顶 A 处有大小相等的集中质量 m；支座 C 处为弹性支承，弹簧的刚度系数 $K = \dfrac{3EI}{l^3}$。试求自振频率和振型。

【**解**】 体系有两个自由度。两个质量分别在水平和竖直方向运动。

（1）求柔度系数

绘出 $\overline{M}_1$、$\overline{M}_2$ 图如图 3-53 （b）、（c）所示。由图形相乘及弹簧变形计算，

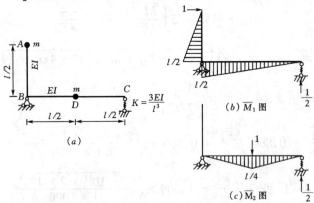

图 3-53

得

$$\delta_{11} = \frac{1}{EI}\left[\left(\frac{1}{2}\times\frac{l}{2}\times\frac{l}{2}\right)\times\left(\frac{2}{3}\times\frac{l}{2}\right)+\left(\frac{1}{2}\times\frac{l}{2}\times l\right)\times\left(\frac{2}{3}\times\frac{l}{2}\right)\right]+\frac{1}{2}$$

$$\times\left(\frac{1}{2}\times\frac{1}{K}\right)=\frac{20l^3}{96EI}$$

$$\delta_{22} = \frac{2}{EI}\left[\left(\frac{1}{2}\times\frac{l}{2}\times\frac{l}{4}\right)\times\left(\frac{2}{3}\times\frac{l}{4}\right)\right]+\frac{1}{2}\times\left(\frac{1}{2}\times\frac{1}{K}\right)=\frac{10l^3}{96EI}$$

$$\delta_{12} = \delta_{21} = \frac{1}{EI}\cdot\left(\frac{l}{2}\times\frac{l}{4}\right)\times\frac{l}{4}+\frac{1}{2}\times\left(\frac{1}{2}\times\frac{1}{K}\right)=\frac{11l^3}{96EI}$$

（2）计算频率

将上述柔度系数代入式（3-77）中，即得

$$\lambda_{1,2} = \frac{ml^3}{2EI}\left(\frac{30}{96}\pm\frac{24.17}{96}\right)$$

于是求得

$$\lambda_1 = \frac{0.282\,ml^3}{EI}, \lambda_2 = \frac{0.03036\,ml^3}{EI}$$

由式（3-78）可得相应的频率

$$\omega_1 = \sqrt{\frac{1}{\lambda_1}} = 1.883\sqrt{\frac{EI}{ml^3}}, \quad \omega_2 = \sqrt{\frac{1}{\lambda_2}} = 5.739\sqrt{\frac{EI}{ml^3}}$$

（3）求振型并绘出振型图

将 ω_1、ω_2 的值分别代入式（3-79a）和式（3-79b）可得出振型，即

第一振型

$$\frac{Y_{11}}{Y_{12}} = \frac{-\delta_{12}m_2}{\delta_{11}m_1-\frac{1}{\omega_1^2}} = \frac{-\frac{11l^3}{96EI}\cdot m}{\frac{20l^3m}{96EI}-\frac{0.282ml^3}{EI}} = \frac{1}{0.644}$$

第二主振型

$$\frac{Y_{12}}{Y_{22}} = \frac{-\delta_{12}m_2}{\delta_{11}m_1-\frac{1}{\omega_2^2}} = \frac{-\frac{11l^3m}{96EI}}{\frac{20l^3m}{96EI}-\frac{0.03036ml^3}{EI}} = -\frac{1}{1.553}$$

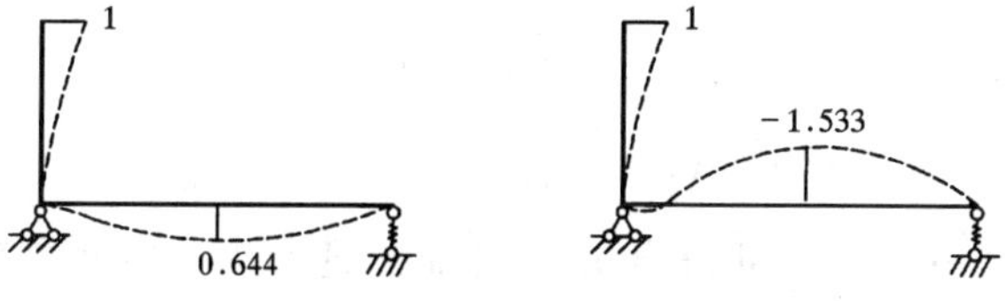

（a）第一振型　　　　　（b）第二振型

图 3-54　振型图

绘出振型图示于图 3-54 （a）、（b）中。

以上讨论了用柔度法计算两个自由度体系的自由振动问题，现在讨论 n 个自由度体系的一般情况。

柔度法的一般方程可采用两种方法来推导。一种是像式（3-71）那样直接用柔度法推导，另一种是利用刚度法已推出的方程间接地导出。现采用后一种方法。

首先，利用刚度法导出的特征向量方程（3-67），即

$$([K] - \omega^2[M])\{Y\} = \{0\} \tag{3-80a}$$

然后，用 $[K]^{-1}$ 左乘上式，并利用刚度矩阵与柔度矩阵之间的如下关系

$$[\delta] = [K]^{-1}$$

即得

$$([I] - \omega^2[\delta][M])\{Y\} = \{0\}$$

再令 $\lambda = \dfrac{1}{\omega^2}$，可得

$$([\delta][M] - \lambda[I])\{Y\} = \{0\} \tag{3-80b}$$

由此可得频率方程为

$$|\,[\delta][M] - \lambda[I]\,| = 0 \tag{3-81a}$$

其展开形式如下：

$$\begin{vmatrix} (\delta_{11}m_1 - \lambda) & \delta_{12}m_2 & \cdots & \delta_{1n}m_n \\ \delta_{21}m_1 & (\delta_{22}m_2 - \lambda) & \cdots & \delta_{2n}m_n \\ \cdots\cdots & \cdots\cdots & \cdots\cdots & \cdots\cdots \\ \delta_{n1}m_1 & \delta_{n2}m_2 & \cdots & (\delta_{nn}m_n - \lambda) \end{vmatrix} = 0 \tag{3-81b}$$

由此得到关于 λ 的 n 次代数方程，可解出 n 个根 λ_1、λ_2、$\cdots$、λ_n。进而可求出 n 个频率 ω_1、ω_2、$\cdots\omega_n$。将所求的频率由小到大依次排列，称为频率谱。

将 $\lambda_i = \dfrac{1}{\omega_i^2}$ 和 $\{Y^{(i)}\}$ 代入式（3-80b），得

$$([\delta][M] - \lambda_i[I])\{Y^{(i)}\} = \{0\} \tag{3-82}$$

令 $i = 1, 2, \cdots, n$，可得出 n 个特征向量方程，由此可求出 n 个主振型 $\{Y^{(1)}\}$、$\{Y^{(2)}\}$、$\cdots$、$\{Y^{(n)}\}$。

【例 3-17】 图 3-55 （a）所示刚架，试求该刚架的频率和振型。

【解】 （1）求柔度系数

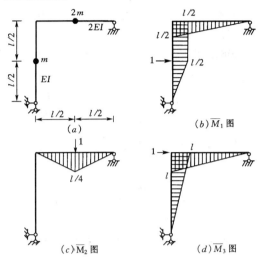

图 3-55

本题具有三个自由度。作 $\overline{M}_1$、$\overline{M}_2$、$\overline{M}_3$ 图分别于图 3-55（b）、（c）、（d）所示。由图乘法，可得

$$\delta_{11} = \frac{5l^3}{24EI}, \quad \delta_{22} = \frac{l^3}{96EI}, \quad \delta_{33} = \frac{l^3}{2EI}$$

$$\delta_{12} = \delta_{21} = \frac{l^3}{64EI}, \quad \delta_{13} = \delta_{31} = \frac{3l^3}{16EI}, \quad \delta_{23} = \delta_{32} = \frac{l^3}{32EI}$$

（2）计算频率

柔度矩阵和质量矩阵分别为

$$[\delta] = \begin{bmatrix} \dfrac{5}{24} & \dfrac{1}{64} & \dfrac{3}{16} \\[2mm] \dfrac{1}{64} & \dfrac{1}{96} & \dfrac{1}{32} \\[2mm] \dfrac{3}{16} & \dfrac{1}{32} & \dfrac{1}{2} \end{bmatrix} \dfrac{l^3}{EI}, \qquad [M] = \begin{bmatrix} 1 & 0 & 0 \\ 0 & 2 & 0 \\ 0 & 0 & 2 \end{bmatrix} m$$

将上述柔度矩阵和质量矩阵代入式（3-81b）中，得

$$\begin{vmatrix} (40 - \eta) & 6 & 72 \\ 6 & (4 - \eta) & 12 \\ 36 & 12 & 192 - \eta \end{vmatrix} = 0$$

式中

$$\eta = \frac{192EI}{ml^3} \cdot \lambda = \frac{192EI}{ml^3 \omega^2}$$

其展开式为

$$\eta^3 - 236\eta^2 + 585\eta - 16320 = 0$$

用试算法求得上述方程的三个正实根为

$$\eta_1 = 208.2683, \quad \eta_2 = 24.5383, \quad \eta_3 = 3.1934$$

由式（a）可求得相应的频率

$$\omega_1 = \sqrt{\frac{192EI}{ml^3\eta_1}} = 0.960\sqrt{\frac{EI}{ml^3}}$$

$$\omega_2 = \sqrt{\frac{192EI}{ml^3\eta_2}} = 2.797\sqrt{\frac{EI}{ml^3}}$$

$$\omega_3 = \sqrt{\frac{192EI}{ml^3\eta_3}} = 7.754\sqrt{\frac{EI}{ml^3}}$$

（3）求主振型并绘振型图

主振型 $\{Y^{(i)}\}$ 由式（3-82）求得。在标准化主振型中，规定第一个元素 $Y_{1i} = 1$。

首先，求第一主振型。将 $\lambda_1 = \dfrac{1}{\omega_1^2}$ 之值代入式（3-82），展开后取前两个方程，得

$$\left.\begin{array}{r} 6Y_{21} + 75Y_{31} - 168.2683 = 0 \\ -204.2683Y_{21} + 12Y_{31} + 3 = 0 \end{array}\right\}$$

方程的解为

$$Y_{21} = 0.1512, \quad Y_{31} = 2.3245$$

故第一主振型为

$$\{Y^{(1)}\} = \left\{\begin{array}{c} 1.0000 \\ 0.1512 \\ 2.3245 \end{array}\right\}$$

其次，求第二主振型。将 $\lambda_2 = \dfrac{1}{\omega_2^2}$ 之值代入式（3-82），展开后取前两个方程，得

$$\left.\begin{array}{r} 6Y_{22} + 72Y_{32} + 15.4617 = 0 \\ -20.5383Y_{22} + 12Y_{32} + 3 = 0 \end{array}\right\}$$

方程的解为

$$Y_{22} = 0.0196, \quad Y_{32} = -0.2164$$

故第二主振型为

$$\{Y^{(2)}\} = \left\{\begin{array}{c} 1.0000 \\ 0.0196 \\ -0.2164 \end{array}\right\}$$

最后，求第三主振型。将 $\lambda_3 = \dfrac{1}{\omega_3^2}$ 之值代入式（3-82），展开后取前两个方

程，得

$$6Y_{23} + 72Y_{33} + 36.8066 = 0$$
$$0.8066Y_{23} + 12Y_{32} + 3 = 0$$

方程的解为

$$Y_{23} = -16.2079, Y_{33} = 0.8395$$

故第三主振型为

$$\{Y^{(3)}\} = \begin{Bmatrix} 1.0000 \\ -16.2079 \\ 0.8395 \end{Bmatrix}$$

三个主振型的形状如图 3-56（a）、（b）、（c）所示。

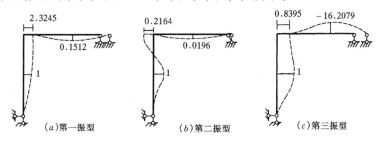

图 3-56　振型图

（a）第一振型；（b）第二振型；（c）第三振型

第七节　主振型的正交性

多自由度体系的振型，存在一个重要的特性，即在同一体系中，不同的两个固有振型之间具有正交的性质。利用这一特性，可以使多自由度体系受迫振动的反应计算大为简化，还能检查主振型计算正确与否。

图 3-57（a）、（b）分别表示具有 n 个自由度体系的第 i 主振型曲线和第 j 主振型曲线。图中 $m_s\omega_i^2Y_{si}$ 和 $m_s\omega_j^2Y_{sj}$ 分别表示第 i 主振型和第 j 主振型在质量 m_s 上所对应的惯性力幅值。

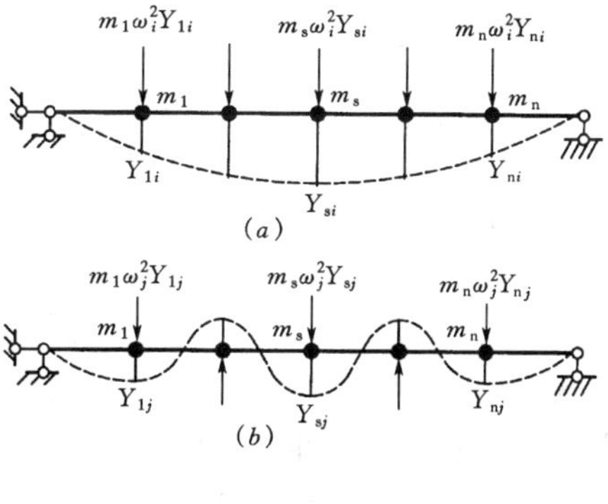

图 3-57　i、j 振型上的惯性力

对于图 3-57 的线弹性变形体系的两种状态，可应用虚功的互等定理。第 i 振型中的惯性力在第 j 振型的相应位移上所作的虚功，应当等于第 j 振型中的惯性力在第 i 振型的相应位移上所作的虚功。即

$$m_1 \omega_i^2 Y_{1i} Y_{1j} + \cdots + m_s \omega_i^2 Y_{si} Y_{sj} + \cdots + m_n \omega_i^2 Y_{ni} Y_{nj}$$
$$= m_1 \omega_j^2 Y_{1j} Y_{1i} + \cdots + m_s \omega_j^2 Y_{sj} Y_{si} + \cdots + m_n \omega_j^2 Y_{nj} Y_{ni}$$

亦即

$$(\omega_i^2 - \omega_j^2)(m_1 Y_{1i} Y_{1j} + \cdots + m_s Y_{si} Y_{sj} + \cdots + m_n Y_{ni} Y_{nj}) = 0$$

因 $\omega_i^2 \neq \omega_j^2$，故有

$$m_1 Y_{1i} Y_{1j} + \cdots + m_s Y_{si} Y_{sj} + \cdots + m_n Y_{ni} Y_{nj} = 0 \tag{3-83}$$

上式表明，具有 n 个自由度体系的第 i 主振型和 j 主振型对于质量正交的性质，称它为第一正交性。

若将式（3-83）用矩阵形式表示，则

$$\left\{ \begin{array}{c} Y_{1i} \\ Y_{2i} \\ \vdots \\ Y_{si} \\ \vdots \\ Y_{ni} \end{array} \right\}^{\mathrm{T}} \left[\begin{array}{cccccc} m_1 & & & & & \\ & m_2 & & & & 0 \\ & & \ddots & & & \\ & & & m_s & & \\ & 0 & & & \ddots & \\ & & & & & m_n \end{array} \right] \left\{ \begin{array}{c} Y_{1j} \\ Y_{2j} \\ \vdots \\ Y_{sj} \\ \vdots \\ Y_{nj} \end{array} \right\} = 0$$

缩写为

$$\{Y^{(i)}\}^{\mathrm{T}} [M] \{Y^{(j)}\} = \{0\} \tag{3-84}$$

此外，由式（3-80a）

$$([K] - \omega_j^2 [M]) \{Y^{(j)}\} = \{0\}$$

上式两边左乘 $\{Y^{(i)}\}^{\mathrm{T}}$，得

$$\{Y^{(i)}\}^{\mathrm{T}} [K] \{Y^{(j)}\} = \omega_j^2 \{Y^{(i)}\}^{\mathrm{T}} [M] \{Y^{(j)}\}$$

由于 $\{Y^{(i)}\}^{\mathrm{T}} [M] \{Y^{(j)}\} = 0$，于是得到

$$\{Y^{(i)}\}^{\mathrm{T}} [K] \{Y^{(j)}\} = 0 \tag{3-85}$$

上式表明，具有 n 个自由度体系的第 i 主振型和第 j 主振型对于刚度矩阵正交的性质，称它为第二正交性。

振型正交性的物理意义是：体系按某一振型振动时，它的惯性力不会在其他振型上作功，也就是说，它的能量不会转移到其他振型上去，因此各主振型可单独存在。

【例 **3-18**】　试验算例 3-14 所求得的各个主振型之间的正交性。

【解】　由例 3-14 已知

$$[M] = 180 \begin{bmatrix} 1.0 & 0 & 0 \\ 0 & 1.5 & 0 \\ 0 & 0 & 1.5 \end{bmatrix}, \quad [Y^{(1)}] = \begin{Bmatrix} 1.000 \\ 0.667 \\ 0.333 \end{Bmatrix}$$

$$\{Y^{(2)}\} = \begin{Bmatrix} 1.000 \\ -0.633 \\ -0.664 \end{Bmatrix}, \quad \{Y^{(3)}\} = \begin{Bmatrix} 1.000 \\ -3.022 \\ 4.032 \end{Bmatrix}$$

由式（3-84）得

$$\{Y^{(1)}\}^{\mathrm{T}}[M]\{Y^{(2)}\} = \begin{Bmatrix} 1.00 \\ 0.667 \\ 0.333 \end{Bmatrix}^{\mathrm{T}} \cdot 180 \begin{bmatrix} 1.0 & 0 & 0 \\ 0 & 1.5 & 0 \\ 0 & 0 & 1.5 \end{bmatrix} \begin{Bmatrix} 1.000 \\ -0.663 \\ -0.664 \end{Bmatrix}$$

$$= 180(1 \times 1 \times 1 - 1.5 \times 0.667 \times 0.663 - 1.5 \times 0.333 \times 0.664)$$

$$\approx 180(1 - 1.0) = 0$$

$$\{Y^{(1)}\}^{\mathrm{T}}[M]\{Y^{(3)}\} = \begin{Bmatrix} 1.00 \\ 0.667 \\ 0.333 \end{Bmatrix}^{\mathrm{T}} \cdot 180 \begin{bmatrix} 1.0 & 0 & 0 \\ 0 & 1.5 & 0 \\ 0 & 0 & 1.5 \end{bmatrix} \begin{Bmatrix} 1.000 \\ -3.022 \\ 4.032 \end{Bmatrix}$$

$$= 180(1 \times 1 \times 1 - 1.5 \times 0.667 \times 3.022 + 1.5 \times 0.333 \times 4.032)$$

$$\approx 180(3.02 - 3.02) = 0$$

$$\{Y^{(2)}\}^{\mathrm{T}}[M]\{Y^{(3)}\} = \begin{Bmatrix} 1.00 \\ -0.663 \\ -0.664 \end{Bmatrix}^{\mathrm{T}} \cdot 180 \begin{bmatrix} 1.0 & 0 & 0 \\ 0 & 1.5 & 0 \\ 0 & 0 & 1.5 \end{bmatrix} \begin{Bmatrix} 1.000 \\ -3.022 \\ 4.032 \end{Bmatrix}$$

$$= 180(1 \times 1 \times 1 - 1.5 \times 0.663 \times 3.022 - 1.5 \times 0.664 \times 4.032)$$

$$\approx 180(4 - 4) = 0$$

上述计算验证了各主振型之间满足正交性，说明频率与振型计算是正确的。

第八节　多自由度体系在简谐荷载作用下的强迫振动

本节研究多自由度体系不考虑阻尼影响的强迫振动问题。与下一节的振型叠加法的作法不同，在这一节中仍然以各质点的位移为对象进行计算，这种解法称为直接解法。

一、刚度法

仍以图 3-58 所示两个自由度体系为例，在动力荷载作用下，以质点为隔离体，可写出两个动力平衡方程

图 3-58

$$\left.\begin{array}{l} m_1\ddot{y}_1(t) + K_{11}y_1(t) + K_{12}y_2(t) = F_1(t) \\ m_2\ddot{y}_2(t) + K_{21}y_1(t) + K_{22}y_2(t) = F_2(t) \end{array}\right\} \quad (3\text{-}86)$$

与自由振动方程（3-56）相比，右端只多了荷载项 $F_1(t)$、$F_2(t)$。

如果荷载是简谐荷载，即

$$\left.\begin{array}{l} F_1(t) = F_1\sin\theta t \\ F_2(t) = F_2\sin\theta t \end{array}\right\} \quad (3\text{-}87)$$

则在平稳阶段，各质点也作简谐振动

$$\left.\begin{array}{l} y_1(t) = Y_1\sin\theta t \\ y_2(t) = Y_2\sin\theta t \end{array}\right\} \quad (3\text{-}88)$$

将式（3-88）代入式（3-86），消去公因子 $\sin\theta t$，得

$$\left.\begin{array}{l} (K_{11} - \theta^2 m_1)Y_1 + K_{12}Y_2 = F_1 \\ K_{21}Y_1 + (K_{22} - \theta^2 m_2)Y_2 = F_2 \end{array}\right\} \quad (3\text{-}89)$$

由此，可解得位移的幅值为

$$Y_1 = \frac{D_1}{D_0}, Y_2 = \frac{D_2}{D_0} \quad (3\text{-}90)$$

其中

$$\left.\begin{array}{l} D_0 = (K_{11} - \theta^2 m_1)(K_{22} - \theta^2 m_2) - K_{12}K_{21} \\ D_1 = (K_{22} - \theta^2 m_2)F_1 - F_{12}F_2 \\ D_2 = -K_{21}F_1 + (K_{11} - \theta^2 m_1)F_2 \end{array}\right\} \quad (3\text{-}91)$$

将式（3-90）的位移幅值代回式（3-88），即得任意时刻 t 的位移。

式（3-91）中的 D_0 与式（3-59）中的行列式 D 具有相同的形式，只是 D 中的 ω 换成了 D_0 中的 θ。因此，如果荷载频率 θ 与任一个自振频率 ω_1、ω_2 重合，则

$$D_0 = 0$$

当 D_1、D_2 不全为零时，则位移幅值为无限大，将出现共振现象。

求出位移幅值 Y_1、Y_2 后，利用式（3-88）不难求出任一质体的惯性力。

$$\left.\begin{array}{l} F_{I1} = -m_1\ddot{y}_1 = m_1Y_1\theta^2\sin\theta t = I_1^0\sin\theta t \\ F_{I2} = -m_2\ddot{y}_2 = m_2Y_2\theta^2\sin\theta t = I_2^0\sin\theta t \end{array}\right\} \quad (3\text{-}92)$$

式中

$$I_1^0 = m_1 Y_1 \theta^2 \\ I_2^0 = m_2 Y_2 \theta^2 \Bigg\} \tag{3-93}$$

I_1^0、I_2^0 为质体 m_1、m_2 的惯性力幅值。

从式（3-88）式（3-92）可以看出：位移、惯性力都随着简谐荷载按 $\sin\theta t$ 函数作简谐变化。当位移达到幅值时，惯性力和简谐荷载也同时达到幅值。因此，可以将所求得的惯性力幅值和简谐荷载幅值同时作用在体系上，按静力方法来计算内力幅值。只是须注意：惯性力幅值一律按 y 坐标方向施加，其中所含的 Y_i 自带本身的正负号。

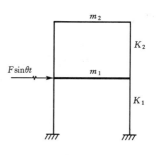

图 3-59

【例 3-19】 图 3-59 所示刚架在底层横梁上作用简谐荷载 $F_1(t) = F\sin\theta t$，试计算第一、二层横梁的振幅 Y_1、Y_2，并画出它们与干扰力频率 θ 之关系曲线。设 $m_1 = m_2 = m$，$K_1 = K_2 = K$。

【解】 （1）求刚度系数

$K_{11} = K_1 + K_2 = 2K$，$K_{12} = K_{21} = -K_2 = -K$，$K_{22} = K_2 = K$

（2）求位移值

荷载幅值为：$F_1 = F$，$F_2 = 0$

将刚度系数及质量代入式（3-91）

$$D_0 = (2K - \theta^2 m)(K - \theta^2 m) - K^2 = m^2 \theta^4 - 3Km\theta^2 + K^2$$

$$D_1 = (K - m\theta^2)F$$

$$D_2 = KF$$

故二横梁振幅为

$$Y_1 = \frac{D_1}{D_0} = (K - m\theta^2)F/D_0$$

$$Y_2 = \frac{D_2}{D_0} = KF/D_0$$

为了便于观察共振现象，将 D_0 用 ω_1、ω_2 的关系表达。为此，须先将上式 D_0 中的 $3K$ 和 K^2 用 ω_1、ω_2 的关系表达。刚架自由振动的特征方程为

$$m^2 \omega^4 - 3Km\omega^2 + K^2 = 0$$

当 $\omega = \omega_1$ 时，有

$$m^2 \omega_1^4 - 3Km\omega_1^2 + K^2 = 0 \tag{a}$$

当 $\omega = \omega_2$ 时，有

$$m^2\omega_2^4 - 3Km\omega_2^2 + K^2 = 0 \tag{b}$$

由（a）式减去（b）式，得

$$m^2(\omega_1^4 - \omega_2^4) - 3Km(\omega_1^2 - \omega_2^2) = 0$$

故

$$3K = m(\omega_1^2 + \omega_2^2) \tag{c}$$

将（c）式代入（a）式，有

$$K^2 = m^2\omega_1^2\omega_2^2 \tag{d}$$

将（c）、（d）式代入 D_0 则有

$$D_0 = m^2(\theta^2 - \omega_1^2)(\theta^2 - \omega_2^2)$$

$$D_1 = (K - m\theta^2)F$$

$$D_2 = KF$$

由（3-90）式有

$$Y_1 = \frac{D_1}{D_0} = \frac{F}{K}\frac{1 - \frac{m}{K}\theta^2}{\left(1 - \frac{\theta^2}{\omega_1^2}\right)\left(1 - \frac{\theta^2}{\omega_2^2}\right)} \tag{e}$$

$$Y_2 = \frac{D_2}{D_0} = \frac{F}{K}\frac{1}{\left(1 - \frac{\theta^2}{\omega_1^2}\right)\left(1 - \frac{\theta^2}{\omega_2^2}\right)} \tag{f}$$

位移参数 $Y_1\left/\dfrac{F}{K}\right.$、$Y_2\left/\dfrac{F}{K}\right.$ 与干扰力频率参数 $\theta\left/\sqrt{\dfrac{K}{m}}\right.$ 之关系曲线分别见图 3-60 （a）、（b）。

由图中看出，当 $\theta = \omega_1$ 或 $\theta = \omega_2$（本题的 $\omega_1 = 0.618\sqrt{\dfrac{K}{m}}$，$\omega_2 = 1.618\sqrt{\dfrac{K}{m}}$）时，$Y_1$、$Y_2$ 趋于无穷大。可见，在两个自由度体系中，在 $\theta = \omega_1$ 及 $\theta = \omega_2$ 两种情况下，都会出现共振现象。

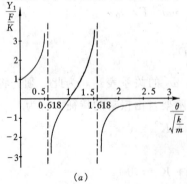

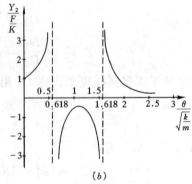

图 3-60

（3）讨论

对于图 3-59 所示刚架在干扰力幅值 F 作用下两层楼面的静位移 $Y_{1st} = Y_{2st}$ $= \dfrac{F}{K}$。故（e）、（f）两式可改写成

$$Y_1 = Y_{1st} \cdot \beta_1$$
$$Y_2 = Y_{2st} \cdot \beta_2$$

其中

$$\beta_1 = \frac{1 - \dfrac{m}{K}\theta^2}{\left(1 - \dfrac{\theta^2}{\omega_1^2}\right)\left(1 - \dfrac{\theta^2}{\omega_2^2}\right)}$$

$$\beta_2 = \frac{1}{\left(1 - \dfrac{\theta^2}{\omega_1^2}\right)\left(1 - \dfrac{\theta^2}{\omega_2^2}\right)}$$

式中，β_1、β_2 称为质点 1、2 的动力系数。可以看出，在多自由度体系的强迫振动中，各质点处的动力系数是不相同的。

另外，从（3-90）式和（3-91）式，可得

$$\left. \begin{array}{l} Y_1 = \dfrac{(K_{22} - \theta^2 m_2)F}{D_0} = \dfrac{(K_2 - \theta^2 m_2)}{D_0} \\[4mm] Y_2 = -\dfrac{K_{21}F}{D_0} = \dfrac{K_2 F}{D_0} \end{array} \right\} \qquad (g)$$

当 $\dfrac{K_2}{m_2} = \theta^2$ 时，由式（g）可知

$$Y_1 = 0, \qquad\qquad Y_2 = -\frac{F}{K_2}$$

这说明，在图 3-61（a）所示的结构上，附加以适当的 m_2、K_2 系统（图 3-61b），可以消除 m_1 的振动，这就是动力吸振器的原理。设计吸振器时，可先根据 m_2 的许可振幅 $Y_2 = -\dfrac{F}{K_2}$ 选定 K_2，再由 $m_2 = \dfrac{K_2}{\theta^2}$ 确定 m_2 的值。

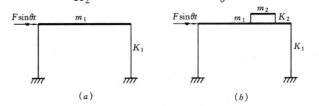

（a）   （b）

图 3-61

【例 3-20】　　图 3-62（a）中的刚架横梁上作用有水平简谐荷载 $F（t）=$ $F\sin\theta t$，试求质量处最大水平位移并绘制最大动力弯矩图。已知 $\theta = 3\sqrt{\dfrac{EI}{ml^3}}$。

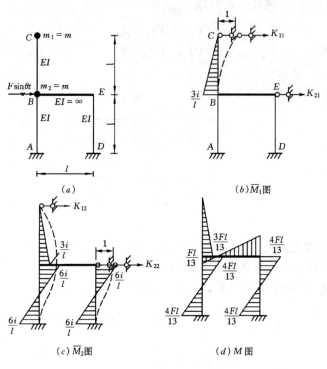

(a)

$(b) \overline{M}_1$图

$(c) \overline{M}_2$图

$(d) M$图

图 3-62

【解】　　（1）求刚度系数

体系有两个自由度。先在质量 m_1 和 m_2 的运动方向增设限制运动的附加链杆 C 和 E，然后令链杆 C 和链杆 E 分别移动单位位移，并绘出相应的弯矩图，如图 3-62（b）、（c）所示。由此，根据截面的静力平衡条件不难求得。

$$K_{11} = \frac{3i}{l^2}, \quad K_{12} = K_{21} = -\frac{3i}{l^2}, \quad K_{22} = \frac{27i}{l^2}$$

（2）计算位移幅值

荷载的幅值为

$$F_1 = 0, \quad F_2 = F$$

将上述刚度系数、荷载幅值和 $\theta = 3\sqrt{\dfrac{EI}{ml^3}}$ 代入式（3-91）中，得

$$D_0 = \left(\frac{3i}{l^2} - \frac{9i}{l^2}\right)\left(\frac{27i}{l^2} - \frac{9i}{l^2}\right) - \left(\frac{3i}{l^2}\right)^2 = -117\left(\frac{i}{l^2}\right)^2$$

$$D_1 = \frac{3i}{l^2}F$$

$$D_2 = \left(\frac{3i}{l^2} - \frac{9i}{l^2}\right)F = -\frac{6i}{l^2}F$$

将 D_0、D_1、D_2 之值代入式（3-90）中，得位移幅值

$$Y_1 = \frac{D_1}{D_0} = -\frac{Fl^2}{39i} = -\frac{Fl^3}{39EI} = -0.0256\frac{Fl^3}{EI}$$

$$Y_2 = \frac{D_2}{D_0} = \frac{2Fl^2}{39i} = \frac{2Fl^3}{39EI} = 0.0513\frac{Fl^3}{EI}$$

负号表示当干扰力向右达到幅值时，位移向左达到幅值。

（3）绘制最大动力弯矩图

最大动力弯矩值可由 $M = \overline{M}_1 Y_1 + \overline{M}_2 Y_2$ 求得。最大动力弯矩图示于图 3-62（d）中。图示弯矩图对应于简谐荷载向右作用时的情况，若简谐荷载向左作用，弯矩图的受拉方向应相反。

对于 n 个自由度体系（图 3-63），振动方程为

$$\left.\begin{aligned} m_1\ddot{y}_1 + K_{11}y_1 + K_{12}y_2 + \cdots + K_{1n}y_n &= F_1(t) \\ m_2\ddot{y}_2 + K_{21}y_1 + K_{22}y_2 + \cdots + K_{2n}y_n &= F_2(t) \\ &\cdots\cdots \\ m_n\ddot{y}_n + K_{n1}y_1 + K_{n2}y_2 + \cdots + K_{nn}y_n &= F_n(t) \end{aligned}\right\} \tag{3-94a}$$

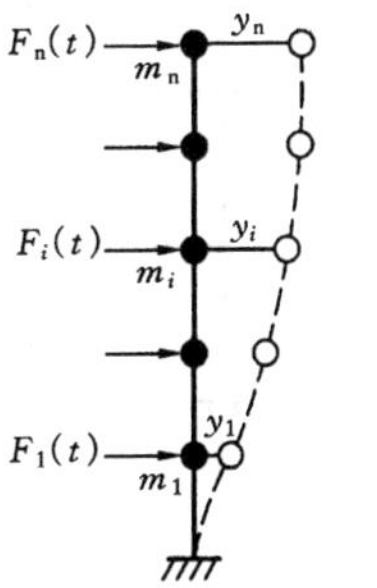

图 3-63　n 个自由度体系的强迫振动

写成矩阵形式为

$$[M]\{\ddot{y}\} + [K]\{y\} = \{F(t)\} \tag{3-94b}$$

如果荷载是简谐荷载，即

$$\{F(t)\} = \begin{Bmatrix} F_1 \\ F_2 \\ \vdots \\ F_n \end{Bmatrix} \sin\theta t = \{F\}\sin\theta t$$

则在平稳振动阶段，各质点也作简谐振动

$$\{y(t)\} = \begin{Bmatrix} Y_1 \\ Y_2 \\ \vdots \\ Y_n \end{Bmatrix} \sin\theta t = \{Y\}\sin\theta t \tag{3-95}$$

代入式（3-94b），得

$$([K] - \theta^2[M])\{Y\} = \{F\} \tag{3-96}$$

上式系数矩阵的行列式可用 D_0 表示，即

$$D_0 = |\,[K] - \theta^2[M]\,| \tag{3-97}$$

如果 $D_0 \neq 0$，则由式 (3-96) 可解得振幅 $\{Y\}$，再代入式 (3-95)，即可求得任意时刻各质点的位移。

当 $D_0 = 0$ 时，比较自由振动的频率方程 (3-68) 可知，如 $\theta = \omega$，则 $D_0 = 0$，这时式 (3-96) 的解 $\{Y\}$ 趋于无穷大。由此看出，当荷载频率 θ 与体系的自振频率中的任一个 ω_i 相等时，就可能出现共振现象。对于具有 n 个自由度的体系来说，在 n 种情况下（$\theta = \omega_i$，$i = 1, 2, \cdots, n$）都可能出现共振现象。

【例 3-21】　图 3-64 (a) 为一榀三层刚架。设各楼层质量（包括柱子质量）分别为 $m_1 = 180\text{t}$，$m_2 = 270\text{t}$，$m_3 = 270\text{t}$；各层的层间相对侧移刚度为 $K_1 = 98\text{MN/m}$，$K_2 = 196\text{MN/m}$，$K_3 = 245\text{MN/m}$；第二层上作用有水平简谐荷载 $F(t) = 20\sin\theta t\,\text{kN}$，$\theta = 200$ 次/min。求各楼层的振幅值。

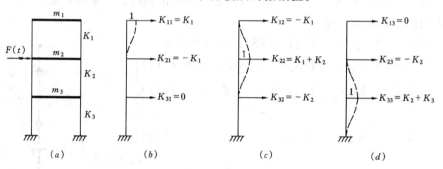

图 3-64

【解】　（1）形成刚度矩阵

刚架的刚度系数如图 3-64 (b)、(c)、(d) 所示。刚度矩阵为

$$[K] = \begin{bmatrix} 1 & -1 & 0 \\ -1 & 3 & -2 \\ 0 & -2 & 4.5 \end{bmatrix} \times 98\ \text{MN/m}$$

（2）形成质量矩阵

$$[M] = \begin{bmatrix} 1 & 0 & 0 \\ 0 & 1.5 & 0 \\ 0 & 0 & 1.5 \end{bmatrix} \times 180\text{t}$$

（3）计算各楼层的振幅值

荷载的频率为

$$\theta = \frac{2 \times 3.14}{60} \times 200 = 20.94\text{s}^{-1}$$

$$\theta^2 = 438.4\text{s}^{-2}$$

$$[K] - \theta^2[M] = 98 \times \begin{bmatrix} 1 & -1 & 0 \\ -1 & 3 & -2 \\ 0 & -2 & 4.5 \end{bmatrix} - 438.4 \times 180 \begin{bmatrix} 1 & 0 & 0 \\ 0 & 1.5 & 0 \\ 0 & 0 & 1.5 \end{bmatrix} \times 10^{-3}$$

$$= 98 \times \begin{bmatrix} -0.195 & -1 & 0 \\ -1 & 1.792 & -2 \\ 0 & -2 & 3.292 \end{bmatrix} \text{MN/m}$$

因为

$$[K] - \theta^2[M] = 98(-1.15 + 0.78 - 3.29) \neq 0$$

则（$[K] - \theta^2[M]$）的逆矩阵存在，于是

$$([K] - \theta^2[M])^{-1} = \frac{1}{98} \begin{bmatrix} -0.649 & -1.126 & -0.686 \\ -1.126 & -0.220 & -0.134 \\ -0.686 & -0.134 & 0.223 \end{bmatrix} \text{m/MN}$$

荷载幅值向量为

$$\{F\} = \begin{Bmatrix} 0 \\ 20 \\ 0 \end{Bmatrix} \text{kN}$$

由式（3-96）得

$$\{Y\} = ([K] - \theta^2[M])^{-1}\{F\}$$

$$= \frac{1}{98} \begin{bmatrix} -0.649 & -1.126 & -0.686 \\ -1.126 & -0.220 & -0.134 \\ -0.686 & -0.134 & 0.223 \end{bmatrix} \begin{Bmatrix} 0 \\ 20 \\ 0 \end{Bmatrix} \times 10^{-3}$$

$$\{Y\} = \begin{Bmatrix} -0.23 \\ -0.045 \\ -0.028 \end{Bmatrix} \text{mm}$$

负号表示当荷载向右达到幅值时，位移向左达到幅值。

二、柔度法

图 3-65（a）为一 n 个自由度体系受 n 个频率 θ 相同的简谐荷载作用。在不

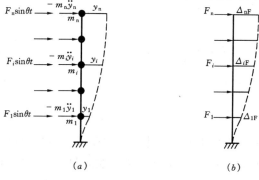

（a）　　　　　　　　　（b）

图 3-65

考虑阻尼影响的情况下，体系上任一质量的位移是由 n 个惯性力和 n 个荷载共同作用下所产生的。任一质量 m_i 的位移可根据叠架原理得到，即

$$y_i = -\delta_{i1}m_1\ddot{y}_1 - \delta_{i2}m_2\ddot{y}_2 - \cdots - \delta_{ii}m_i\ddot{y}_i - \cdots - \delta_{in}m_n y_n + \Delta_{iF}\sin\theta t$$

或写成
$$y_i = -\sum_{j=1}^{n}\delta_{ij}m_j\ddot{y}_j + \Delta_{iF}\sin\theta t \qquad (i=1,2,\cdots n) \qquad (3\text{-}98)$$

式中，Δ_{iF}（$i=1,2,\cdots,n$）表示由简谐荷载幅值在第 i 个质量位移方向所产生的静位移，如图 3-65（b）所示。

设稳态阶段的纯强迫振动的位移为

$$y_i = Y_i\sin\theta t (i=1,2,\cdots,n) \qquad (3\text{-}99)$$

式中，Y_i 为任一质体的位移幅值。将上式及其对时间 t 的二阶导数代入式（3-96）中，消去公因子 $\sin\theta t$ 后，得

$$\left.\begin{aligned}
Y_1 &= m_1\theta^2 Y_1\delta_{11} + m_2\theta^2 Y_2\delta_{12} + \cdots + m_i\theta^2 Y_i\delta_{1i} + \cdots + m_n\theta^2 Y_n\delta_{1n} + \Delta_{1F} \\
Y_2 &= m_1\theta^2 Y_1\delta_{21} + m_2\theta^2 Y_2\delta_{22} + \cdots + m_i\theta^2 Y_i\delta_{2i} + \cdots + m_n\theta^2 Y_n\delta_{2n} + \Delta_{2F} \\
&\qquad\qquad\cdots\cdots \\
Y_n &= m_1\theta^2 Y_1\delta_{n1} + m_2\theta^2 Y_2\delta_{n2} + \cdots + m_i\theta^2 Y_i\delta_{ni} + \cdots + m_n\theta^2 Y_n\delta_{nn} + \Delta_{nF}
\end{aligned}\right\}$$

$$(3\text{-}100)$$

因为任一质体的惯性力幅值为

$$I_i^0 = m_i Y_i\theta^2 (i=1,2,\cdots,n) \qquad (3\text{-}101)$$

可得

$$Y_i = \frac{I_i^0}{m_i\theta^2}(i=1,2,\cdots,n) \qquad (3\text{-}102)$$

将（3-101）式和（3-102）式代入式（3-100）中整理后可得出以各惯性力幅值为未知量的方程组

$$\left.\begin{aligned}
&\left(\delta_{11} - \frac{1}{m_1\theta^2}\right)I_1^0 + \delta_{12}I_2^0 + \cdots + \delta_{1n}I_n^0 + \Delta_{1F} = 0 \\
&\delta_{21}I_1^0 + \left(\delta_{22} - \frac{1}{m_2\theta^2}\right)I_2^0 + \cdots + \delta_{2n}I_n^0 + \Delta_{2F} = 0 \\
&\cdots\cdots\cdots\cdots\cdots\cdots\cdots\cdots\cdots\cdots\cdots\cdots\cdots\cdots\cdots\cdots \\
&\delta_{n1}I_1^0 + \delta_{n2}I_2^0 + \cdots + \left(\delta_{nn} - \frac{1}{m_n\theta^2}\right)I_n^0 + \Delta_{nF} = 0
\end{aligned}\right\}$$

$$(3\text{-}103)$$

解此方程组即可求得各惯性力幅值，由此，可根据式（3-102）求出位移幅值。

【例 3-22】 图 3-66（a）所示悬臂梁，在质量 m_1 上作用一简谐荷载 $F_1 = F\sin\theta t$。已知：$F = 500\text{N}$，$\theta = 83.781\text{s}^{-1}$，$EI = 10^7\text{N·m}^2$，$m_1 = m_2 = 300\text{kg}$。

试求质量 m_1、m_2 处的最大动位移并绘制最大动力弯矩图。

【解】 （1）计算柔度系数

为了计算柔度系数和自由项，绘出 $\overline{M}_1$、$\overline{M}_2$ 和 M_F 图，示于图 3-66（b）、

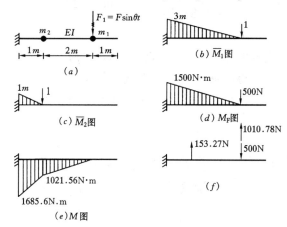

图 3-66

（c）、（d）中。由图乘法，可得

$$\delta_{11} = 9 \times 10^{-7}\text{m/N}, \quad \delta_{22} = \frac{1}{3} \times 10^{-7}\text{m/N}$$

$$\delta_{12} = \delta_{21} = \frac{4}{3} \times 10^{-7}\text{m/N}, \quad \Delta_{1F} = 45 \times 10^{-5}\text{m}$$

$$\Delta_{2F} = \frac{2}{3} \times 10^{-4}\text{m}$$

（2）计算惯性力幅值

将柔度系数之值代入式（3-103），得

$$\left.\begin{array}{l} \left(9 \times 10^{-7} - \dfrac{1}{300 \times (83.78)^2}\right)I_1^0 + \dfrac{4}{3} \times 10^{-7}I_2^0 + 45 \times 10^{-5} = 0 \\[4mm] \dfrac{4}{3} \times 10^{-7}I_1^0 + \left(\dfrac{1}{3} \times 10^{-7} - \dfrac{1}{300 \times (83.78)^2}\right)I_2^0 + \dfrac{2}{3} \times 10^{-4} = 0 \end{array}\right\}$$

解此方程组，得惯性力幅值为

$$I_1^0 = -1010.78\text{N}(\uparrow), \quad I_2^0 = -153.27\text{N}(\uparrow)$$

负号表示惯性力的方向与 $\overline{M}_i$ 图中单位力的方向相反。

（3）计算位移幅值

由式（3-102），得

$$Y_1 = \frac{I_1^0}{m_1\theta^2} = -\frac{1010.78}{300 \times 83.78^2} = -0.00048\text{m} = -0.048\,\text{cm}$$

$$Y_2 = \frac{I_2^0}{m_2\theta^2} = -\frac{153.27}{300 \times 83.78^2} = -0.0000728\text{m} = -0.00728\text{cm}$$

（4）绘制最大动弯矩图

最大动力弯矩值可按公式 $M = \overline{M}_1 I_1^0 + \overline{M}_2 I_2^0 + M_F$ 求得；也可采用幅值法，即将干扰力幅值和已求得的惯性力幅值直接施加于结构上（见图 3-66 f），求出最大动力弯矩值，其最大动弯矩图示于图 3-66（e）中。此弯矩图未考虑自重的影响。

第九节 振型叠加法计算多自由度体系在一般荷载作用下的强迫振动

一、正则坐标

在前面的讨论中，采取的是几何坐标，以质点的位移作为计算对象。这样，n 个自由度体系所得到的 n 个运动方程中的每一个，一般都将包含一个以上的未知质点位移，即这些方程互相耦联，因此，必须联立求解。若 n 较大，求解的工作相当繁重。在下面将看到，通过坐标变换，将几何坐标转换成同样数目的其他适当的坐标，可将联立方程组变为若干个独立的方程，即每个方程只含一个未知数，可分别独立求解，从而使计算得到简化。将几何坐标转换为正则坐标，就能达到上述简化的目的。

先以图 3-67（a）所示两个自由度的体系为例说明正则坐标的意义。质量 m_1、m_2 的两个几何坐标为 $y_1(t)$、$y_2(t)$（图 3-67b）。设 η_1、η_2 为两个新的坐标，并使新旧坐标间有如下关系：

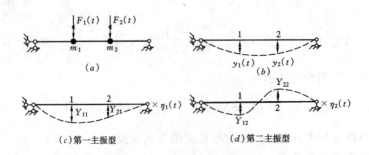

图 3-67 正则坐标的意义

$$\begin{Bmatrix} y_1 \\ y_2 \end{Bmatrix} = \begin{bmatrix} Y_{11} & Y_{12} \\ Y_{21} & Y_{22} \end{bmatrix} \begin{Bmatrix} \eta_1 \\ \eta_2 \end{Bmatrix} \tag{3-104}$$

上式中，分别选取了第一、第二标准化振型向量 $\{Y^{(1)}\}$ 和 $\{Y^{(2)}\}$ 的元素作为上述关系式中 η_1 及 η_2 的系数，或者说选取了体系的振型矩阵作为转换矩阵。

我们知道，不同的振型向量之间具有正交性，因此，对应不同的频率，它们必然是线性无关的，也就是说，体系的某个主振型不可能由该体系其他振型的线型组合得出，振型矩阵为一非奇异矩阵，因而以振型矩阵作为转换矩阵能保证新旧坐标系间存在的确定的单值关系。所以这种作法是可靠的。下面将看到，它的主要优越性还在于，用这种坐标转换方法能使方程组解耦。

现在说明式（3-104）所代表的几何意义。式（3-104）表明，体系中每个质点的位移可以看作由两部分组合而成：第一部分是将第一个标准化振型中对应竖标乘以 η_1 而得到，第二部分则是将第二个标准化振型中的对应竖标乘以 η_2 而得到。换言之，体系的实际位移可以看作是由固有振型各乘以对应的组合系数 η_1、η_2 后叠加而成（如图 3-67c、d 所示），组合系数 η_1、η_2 即称为正则坐标。式（3-104）所示的坐标变换即相当于将实际位移按振型分解。以上这种作法即称为（主）振型分解法或（主）振型叠加法。

上述坐标变换的作法，不难推广到 n 个自由度体系。可以利用 n 个标准化振型将原几何坐标 y_1、y_2、$\cdots y_n$，转换为正则坐标 η_1、η_2、$\cdots \eta_n$。将变换关系写成矩阵形式为

$$\{y\} = [Y]\{\eta\} \tag{3-105}$$

其中，$\{y\}$ 为体系的原坐标向量，即位移向量；$\{\eta\}$ 为正则坐标向量；$[Y]$ 为主振型矩阵，可写成 $[Y] = [\{Y^{(1)}\} \ \{Y^{(2)}\} \ \cdots \ \{Y^{(n)}\}]$。因此，式（3-105）也可写成

$$\{y\} = \{Y^{(1)}\}\eta_1 + \{Y^{(2)}\}\eta_2 + \cdots + \{Y^{(n)}\}\eta_n \tag{3-106}$$

上式就是按主振型分解的展开公式。因此正则坐标 η_i 就是把实际位移 $\{y\}$ 按主振型分解时的系数。

二、按振型叠加法计算强迫振动

在一般荷载作用下，n 个自由度体系的振动方程由式（3-94b）给出，即

$$[M]\{\ddot{y}\} + [K]\{y\} = \{F(t)\} \tag{a}$$

下面将看到，利用坐标变换式（3-105），上式中互相耦联的 n 个方程可以转化成 n 个独立方程，这样，计算即得到很大简化。将式（3-105）对时间 t 求导后的 $\{\ddot{y}\} = [Y]\{\ddot{\eta}\}$ 代入上式，方程两边再左乘 $[Y]^{\mathrm{T}}$，即得

$$[Y]^{\mathrm{T}}[M][Y]\{\ddot{\eta}\} + [Y]^{\mathrm{T}}[K][Y]\{\eta\} = [Y]^{\mathrm{T}}\{F(t)\} \tag{b}$$

式中

$$[Y]^{\mathrm{T}}[M][Y] = \left\{ \begin{array}{c} \{Y^{(1)}\}^{\mathrm{T}} \\ \{Y^{(2)}\}^{\mathrm{T}} \\ \vdots \\ \{Y^{(n)}\}^{\mathrm{T}} \end{array} \right\} [M][\{Y^{(1)}\}\{Y^{(2)}\}\cdots\{Y^n\}]$$

$$= \left[\begin{array}{cccc} \{Y^{(1)}\}^{\mathrm{T}}[M]\{Y^{(1)}\} & \{Y^{(1)}\}^{\mathrm{T}}[M]\{Y^{(2)}\}\cdots\{Y^{(1)}\}^{\mathrm{T}}[M]\{Y^{(n)}\} \\ \{Y^{(2)}\}^{\mathrm{T}}[M]\{Y^{(1)}\} & \{Y^{(2)}\}^{\mathrm{T}}[M]\{Y^{(2)}\}\cdots\{Y^{(2)}\}^{\mathrm{T}}[M]\{Y^{(n)}\} \\ \cdots\cdots & \cdots\cdots \qquad \cdots\cdots \qquad \cdots\cdots \\ \{Y^{(n)}\}^{\mathrm{T}}[M]\{Y^{(1)}\} & \{Y^{(n)}\}^{\mathrm{T}}[M]\{Y^{(2)}\}\cdots\{Y^{(n)}\}^{\mathrm{T}}[M]\{Y^{(n)}\} \end{array} \right]$$

根据正交关系式（3-84）可知，上式右边所有非对角线元素全部为零，因此 $[Y]^{\mathrm{T}}[M][Y]$ 为对角矩阵

$$[Y]^{\mathrm{T}}[M][Y] = \begin{bmatrix} M_1 & 0 & \cdots & 0 \\ 0 & M_2 & \cdots & 0 \\ \vdots & \vdots & & \vdots \\ 0 & 0 & \cdots & M_n \end{bmatrix} = [M^*] \qquad (3\text{-}107)$$

上式中，定义

$$M_i = \{Y^{(i)}\}^{\mathrm{T}}[M]\{Y^{(i)}\} \qquad (3\text{-}108)$$

M_i 称为第 i 个主振型相应的广义质量。对角矩阵 $[M^*]$ 称为广义质量矩阵。

同样，可得

$$[Y]^{\mathrm{T}}[K][Y] = \begin{bmatrix} K_1 & 0 & \cdots & 0 \\ 0 & K_2 & \cdots & 0 \\ \vdots & \vdots & & \vdots \\ 0 & 0 & \cdots & K_n \end{bmatrix} = [K^*] \qquad (3\text{-}109)$$

上式中，定义

$$K_i = \{Y^{(i)}\}^{\mathrm{T}}[K]\{Y^{(i)}\} \qquad (3\text{-}110)$$

K_i 称为第 i 个主振型相应的广义刚度。对角矩阵 $[K^*]$ 称为广义刚度矩阵。

再把 $[Y]^{\mathrm{T}}\{F(t)\}$ 看作广义荷载向量，记为

$$\{F^*(t)\} = [Y]^{\mathrm{T}}\{F(t)\} \qquad (3\text{-}111a)$$

其中元素

$$F_i(t) = \{Y^{(i)}\}^{\mathrm{T}}\{F(t)\} \qquad (3\text{-}111b)$$

叫做第 i 个主振型相应的广义荷载。

于是式（b）可写成

$$[M^*]\{\ddot{\eta}\} + [K^*]\{\eta\} = \{F^*(t)\} \qquad (c)$$

由于 $[M^*]$ 和 $[K^*]$ 均为对角矩阵，故方程组（c）已经成为解耦形式，其中

包含 n 个独立方程如下

$$M_i\ddot{\eta}_i(t) + K_i\eta_i(t) = F_i(t) \quad (i = 1,2,\cdots,n) \tag{3-112}$$

同样，令 $\omega_i^2 = \dfrac{K_i}{M_i}$，则得

$$\ddot{\eta}_i(t) + \omega_i^2\eta_i(t) = \frac{1}{M_i}F_i(t) \quad (i = 1,2,\cdots,n) \tag{3-113}$$

上式是以正则坐标表示的 n 个独立微分方程，与单自由度体系不考虑阻尼的运动方程（3-21）完全相似。初始条件为零时，式（3-113）的解可参照式（3-28）的杜哈梅积分写出为

$$\eta_i(t) = \frac{1}{M_i\omega_i}\int_0^t F_i(\tau)\sin\omega_i(t - \tau)\mathrm{d}\tau \tag{3-114}$$

如果初始位移和初始速度为

$$\{y(t = 0)\} = \{y^0\}$$
$$\{\dot{y}(t = 0)\} = \{v^0\}$$

则在正则坐标中对应的初始值 $\eta_i(0)$ 和 $\dot{\eta}(0)$ 可由下面的方法来计算。

用 $\{Y^{(j)}\}^{\mathrm{T}}[M]$ 前乘式（3-105）的两边，即得

$$\{Y^{(j)}\}^{\mathrm{T}}[M]\{y\} = \{Y^{(j)}\}^{\mathrm{T}}[M][Y]\{\eta\}$$

上式右边为 n 项之和，其中除第 j 项外，其他各项都因主振型的正交性质而变为零，故上式变为

$$\{Y^{(j)}\}^{\mathrm{T}}[M]\{y\} = \{Y^{(j)}\}^{\mathrm{T}}[M][Y^{(j)}]\eta_j = M_j\eta_j$$

由此可求出系数 η_j

$$\eta_j = \frac{\{Y^{(j)}\}^{\mathrm{T}}[M]\{y\}}{M_j}$$

同样，可求出

$$\eta_i = \frac{\{Y^{(i)}\}^{\mathrm{T}}[M]\{y\}}{M_i} \tag{3-115a}$$

和

$$\dot{\eta}_i(t) = \frac{\{Y^{(i)}\}^{\mathrm{T}}[M]\{\dot{y}\}}{M_i} \tag{3-115b}$$

由此得

$$\eta_i(0) = \frac{\{Y^{(i)}\}^{\mathrm{T}}[M]\{y^0\}}{M_i} \tag{3-116a}$$

$$\dot{\eta}_i(0) = \frac{\{Y^{(i)}\}^{\mathrm{T}}[M]\{v^0\}}{M_i} \tag{3-116b}$$

而式（3-113）的通解为

$$\eta_i(t) = \eta_i(0)\cos\omega_i t + \frac{\dot{\eta}_i(0)}{\omega_i}\sin\omega_i t + \frac{1}{M_i\omega_i}\int_0^t F_i(\tau)\sin\omega_i(t - \tau)\mathrm{d}\tau$$

$$\tag{3-117}$$

正则坐标 $\eta_i(t)$ 求出后，再代回式（3-105）或式（3-106），即可得出几何坐标 $\{y(t)\}$。从式（3-105）来看，这是在进行坐标变换；从式（3-106）来看，这是将各个主振型分量加以叠加，从而得出质点的总位移。

对于线性体系的动力反应分析，上述振型叠加法是很有效的。这个方法的优点在于简便。进行计算时，由于高振型对反应的贡献不显著，因此，通常只考虑前面几个振型的反应贡献就可得到所需要的精度。

应当指出：振型叠加法是基于叠加原理，因此，它不能用于分析非线性振动体系。

【例 3-23】 用振型分解法计算例 3-21 刚架的位移反应。

【解】 （1）求自振频率和振型

由例 3-14 已求出自振频率和振型矩阵分别为

$$\omega_1 = 13.45\text{s}^{-1}, \quad \omega_2 = 30.1\text{s}^{-1}, \quad \omega_3 = 46.6\text{s}^{-1}$$

$$[Y] = \begin{bmatrix} 1 & 1 & 1 \\ 0.667 & -0.663 & -3.022 \\ 0.333 & -0.664 & 4.032 \end{bmatrix}$$

（2）计算广义质量

$$M_1 = \begin{Bmatrix} 1 \\ 0.667 \\ 0.333 \end{Bmatrix}^{\text{T}} \begin{bmatrix} 180 & 0 & 0 \\ 0 & 270 & 0 \\ 0 & 0 & 270 \end{bmatrix} \begin{Bmatrix} 1 \\ 0.667 \\ 0.333 \end{Bmatrix} = 330.06\text{t}$$

$$M_2 = \begin{Bmatrix} 1 \\ -0.663 \\ -0.664 \end{Bmatrix}^{\text{T}} \begin{bmatrix} 180 & 0 & 0 \\ 0 & 270 & 0 \\ 0 & 0 & 270 \end{bmatrix} \begin{Bmatrix} 1 \\ -0.663 \\ -0.664 \end{Bmatrix} = 417.72\text{t}$$

$$M_3 = \begin{Bmatrix} 1 \\ -3.022 \\ 4.032 \end{Bmatrix}^{\text{T}} \begin{bmatrix} 180 & 0 & 0 \\ 0 & 270 & 0 \\ 0 & 0 & 270 \end{bmatrix} \begin{Bmatrix} 1 \\ -3.022 \\ 4.032 \end{Bmatrix} = 7035.17\text{t}$$

（3）求广义荷载

$$F_1(t) = \begin{Bmatrix} 1 \\ 0.667 \\ 0.333 \end{Bmatrix}^{\text{T}} \begin{Bmatrix} 0 \\ 20\sin\theta t \\ 0 \end{Bmatrix} = 13.34\sin\theta t\,\text{kN}$$

$$F_2(t) = \begin{Bmatrix} 1 \\ -0.663 \\ -0.664 \end{Bmatrix}^{\text{T}} \begin{Bmatrix} 0 \\ 20\sin\theta t \\ 0 \end{Bmatrix} = -13.26\sin\theta t\,\text{kN}$$

$$F_3(t) = \left\{ \begin{matrix} 1 \\ -3.022 \\ 4.032 \end{matrix} \right\}^{\mathrm{T}} \left\{ \begin{matrix} 0 \\ 20\sin\theta t \\ 0 \end{matrix} \right\} = -60.44\sin\theta t\,\mathrm{kN}$$

（4）求正则坐标

由式（3-114），得

$$\eta_i(t) = \frac{1}{M_i\omega_i} \int_0^t F_i(\tau)\sin\omega_i(t-\tau)\mathrm{d}\tau$$

由于 $F_i(\tau)$ 为简谐荷载，由本章第四节的式（d）可得平稳阶段的 $\eta_i(t)$ 为

$$\eta_i(t) = \frac{F_i(t)}{M_i(\omega_i^2 - \theta^2)}$$

从而可得

$$\eta_1(t) = \frac{13.34}{330.06(13.45^2 - 20.94^2)}\sin\theta t = -0.000157\sin\theta t\,\mathrm{m} = -0.157\sin\theta t\,\mathrm{mm}$$

$$\eta_2(t) = \frac{-13.26}{417.72(30.1^2 - 20.94^2)}\sin\theta t = -0.0000675\sin\theta t\,\mathrm{m} = -0.0675\sin\theta t\,\mathrm{mm}$$

$$\eta_3(t) = \frac{-60.44}{7035.17(46.6^2 - 20.94^2)}\sin\theta t = -0.00000495\sin\theta t\,\mathrm{m} = -0.00495\sin\theta t\,\mathrm{mm}$$

（5）计算各层楼面的位移

$$y_1(t) = 1 \times \eta_1(t) + 1 \times \eta_2(t) + 1 \times \eta_3(t) = -0.229\sin\theta t\,\mathrm{mm}$$

$$y_2(t) = 0.667 \times \eta_1(t) - 0.663 \times \eta_2(t) - 3.022 \times \eta_3(t) = -0.0452\sin\theta t\,\mathrm{mm}$$

$$y_3(t) = 0.333 \times \eta_1(t) - 0.664 \times \eta_2(t) + 4.032 \times \eta_3(t) = -0.0275\sin\theta t\,\mathrm{mm}$$

各层振幅值为

$$\{Y\} = \left\{ \begin{matrix} -0.230 \\ -0.045 \\ -0.027 \end{matrix} \right\}\mathrm{mm}$$

与例 3-21 用直接法算出的结果相同。

第十节　近似法计算自振频率

自振频率是体系的重要动力特性。前面介绍了计算频率的精确方法。对于多自由度体系和无限自由度体系，应用精确法求自振频率，计算工作量较繁重，甚至难于求解。因此常采用一些计算简单而又具有一定精确度的近似计算方法。

近似算法通常有三种途径，第一种途径是对体系的振动形式给以简化假设，但不改变结构的刚度和质量分布，然后根据能量守恒原理求得自振频率；第二种

途径是将体系的质量分布加以简化，以集中质量代替分布质量，用有限自由度体系代替无限自由度体系求频率，常称为集中质量法；第三种途径是数学处理方法，即采用近似法求解，算出频率，如迭代法等。

下面对前两种近似方法分别予以介绍。

一、能量法求第一自振频率

用能量法求第一频率的方法中，瑞雷（Rayleigh）法简便易行，应用广泛。

瑞雷法的根据是能量守恒定律。当体系作自由振动时，在不考虑阻尼的情况下，体系既无能量输入，也无能量耗散，因此，在任一时刻体系的动能与应变能之和为一常数，即

$$T(t) + U(t) = C$$

式中，$T(t)$ 为体系在某一时刻的动能，$U(t)$ 为体系在同一时刻的应变能，C 为常数。

当体系以某个固有频率 ω 作自由振动时，根据前面各节所述，此时体系处于简谐振动状态。由简谐振动的特征可知：体系在振动中位移达幅值时，各质点速度为零，因而动能为零，而应变能则为最大值；当体系经过静平衡位置的时刻，各质点位移为零，速度最大，动能为最大值，而应变能等于零。对这两个特定时刻，按照上式，可得

$$0 + U_{\max} = T_{\max} + 0$$

或

$$U_{\max} = T_{\max} \tag{3-118}$$

由此，可推出求频率的一般公式。

以梁的自由振动为例，设单位长度质量为 $\overline{m}(x)$，当为等截面时，$\overline{m}(x) = \overline{m}$。该梁振动时任一点位移为

$$y(x,t) = Y(x)\sin(\omega t + \alpha)$$

式中，$Y(x)$ 代表振幅曲线（即振型函数），对 t 微分，可得速度为

$$\dot{y}(x,t) = \omega Y(x)\cos(\omega t + \alpha)$$

因此，其动能为

$$T(t) = \frac{1}{2}\int_0^l \overline{m}\left(\frac{\partial y}{\partial t}\right)^2 dx = \frac{1}{2}\omega^2\cos^2(\omega t + \alpha)\int_0^l \overline{m}[Y(x)]^2 dx \tag{3-119}$$

其最大值为

$$T_{\max} = \frac{1}{2}\omega^2\int_0^l \overline{m}[Y(x)]^2 dx \tag{3-120}$$

应变能（只考虑弯曲应变能）为

$$U = \frac{1}{2}\int_0^l \frac{M^2}{EI} dx = \frac{1}{2}\int_0^l EI\left(\frac{\partial^2 y}{\partial x^2}\right)^2 dx$$

$$= \frac{1}{2} \sin^2(\omega t + \alpha) \int_0^l EI [Y''(x)]^2 dx \tag{3-121}$$

其最大值为

$$U_{max} = \frac{1}{2} \int_0^l EI [Y''(x)]^2 dx \tag{3-122}$$

根据式（3-118），可求得

$$\omega^2 = \frac{\int_0^l EI [Y''(x)]^2 dx}{\int_0^l \overline{m} [Y(x)]^2 dx} \tag{3-123}$$

若体系上还有集中质量 m_i（$i = 1, 2, \cdots$），则上式应改为

$$\omega^2 = \frac{\int_0^l EI [Y''(x)]^2 dx}{\int_0^l \overline{m} [Y(x)]^2 dx + \sum_{i=1}^n m_i Y^2(x_i)} \tag{3-124}$$

式中，$Y(x_i)$ 表示集中质量 m_i 处的位移幅值。

式（3-123）与（3-124）就是用瑞雷法求梁的自振频率的公式。若已知某个主振型函数，即可求得对应的频率的精确值。但主振型通常在用瑞雷法求频率时并不知道，这时，可以假定一个近似的振型，将其振型函数代入式（3-123）或（3-124）即可求得自振频率的近似值。显然，所得的结果与所假定的振型函数有关。一般说来，往往第一振型的函数比较容易假定，用此法求得的第一频率精度较高。若用来求高次频率，由于假定高频率的振型比较困难，所得结果误差较大，因此瑞雷法实际上适于计算第一频率。

在假定振幅曲线 $Y(x)$ 时，应尽可能满足结构的边界条件。边界条件包括几何边界条件和力的边界条件。前者与位移本身及其一阶导数即转角有关；后者与二阶、三阶导数（对应弯矩和剪力）有关。事实上，常不易满足所有这些条件，但几何边界条件必须满足，否则误差将很大。

通常可取结构在某种静荷载作用下的挠曲线作为 $Y(x)$ 的近似表达式。这时，体系的应变能即可用静荷载所做外力功的值来代替，即

$$U_{max} = \frac{1}{2} \int_0^l q(x) Y(x) dx + \frac{1}{2} \sum_{j=1}^m F_j Y(x_j)$$

式中，$q(x)$、F_j（$j = 1, 2, \cdots m$）分别为所设的分布荷载和集中荷载，$Y(x)$ 为这些荷载作用下的挠曲线。这样式（3-124）可改写为

$$\omega^2 = \frac{\int_0^l q(x) Y(x) dx + \sum_{j=1}^m F_j Y(x_j)}{\int_0^l \overline{m}(x) Y^2(x) dx + \sum_{i=1}^m m_i Y^2(x_i)} \tag{3-125}$$

如果取结构自重作用下的变形曲线为 $Y(x)$ 的近似表达式（注意，如果考虑水平振动，则重力应沿水平方向作用），则式（3-125）可改写为

$$\omega^2 = \frac{\int_0^l \overline{m}gY(x)\mathrm{d}x + \sum_{j=1}^m m_j g Y(x_j)}{\int_0^l \overline{m}(x)Y^2(x)\mathrm{d}x + \sum_{i=1}^m m_i Y^2(x_i)} \tag{3-126}$$

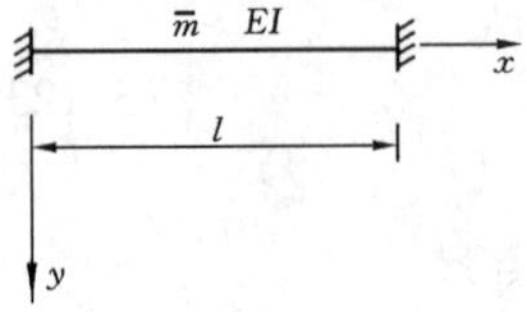

图 3-68

【例 3-24】 用瑞雷法计算图 3-68 所示两端固定梁的第一频率。设 $EI=$ 常数，梁单位长度的质量为 $\overline{m}$。

【解】 （1）设振幅曲线为

$$Y(x) = A\left(1 - \cos\frac{2\pi x}{l}\right)$$

上式满足几何边界条件和力的边界条件中梁端弯矩非零的要求，但梁端剪力为零则与实际情况不符。

将上式代入式（3-123），得

$$\omega^2 = \frac{EI\int_0^l [Y''(x)]^2\mathrm{d}x}{\overline{m}\int_0^l Y^2(x)\mathrm{d}x} = \frac{A^2 EI\int_0^l \left(\frac{4\pi^2}{l^2}\cos\frac{2\pi x}{l}\right)^2\mathrm{d}x}{\overline{m}A^2\int_0^l \left(1-\cos\frac{2\pi x}{l}\right)^2\mathrm{d}x} = \frac{\dfrac{8\pi^4 EIA^2}{l^3}}{\dfrac{3}{2}\overline{m}lA^2}$$

或

$$\omega^2 = \frac{16\pi^4}{3l^4}\frac{EI}{\overline{m}}$$

$$\omega = \frac{22.8}{l^2}\sqrt{\frac{EI}{\overline{m}}}$$

与精确值 $\omega = \dfrac{22.37}{l^2}\sqrt{\dfrac{EI}{\overline{m}}}$ 相比，误差为 1.9%。

（2）改取均布荷载 q 作用下的挠曲线

$$Y(x) = \frac{ql^4}{24EI}\left(\frac{x^4}{l^4} - 2\frac{x^3}{l^3} + \frac{x^2}{l^2}\right)$$

作为振幅曲线，这时，$Y(x)$ 满足全部边界条件。

由式（3-125），得

$$\omega^2 = \frac{q\int_0^l Y(x)\mathrm{d}x}{\overline{m}\int_0^l Y^2(x)\mathrm{d}x} = \frac{q\int_0^l \frac{ql^4}{24EI}\left(\frac{x^4}{l^4}-\frac{2x^3}{l^3}+\frac{x^2}{l^2}\right)\mathrm{d}x}{\overline{m}\int_0^l \left(\frac{ql^4}{24EI}\right)^2\left(\frac{x^4}{l^4}-\frac{2x^3}{l^3}+\frac{x^2}{l^2}\right)^2\mathrm{d}x} = \frac{\dfrac{q^2 l^5}{720EI}}{\dfrac{q^2 \overline{m}l^9}{576\times630(EI)^2}}$$

或

$$\omega^2 = \frac{504}{l^4}\cdot\frac{EI}{\overline{m}}$$

$$\omega = \frac{22.45}{l^2}\sqrt{\frac{EI}{\overline{m}}}$$

误差为 $+0.4\%$。

由以上结果可以看出：所选的两种振幅曲线，或是大部或是全部符合边界处

位移和力的实际情况，因此所得结果误差都较小。因第二种振型曲线更接近第一振型，所得结果误差更小。两种作法所得结果与精确值相比都稍偏大，这是瑞雷法的一个特点。因为假定某一与实际振型有出入的特定曲线作为振型曲线，即相当于给体系加上某种约束，从而增大了体系的刚度，使其变形能增加，导致计算所得的自振频率偏大。因此，用这种方法所求得的基本频率为真实频率的高限。在将用此法求得的近似结果加以选择时，应取频率最低者。

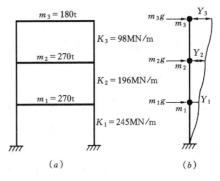

图 3-69

【例 3-25】　用瑞雷法计算图 3-69 （a）所示三层刚架的第一频率。

【解】　由于质量集中在楼层处，水平振动时刚架简化为具有三个自由度的体系。为了确定基本振型的近似形状，可将各层重量 $W_i = m_i g$ 作为水平力施加给刚架各层（图 3-69b）。这时所引起的各层水平位移 Y_i 即作为基本振型中各层水平位移的近似值。利用式（3-126），频率可按下式计算：

$$\omega^2 = \frac{\sum\limits_{i=1}^{3} m_i g Y_i}{\sum\limits_{i=1}^{3} m_i Y_i^2}$$

或

$$\omega = \frac{\sqrt{g \sum\limits_{i=1}^{3} m_i Y_i}}{\sqrt{\sum\limits_{i=1}^{3} m_i Y_i^2}} \tag{3-127}$$

设以 K_i 表示第 i 层侧移刚度，则第 i 层的位移为

$$Y_i = Y_{i-1} + \frac{\sum\limits_{r=i}^{3} m_r g}{K_i}$$

为了计算上的方便，将各项计算结果列于表 3-2 中。

表 3-2

层	m_i (t)	$m_i g$ (MN)	$\sum\limits_{r=i}^{3} m_r g$ (MN)	K_i (MN·m^{-1})	$Y_i - Y_{(i-1)}$ (m)	Y_i (m)	$m_i Y_i$ (t·m)	$m_i Y_i^2$ (t·m^2)
1	270	2.646	7.056	245	28.8×10^{-3}	28.8×10^{-3}	7.78	0.22
2	270	2.646	4.410	196	22.5×10^{-3}	51.3×10^{-3}	13.85	0.71
3	180	1.764	1.764	98	18.0×10^{-3}	69.3×10^{-3}	12.47	0.86
						Σ	34.10	1.79

最后，由式（3-127），得

$$\omega = \sqrt{\frac{9.8 \times 34.10}{1.79}} = 13.66\text{s}^{-1}$$

若按多自由度体系用精确法由例 3-14 解得 $\omega = 13.45\text{s}^{-1}$，误差为 1.56%。

二、集中质量法

集中质量法是把结构的分布质量在一些适当的位置集中起来，化为若干个集中质体，使无限自由度体系转化为有限自由度体系，从而使计算得到简化。质量的集中方法有多种，其中最简单的是根据静力等效原则，使集中后的重力与原来的重力互为静力等效（它们的合力彼此相等）。例如，每段分布质量可按杠杆原理换算成位于两端的集中质量。这种方法的优点是简便灵活，可用于求梁、拱、刚架、桁架等各类结构的最低频率或较高次频率，也可用于确定主振型。显然，集中质量的数目越多，则所得的结果越精确，但计算的工作量也越大。

【**例 3-26**】 设有一简支梁如图 3-70（a）所示，用集中质量法求自振频率。

【**解**】 （1）求最小自振频率

将梁等分为两段，并将每段的分布质量按静力等效的原则集中于该段的两端，如图 3-70（b）所示，使原梁简化为单自由度体系，由此得

$$\omega_1 = \sqrt{\frac{1}{M\delta_{11}}} = \sqrt{\frac{1}{\dfrac{\overline{m}l}{2} \times \dfrac{l^3}{48EI}}} = \frac{9.8}{l^2}\sqrt{\frac{EI}{m}}$$

其精确解为：$\omega_1 = \dfrac{9.87}{l^2}\sqrt{\dfrac{EI}{m}}$，误差为 -0.7%。

（2）计算前两个自振频率

将体系简化成图 3-70（c）所示的两个自由度体系，此时的频率方程为

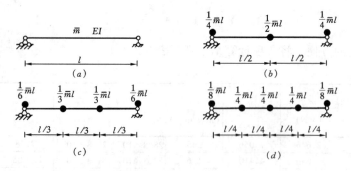

图 3-70

$$\begin{vmatrix} \delta_{11}m_1 - \dfrac{1}{\omega^2} & \delta_{12}m_2 \\[3mm] \delta_{21}m_1 & \delta_{22}m_2 - \dfrac{1}{\omega^2} \end{vmatrix} = 0$$

式中 $m_1 = m_2 = \dfrac{1}{3}\overline{m}l$，柔度系数为

$$\delta_{11} = \delta_{22} = \frac{4l^3}{243EI}, \quad \delta_{12} = \delta_{21} = \frac{7l^3}{4867EI}$$

代入频率方程，可解得

$$\omega_1 = \frac{9.86}{l^2}\sqrt{\frac{EI}{\overline{m}}}, \quad \omega_2 = \frac{38.2}{l^2}\sqrt{\frac{EI}{\overline{m}}}$$

精确解 $\omega_2 = \dfrac{39.48}{l^2}\sqrt{\dfrac{EI}{\overline{m}}}$，故此时 ω_1 的误差为 0.1%，ω_2 的误差为 -3.24%。

（3）计算前三个自振频率

将体系简化成图 3-70（d）所示的三个自由度体系，可解得

$$\omega_1 = \frac{9.865}{l^2}\sqrt{\frac{EI}{\overline{m}}}, \quad \omega_2 = \frac{39.2}{l^2}\sqrt{\frac{EI}{\overline{m}}}, \quad \omega_3 = \frac{84.6}{l^2}\sqrt{\frac{EI}{\overline{m}}}$$

其误差分别为 0.05%，-0.7%，4.7%。

由此可见，集中质量法能给出良好的近似结果，故在工程上常被采用。但在选择集中质量的个数与位置时，需注意结构的振动形式，通常应将质量集中在振幅较大处，才能使所得频率值较为准确。例如在上例求简支梁的最小频率时，由于相应的振型是对称的，且跨中的振幅最大，故应将质体集中于跨中。

在计算二铰拱的最低频率时，由于其相应的振型是反对称的，拱顶的竖向位移为零，故不应将质体集中在拱顶，而应集中于拱跨的两个四分之一点位处，如图 3-71（a）所示。又如图 3-71（b）所示的刚架，在作对称振动时，各结点无线位移，此时应将质体集中于各杆件中点。而作反对称振动时，则应将质量集中于各结点处，如图 3-71（c）所示。在求桁架频率的近似值时，宜将所有各杆的质量平均分配于桁架承重弦的结点上，按多自由度体系计算是比较合适的。

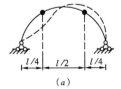

（a）　　　　　　　　（b）　　　　　　　　（c）

图 3-71

思　考　题

1. 结构动力计算与静力计算相比较，主要区别是什么？
2. 动力计算中体系的自由度与几何组成分析中体系的自由度概念有何区别？
3. 指出图 3-72 所示体系振动的自由度数。

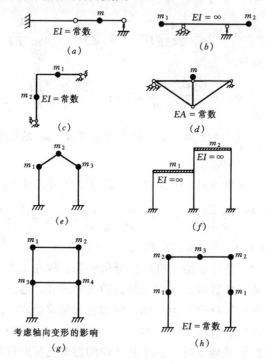

图 3-72　思考题 3 图

4. 什么叫自由振动？自由振动是怎样产生的？

5. 为什么说自振周期或频率是结构的固有性质？它与结构的哪些因素有关？欲增大结构的自振频率应采取哪些措施？

6. 图 3-73 所示三种不同支承情况的单跨梁，EI = 常数，在梁中点有一集中质量 m，当不考虑梁的质量时，三者中哪一个的自振周期最长。

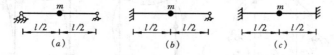

图 3-73　思考题 6 图

7. 动力系数的大小与哪些因素有关？单自由度体系位移的动力系数与内力的动力系数是否一样？

8. 动力系数在什么情况下计算结果为负值？动力系数为负值时的物理意义是什么？

9. 在杜哈梅积分中时间变量 τ 与 t 有什么区别？在什么情况下用数值积分的方法计算动

位移？简谐荷载作用下的动位移可以用杜哈梅积分求解吗？

10. 图 3-74 所示结构，荷载不直接作用在质点上，如何分析其动力反应？

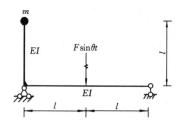

图 3-74 思考题 10 图

11. 在振动过程中产生阻尼的原因有哪些？

12. 什么叫临界阻尼？什么叫阻尼比？怎样测量振动过程中的阻尼比？

13. 阻尼对振动有哪些影响？

14. 分析多自由度体系自由振动的刚度法和柔度法各是根据什么条件建立的运动方程？这两种方法各适用于什么情况？

15. 多自由度体系按某个主振型作自由振动的条件是什么？

16. 多自由度体系的频率和主振型与哪些因素有关？

17. 主振型正交性的物理意义是什么？

18. 在多自由度体系的强迫振动中，各质点的位移动力系数是否相同？位移动力系数与内力动力系数是否相同？

19. 在简谐荷载作用下，n 个自由度体系有多少个发生共振的可能性？为什么？

20. 何谓正则坐标？为什么几何坐标与正则坐标间的变换是一一对应的？

21. 为什么在简谐荷载作用下宜用直接解法，而在一般荷载作用下要用振型叠加法？

22. 在瑞雷法中，所设的位移函数应满足哪些条件？

23. 采用瑞雷法求得的第一频率的近似值总是大于真实的频率，这个结论有无前提条件？

习 题

3-1 试列出图示体系的运动方程，并计算各系数。不考虑阻尼的影响。

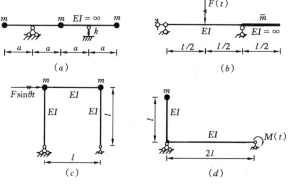

图 3-75 习题 3-1 图

3-2 一等截面梁跨长为 l，集中质量 m 位于梁的中点。试按图示四种支承情况分别求自振频率。并分析支承情况对自振频率的影响。

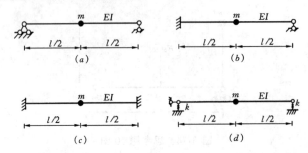

$k = 4/\delta_{11}$ （k 为支座弹簧刚度）

δ_{11} 为图 (a) 中梁中点的柔度系数

图 3-76 习题 3-2 图

3-3 试求图示体系的自振频率，设杆件自重略去不计，EI 为常数。

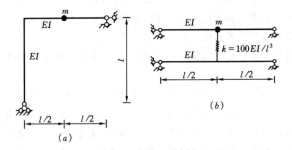

图 3-77 习题 3-3 图

3-4 试求图 3-78 所示体系的自振频率，不计杆件自重。

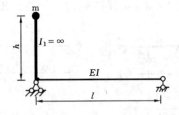

图 3-78 习题 3-4 图

3-5 图 3-79 所示结构，所有杆件均为无限刚性和具有均布质量 $\overline{m}$，B 处为弹簧支座，其弹簧刚度系数为 k，试求自振频率。

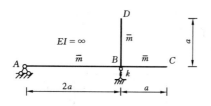

图 3-79　习题 3-5 图

3-6　图 3-80 示结构，AC 梁的刚度为 EI，B 处的弹簧刚度系数 $K = \dfrac{6EI}{l^3}$，试求梁的自振频率。

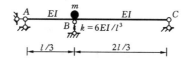

图 3-80　习题 3-6 图

3-7　图 3-81 示结构，AB 和 DE 杆的刚度为 EI，而 BD 杆为无限刚性，B 和 D 处有集中质量 m，试求结构的自振频率。

图 3-81　习题 3-7 图

3-8　图 3-82 所示梁 AC 的刚度为 EI，C 端悬有一弹簧，其刚度系数 $K = EI/3a^3$，弹簧下端吊着质量 m，试求结构的自振频率。

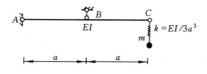

图 3-82　习题 3-8 图

3-9　图 3-83 所示桁架，设各杆的 $A = 20\text{cm}^2$，$E = 200\text{GPa}$。集中质量 $m = 4t$，各杆重量及质量 m 处水平方向运动略去不计，试求其自振频率。

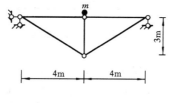

图 3-83　习题 3-9 图

3-10 图 3-84 示厂房排架，设屋盖系统的总质量为 $m = 14\text{t}$（柱子的部分质量已集中到屋盖处，无需另加考虑），柱子截面的惯性矩：$I_1 = 0.2 \times 10^6 \text{cm}^4$，$I_2 = 0.6 \times 10^6 \text{cm}^4$，弹性模量 $E = 30\text{GPa}$，试求其水平自振周期。

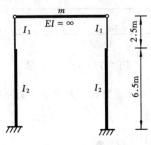

图 3-84 习题 3-10 图

3-11 图 3-85 示机器与基座的总质量为 78t，基座下土壤的抗压刚度系数 $C_z = 6.0\text{MN}/\text{m}^3$，基底的底面积 $A = 20\text{m}^2$。求机器连同基座作竖向振动时的自振频率（总抗压刚度 $K_z = C_z A$ 相当于弹簧—质块体系中的 K）。

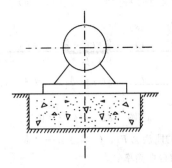

图 3-85 习题 3-11 图

3-12 图 3-86 示简支梁跨中有一重量 $W = 35\text{kN}$ 的发电机，梁的惯性矩 $I = 8800\text{cm}^4$，$E = 21\text{GPa}$，发电机转动时其离心力的垂直分力为 $F(t) = 10\sin\theta t\,\text{kN}$，发电机的转速为 500r/min，若不考虑阻尼，并略去梁的自重，试求梁的最大弯矩和挠度。

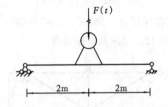

图 3-86 习题 3-12 图

3-13 图 3-87 示连续梁采用 I24b 型钢，$E = 200\text{GPa}$，质体重 $W = 21.3\text{kN}$，动力荷载的幅值 $F = 5\text{kN}$，$\theta = 19.2\text{s}^{-1}$。梁跨度 $L = 800\text{cm}$，取 $g = 980\text{cm/s}^2$，不计梁的分布质量，试求

此梁的最大竖向线位移和最大法向应力，已知 I24b 型钢的 $I = 4800\text{cm}^4$，截面模量 $W = 400\text{cm}^3$。

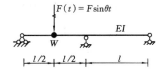

图 3-87 习题 3-13 图

3-14 图 3-88 示结构在柱顶有马达，试求马达转动时的最大水平位移和柱端弯矩的幅值。已知：马达和结构的重量集中于柱顶，$W = 20\text{kN}$，马达水平离心力的幅值 $F = 250\text{N}$，马达转速 $n = 550\text{r/min}$，柱子的线刚度 $i = \dfrac{EI_1}{h} = 5.88 \times 10^8 \text{N} \cdot \text{cm}$。

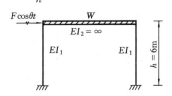

图 3-88 习题 3-14 图

3-15 有一单自由度体系承受半正弦波冲击荷载如图 3-89 所示，设 $F = 1\text{MN}$，刚度 $K = 2\pi^2 \text{MN/m}$，质量 $m = 500\text{t}$，试确定最大动位移及其发生的时间。

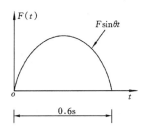

图 3-89 习题 3-15 图

3-16 图 3-90（a）所示排架柱顶受图 3-90（b）所示的脉冲荷载作用，试求各柱的最大剪力（不考虑阻尼影响）。已知 $EI = 9 \times 10^4 \text{kN} \cdot \text{m}^2$。

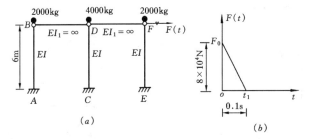

图 3-90 习题 3-16 图

3-17 图 3-91（a）所示结构的质量 $m = 2000\text{kg}$，刚度 $EI = 3.6 \times 10^3 \text{kN·m}^2$，受图 3-91（b）所示的荷载作用。求 $t = 0.5T$，$t = 1.5T$，$t = 3T$（T 为结构的自振周期）时的位移反应。已知 $t = 0$ 时结构处于静止状态。（不考虑阻尼的影响）

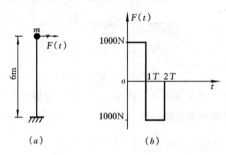

图 3-91 习题 3-17 图

3-18 通过某结构的自由振动实验，测得经过 10 个周期后，振幅降为原来的 15%。试求阻尼比，并求此结构在简谐干扰力作用下，共振时的动力系数。

3-19 图 3-92 示一单跨排架，横梁的 $EI = \infty$，屋盖系统及柱子的部分质量集中在横梁处；在柱顶 $F = 120\text{kN}$ 作用下，排架柱顶产生侧移 $y_0 = 0.6\text{cm}$，这时突然卸去荷载 F，排架作自由振动，测得周期 $T = 2.0\text{s}$，振动一周后柱顶侧移 $y_1 = 0.5\text{cm}$，试求排架的阻尼比 ξ 及振动 10 周后柱顶的振幅 y_{10}。

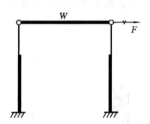

图 3-92 习题 3-19 图

3-20～3-27 用刚度法计算下列图示结构的自振频率和振型，并绘出振型图。

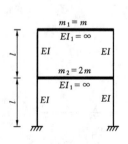

图 3-93 习题 3-20 图

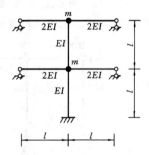

图 3-94 习题 3-21 图

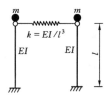

图 3-95 习题 3-22 图

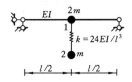

图 3-96 习题 3-23 图

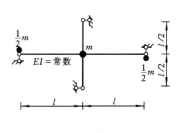

图 3-97 习题 3-24 图

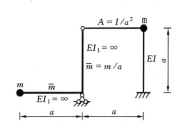

图 3-98 习题 3-25 图

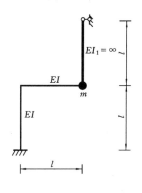

图 3-99 习题 3-26 图

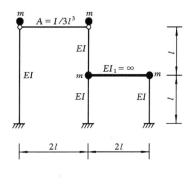

图 3-100 习题 3-27 图

3-28～3-35 用柔度法求下列图示结构的自振频率和振型,并绘出振型图。

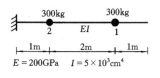

图 3-101 习题 3-28 图

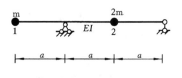

图 3-102 习题 3-29 图

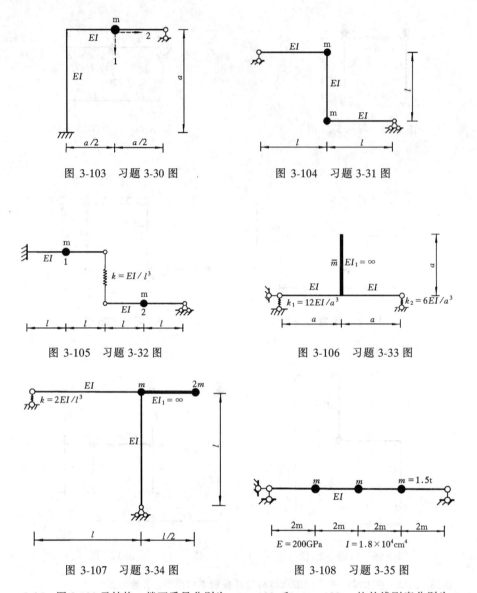

图 3-103 习题 3-30 图

图 3-104 习题 3-31 图

图 3-105 习题 3-32 图

图 3-106 习题 3-33 图

图 3-107 习题 3-34 图

图 3-108 习题 3-35 图

3-36 图 3-109 示结构，楼面质量分别为 $m_1 = 100\text{t}$ 和 $m_2 = 120\text{t}$，柱的线刚度分别为 $i_1 = 14\text{MN·m}$ 和 $i_2 = 20\text{MN·m}$，设横梁的 $EI = \infty$，柱的质量已集中于楼面。在第二层楼面处，沿水平方向作用一简谐干扰力 $F\sin\theta t$，其幅值 $F = 5.0\text{kN}$，机器转速 $N = 150\text{r/min}$。试求第一、二层楼面处振幅值和柱端弯矩的幅值。

3-37 图 3-110 示体系受简谐荷载 $F_1(t) = F_1\sin\theta t$ 及 $F_2(t) = F_2\sin\theta t$ 作用，设荷载的振幅值 $F_2 = 3.61F_1$，质体 $m_1 = m_2 = m$，试绘制当 $\theta = \sqrt{\dfrac{52.55EI}{ml^3}}$ 时的动力弯矩图。

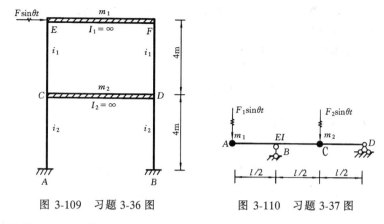

图 3-109 习题 3-36 图 　　　　图 3-110 习题 3-37 图

3-38 计算图 3-111 示结构 B 点的动位移幅值及动力弯矩图。已知：机器转速 $N=600\text{r}/$ min，$m=1000\text{kg}$，$I=4\times10^3\text{cm}^4$，$E=200\text{GPa}$，$F=5\text{kN}$，$EI=$ 常数。

3-39 绘制图 3-112 示结构的最大动力弯矩图。已知 $\theta=4\sqrt{\dfrac{EI}{ml^3}}$，各杆 $EI=$ 常数。

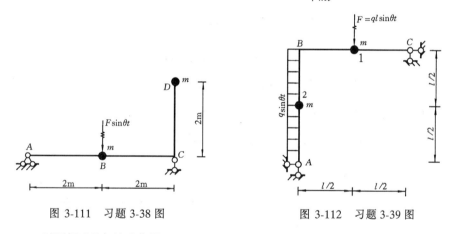

图 3-111 习题 3-38 图 　　　　图 3-112 习题 3-39 图

3-40 试用振型叠架法重作题 3-36。

3-41 用振型叠架法求图示结构质量处的最大竖向位移和最大水平位移，并绘制最大动力弯矩图。已知：$F=1000\text{N}$，$l=2\text{m}$，$EI=9\times10^6\text{N·m}_2$，$\theta=2\sqrt{\dfrac{EI}{ml^3}}$，$m=100\text{kg}$。

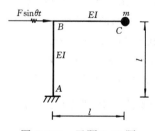

图 3-113 习题 3-41 题

3-42 图 3-114 示等截面简支梁在梁中有一集中质量 m，试用瑞雷法求其第一频率。

提示：取以下曲线作为振型

(1) 无集中质量时简支梁的第一振型曲线，即

$$Y(x) = a\sin\frac{\pi x}{l}$$

(2) 跨中作用集中力 F 时的弹性曲线，即

$$Y(x) = \frac{F}{48EI}(3l^2x - 4x^3)\left(0 \leqslant x \leqslant \frac{l}{2}\right)$$

将两种结果进行比较。

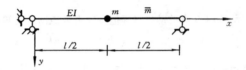

图 3-114 习题 3-42 图

3-43 图 3-115 示等截面悬臂梁，在自由端用弹簧悬吊一集中质量 m，试用瑞雷法计算其第一频率。设弹簧刚度 $K = \frac{2EI}{l^3}$，集中质量 $m = \frac{2}{3}\overline{m}l$。

3-44 用瑞雷法求图 3-116 示结构的第一自振频率。已知 $K = \frac{6EI}{l^3}$

提示：设 $Y(x) = a\left(1 - \cos\frac{\pi x}{2l}\right)$，计算 $U_{\max}$ 时，应考虑弹簧应变能。

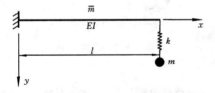

图 3-115 习题 3-43 图

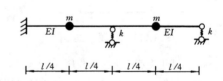

图 3-116 习题 3-44 图

3-45 试用瑞雷法确定图 3-117 示刚架的振动周期。假定大梁为无限刚性，设柱子的振型函数为横向荷载 F 作用在大梁上所引起的弹性曲线，即 $Y(x) = F(2l^3 - 3l^2x + x^3)/12EI$ 设柱子为均质的，且 $\overline{m}$ 为柱子单位长度的质量。

3-46 试用集中质量法求图 3-118 示刚架的第一频率。

3-47 图 3-119 示等截面两跨连续梁，单位长度质量为 $\overline{m}$，弯曲刚度为 EI。其右跨中间有集中质量 $m = \frac{1}{2}\overline{m}l$，试用集中质量法求前两个自振频率。

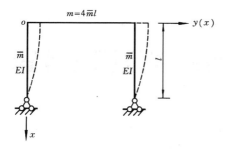

图 3-117　习题 3-45 图

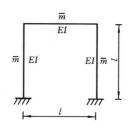

图 3-118　习题 3-46 图

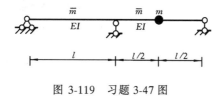

图 3-119　习题 3-47 图

第四章 结构弹性稳定计算

学 习 要 点

通过本章学习，了解结构平衡的三种状态及两类稳定问题；了解稳定计算的中心问题就是确定临界荷载。掌握确定临界荷载的静力法和能量法的基本原理，并能熟练应用这两种方法计算第一类稳定问题的临界荷载。

第一节 概　　述

为了保证结构的安全和正常使用，除了进行强度计算和刚度验算外，还须计算其稳定性。历史上曾有过不少因结构失稳而造成破坏的工程事故，如 1907 年加拿大魁北克圣劳伦斯河上一座长 548m 的钢桥在施工中突然倒塌，就是由于其桁架的压杆失稳所致（压杆的强度是足够的）；1922 年华盛顿镍克尔卜克尔剧院，在一场特大暴风雪中，由于屋顶结构中一根梁丧失稳定，导致了建筑物的倒塌等等，至今对于人们仍有警示作用。尤其是现代科学技术的飞速发展，新型材料（高强度钢、复合材料等）和新型结构（大跨度结构、高层结构、薄壁结构等）在工程中的广泛应用，更使结构的稳定性成为一个突出的问题。

本章将在材料力学对压杆的稳定问题作过初步讨论的基础上，对杆件结构的第一类稳定问题作进一步讨论。

一、三种平衡状态

在结构稳定计算中，需要对结构的平衡作更深层次的考察。从稳定角度来考察，平衡状态实际上有三种不同情况：稳定平衡状态、不稳定平衡状态和中性平衡状态。设结构原来处于某个平衡状态，后来由于受到轻微干扰而稍微偏离其原来位置。当干扰消失后，如果能够回到原来的平衡位置，则原来的平衡状态称为稳定平衡状态；如果结构继续偏离，不能回到原来位置，则原来的平衡状态称为不稳定平衡状态；结构由稳定平衡到不稳定平衡过渡的中间状态称为中性平衡状态，亦称临界状态。

二、两类稳定问题

结构的失稳有两种基本形式：第一类失稳，一般称分支点失稳，亦称质变失稳；第二类失稳，一般称极值点失稳，亦称量变失稳。现以压杆为例加以说明。

1. 分支点失稳（质变失稳）

图 4-1（a）所示为一根没有任何缺陷的简支理想压杆，其轴线是绝对的挺直（没有初曲率），荷载是理想的中心受压荷载（没有初偏心）。这样的体系称为压杆的理想体系或完善体系。

当荷载 F 较小时，若由于任何外因的干扰，例如微小水平力的作用而使压杆弯曲，则在取消干扰后，压杆将回到原有直线位置。此时，压杆的直线平衡形式是稳定的。当 F 值达到某一特定数值时，若由于干扰使压杆发生微小弯曲，则在取消干扰后，压杆将停留在弯曲位置上（图 4-1b）而不能回到原来的直线位置。此时，压杆的直线平衡形

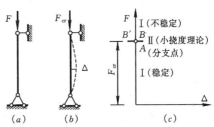

图 4-1 理想压杆的分支点失稳

式已开始成为不稳定的，出现了平衡形式的分支，即此时压杆既可以具有原来只受轴力的直线平衡形式，也可以具有新的同时受压和受弯的微弯变形形式。此时相应的荷载值称为临界荷载，用 F_{cr} 表示，它是使结构原有平衡形式保持稳定的最大荷载，也是使结构产生新的平衡形式的最小荷载。当 F 值大于 F_{cr} 时，轻微的干扰将使压杆产生急剧发展的弯曲变形，从而导致杆破坏。此时，原直线形式的平衡状态是不稳定的。我们称这种现象为压杆丧失第一类稳定性，或称为分支点失稳（屈曲问题）。图 4-1（c）即为按照小挠度理论给出的理想压杆分支点失稳的 P－Δ 图。

除了中心受压直杆外，还有不少结构也可能出现分支点失稳现象。如图 4-2（a）是承受均布水压力的圆环，当压力达到临界值 q_{cr} 时，原有圆形平衡形式将成为不稳定的，而可能出现新的非圆的平衡形式。又如图 4-2（b）所示承受均布荷载的抛物线拱和图 4-2（c）所示刚架，在荷载达到临界值以前，都处于轴向受压状态，而当荷载达到临界值时，将出现同时具有压缩和弯曲变形的新的平衡形式。再如图 4-2(d)所示工字梁，当荷载达到临界值以前，它仅在其腹板平面内弯曲；当荷载达临界值时，原有平面弯曲形式不再是稳定的，梁将从腹板平面内偏离出来，发生斜弯曲和扭转。

综上所示，丧失第一类稳定性的特征是：结构的平衡形式即内力和变形状态均发生质的突变，原有平衡形式成为不稳定的，同时出现新的有质的区别的平衡形式，因此，亦称质变失稳。

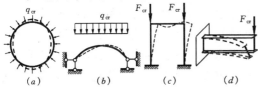

图 4-2 其他结构的失稳形态

2. 极值点失稳（量变失稳）

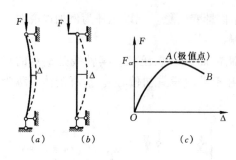

图 4-3　实际压杆的极值点失稳

与上述情况不同，工程中的实际压杆还有丧失第二类稳定性问题。例如图 4-3（a）和（b）分别为具有初曲率的压杆和承受偏心荷载的压杆（称为非理想体系或非完善体系）。按照大挠度理论，不论荷载值如何，杆件一开始就处于同时受压和受弯的状态。当达到临界值以前，若不加大荷载，则杆件的挠度亦不会增加。当达到临界值（比上述中心受压直杆的临界荷载小）时，即使荷载不增加甚至减小，挠度仍继续增加（图 4-3c）。这种现象称为结构丧失第二类稳定性，或称为极值点失稳（压溃问题）。

由此可见，丧失第二类稳定性的特征是：平衡形式并不发生质变，变形按原有形式迅速增长，只有量的变化，因此，亦称量变失稳。

三、稳定问题与强度问题的区别

稳定问题与强度问题有严格的区别。强度问题是要找出结构在稳定平衡状态下的截面最大内力或某点的最大应力，目的是保证结构的实际最大内力或应力不超过截面的承载力或材料的某一强度指标，因此，它是一个应力问题。而稳定问题是要找出荷载与结构抵抗力之间的不稳定平衡状态，即变形开始急剧增长的临界状态，并找出与临界状态相应的最小荷载（临界荷载），从而防止不稳定平衡状态的发生，显见，结构的稳定计算必须依靠其变形状态来进行，因此，稳定计算实质上是一个变形问题。

对于强度问题，绝大多数结构是以未变形的结构作为计算简图进行分析的，所得到的变形与荷载之间的关系是线性的。而稳定问题必须根据结构变形后的状态进行分析，变形与荷载是非线性关系，叠加原理在稳定计算中不能使用。

四、本章讨论的范围

如上所述，第一类稳定问题只是一种理想情况，实际结构或构件总是存在着一些初始缺陷。因而第一类稳定并不存在。尽管如此，由于解决具有极值点失稳的第二类稳定问题，通常要涉及几何上和物理上的非线性关系，虽然近些年来在其数值解方面取得一些突破性进展，但在解析解方面，直到目前仍只解决了一些比较简单的问题；而解决第一类稳定问题则比较方便，理论也比较成熟，因而很多问题目前在工程计算中仍然按照第一类稳定求解临界荷载，而将偏心等影响通过各种系数反映。本章只限于讨论在弹性范围内丧失第一类稳定性的问题，并根据小挠度理论求临界荷载；对第二类稳定问题可参阅有关的专著和最新科研成果。

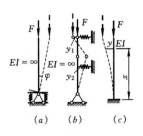

图 4-4 体系稳定的自由度

五、稳定的自由度

在稳定计算中，需涉及结构稳定的自由度的概念。这里所谓自由度，是指为确定结构失稳时所有可能的变形状态所需的独立参数数目。如图 4-4（a）所示支承在抗转弹簧上的刚性压杆，仅需一个独立参数 φ 即可确定其失稳时所有可能的变形状态，故此结构只有一个自由度；图 4-4（b）所示结构则需两个独立参数 y_1 和 y_2，因此具有两个自由度；而图 4-4（c）所示弹性压杆，则需无限多个独立参数 y，故具有无限多个自由度。

第二节　计算临界荷载的静力法

确定临界荷载的基本方法有两类：一类是根据临界状态的静力特征而提出的方法，称为静力法；另一类是根据临界状态的能量特征而提出的方法，称为能量法。本节先讨论静力法，下节再介绍能量法。

静力法是以临界状态的静力特征即结构失稳时平衡的二重性为依据，应用静力平衡条件，寻求结构在新的形式下能维持平衡的荷载，其最小值即为临界荷载。

如图 4-5 所示，一端固定一端铰支压杆，当轴向压力 F 达到临界荷载值时，考虑在新的平衡形式下杆件在任一截面上的弯矩，利用平衡条件，有

$$M = Fy + F_R(l - x) \tag{a}$$

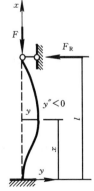

图 4-5 一端固定
一端铰支压杆

式中，F_R 为 B 端支座反力，利用小变形情况下挠曲线近似微分方程

$$EIy'' = \pm M \tag{b}$$

式中，EI 为杆件的弯曲刚度，$EI =$ 常数。由材料力学可知，当压杆的挠曲线凸起方向与坐标轴 y 的正方向一致时，式（b）取负号；反之取正号。将式（a）代入式（b）得

$$EIy'' + Fy = -F_R(l - x) \tag{c}$$

令

$$\alpha^2 = \frac{F}{EI} \tag{d}$$

则（c）式可写成

$$y'' + \alpha^2 y = -\frac{F_R}{EI}(l - x)$$

该微分方程的通解为

$$y = A\cos\alpha x + B\sin\alpha x - \frac{F_R}{F}(l - x) \qquad (e)$$

式中，A、B 为待定积分常数，$\dfrac{F_R}{F}$ 也是未知量。

引入该杆件的边界条件：当 $x = 0$，有 $y = 0$ 及 $y' = 0$；当 $x = l$，有 $y = 0$。

由以上边界条件和式（e），可得如下关于 A、B 和 $\dfrac{F_R}{F}$ 的线性齐次方程组：

$$\begin{cases} A - l\dfrac{F_R}{F} = 0 \\[2mm] \alpha B + \dfrac{F_R}{F} = 0 \\[2mm] A\cos\alpha l + B\sin\alpha l = 0 \end{cases}$$

当 A、B 和 $\dfrac{F_R}{F}$ 都等于零时，显然满足以上方程组，但这组零解是对应直线平衡形式的唯一解答，相应于没有丧失稳定性的情况，此零解不是需要的解。当 A、B 和 $\dfrac{F_R}{F}$ 不全为零，即以上方程组有非零解时，对应临界状态曲线平衡形式。为了求此非零解，方程组的系数行列式应等于零，即

$$D = \begin{vmatrix} 1 & 0 & -l \\ 0 & \alpha & 1 \\ \cos\alpha l & \sin\alpha l & 0 \end{vmatrix} = 0$$

该式就是计算临界荷载的特征方程，又称稳定方程。将该式展开，得到稳定方程的另一形式

$$\tan\alpha l = \alpha l \qquad (f)$$

用图解法解超越方程（f），作 $y_1 = \alpha l$ 和 $y_2 = \tan\alpha l$ 两直线，其交点即为方程的解答（如图 4-6），取最小根 $\alpha l = 4.493$，代入式（d）得临界力

$$F_{cr} = \alpha^2 EI = 20.19\frac{EI}{l^2}$$

根据以上分析，可以得到静力法计算临界荷载的步骤为：

1. 给定新平衡形式下的临界状态；
2. 建立临界状态下的平衡方程；
3. 根据平衡二重性的静力特征建立特征方程

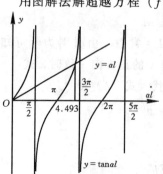

图 4-6 超越方程图解

（亦称稳定方程）；

　　4．解特征方程，求特征值；

　　5．确定临界荷载。

　　【例 **4-1**】　试用静力法求图 4-7 所示有一段弯曲刚度 $EI = \infty$ 的压杆临界荷载。

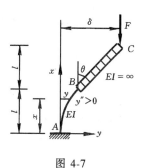

　　【解】　　（1）给定新平衡形式下的临界状态，如图 4-7 所示。

　　（2）建立临界状态下的平衡方程。压杆在微弯变形平衡状态下，AB 段某横截面上
$$M_x = F(\delta - y)$$
由

图 4-7

$$EIy'' = M_x = F(\delta - y)$$

令 $\alpha^2 = \dfrac{F}{EI}$，则挠曲线方程为

$$y'' + \alpha^2 y = \alpha^2 \delta$$

　　（3）建立特征方程。上式通解为

$$y = A\cos\alpha x + B\sin\alpha x + \delta$$

式中，A、B 和 δ 均为未知常数，利用边界条件

$$x = 0, y = 0; x = 0, y' = 0; x = l, y = \delta - \theta l; x = l, y' = \theta$$

得关于独立未知常数 A、B、θ 和 δ 的线性齐次代数方程组

$$\begin{cases} A + \delta = 0 \\ B = 0 \\ \theta l + A\cos\alpha l = 0 \\ \theta + A\alpha\sin\alpha l = 0 \end{cases}$$

令 A、θ 和 δ 的系数行列式等于零，得特征方程

$$D = \begin{vmatrix} 1 & 0 & 1 \\ \cos\alpha l & l & 0 \\ \alpha\sin\alpha l & 1 & 0 \end{vmatrix} = 0$$

　　（4）解特征方程，得

$$\tan\alpha l = \frac{1}{\alpha l}$$

　　（5）确定临界荷载。由试算法可得这个方程的最小根为 $\alpha l = 0.86$，得临界荷载

$$F_{cr} = \alpha^2 EI = \frac{0.74EI}{l^2}$$

　　以上讨论的是无限自由度体系的压杆稳定问题。工程中，有这样一些结构，它们可以简化成仅由刚性杆和弹性支座组成的系统，它们的稳定问题就是我们在概述中谈到的有限自由度体系的压杆稳定问题。其临界荷载的求解方法与上述讨论的方法基本相同。

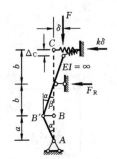

图 4-8 承受轴向
压力的无限大刚度直杆

例如图 4-8 所示的体系，弹簧刚度系数为 k，设体系中 C 点的水平位移为 δ，则弹簧支座的反力为 $k\delta$。此为一个自由度的体系。由平衡条件 $\Sigma M_{B'} = 0$ 和 $\Sigma M_A = 0$，可得到如下的方程组：

$$\begin{cases} k\delta \cdot 2b - F \cdot 2\delta + F_R \cdot b = 0 \\ k\delta \cdot (2b + a) - F \cdot \delta + F_R \cdot (a + b) = 0 \end{cases}$$

对应未知量 δ 和 R 的非零解条件，上面方程组系数行列式应等于零，得稳定方程

$$D = \begin{vmatrix} 2kb - 2F & b \\ k(2b + a) - F & a + b \end{vmatrix} = 0$$

解此方程得临界荷载

$$F_{cr} = \frac{kab}{2a + b}$$

【例 4-2】 图 4-9 (a) 所示为一个具有三根刚杆 AB、BC、CD 和两个弹性支座 B、C 组成的压杆体系，试求在 D 点水平压力 F 作用下系统的临界荷载 F_{cr}。

【解】 （1）给定新平衡形式下的临界状态，如图 4-9 (b) 所示。显然，这是一个具有两个自由度体系的压杆稳定问题。设 B、C 两点的位移分别为 y_1

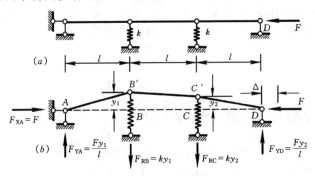

图 4-9

和 y_2，相应的支座反力分别为

$$F_{RB} = ky_1(\downarrow), F_{RC} = ky_2(\downarrow)$$

同时，A、B 点的支座反力为

$$F_{XA} = F(\rightarrow), F_{YA} = \frac{Fy_1}{l}(\uparrow), F_{YD} = \frac{Fy_2}{l}(\uparrow)$$

（2）建立临界状态下的平衡方程。分别取 $AB'C'$ 和 $B'C'D$ 部分为隔离体，则其临界状态的平衡条件为

$$\begin{cases} \Sigma M_{C'} = 0 \qquad Fy_2 - \left(\dfrac{Fy_1}{l}\right)2l + ky_1 l = 0 \\ \Sigma M_{B'} = 0 \qquad Fy_1 - \left(\dfrac{Fy_2}{l}\right)2l + ky_2 l = 0 \end{cases}$$

即

$$\begin{cases} (kl - 2F)y_1 + Fy_2 = 0 \\ Fy_1 + (kl - 2F)y_2 = 0 \end{cases} \qquad (g)$$

这是关于位移参数 y_1 和 y_2 的齐次代数方程组。

（3）建立特征方程

显然，$y_1 = y_2 = 0$ 对应于原始平衡状态，不属于失稳问题，因此，此解不是需要的解。而 y_1、y_2 不全为零的解，则对应于新的平衡形式。其非零解条件是 (g) 式的系数行列式之值为零，即

$$D = \begin{vmatrix} kl - 2F & F \\ F & kl - 2F \end{vmatrix} = 0$$

此方程就是稳定问题的特征方程。

（4）解特征方程，得

$$(kl - 2F)^2 - F^2 = 0$$

由此解得两个特征荷载值

$$F_1 = \frac{kl}{3}, F_2 = kl$$

（5）确定临界荷载。取二特征值中最小者，得

$$F_{cr} = \frac{kl}{3}$$

下面对所得结果进行讨论。将特征荷载值代回 (g) 式，可求得 y_1 和 y_2 的值。这时，位移 y_1、y_2 组成的向量称为特征向量。如将 $F_{cr} = F_1 = kl/3$ 代回，则得 $y_1 = -y_2$，相应的变形曲线如图 4-10 (a) 所示，为反对称失稳形式；如将 $F_2 = kl$ 代回，则得 $y_1 = y_2$，相应的变形曲线如图 4-10 (b) 所示，为对称失稳形式。由此可知，该体系实际上将先按反对称失稳形式丧失稳定。

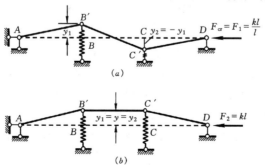

图 4-10 两个自由度体系压杆反对称和对称失稳形式

第三节 计算临界荷载的能量法

应用静力法确定临界荷载需要建立并求解微分方程，特别是在计算复杂的压杆稳定问题时往往会遇到较大困难。然而，能量法则是求解结构临界荷载的一种比较简便的方法。能量法是以系统临界状态的能量特征为依据而提出的一种实用的近似计算方法。图 4-11 所示的小球，在位于凹面内稳定平衡的情况下，如受某外界干扰使它偏离平衡位置时，则小球重心升高，从而势能增加，由此可知，原来稳定平衡位置的势能最小；在位于凸面上不稳定平衡的情况下，如小球偏离平衡位置，其重心将下降，从而势能减小，由此可知，原不稳定平衡位置的势能最大；在处于平面上随遇平衡情况下，小球位置移动不引起势能的变化。

图 4-11 小球的三种平衡状态

小球在不同平衡状态下的能量特征，同样适合于弹性体系。图 4-12 所示压杆发生微弯曲时，其弹性变形能有所增加，荷载势能有所减小。设 ΔU 为弹性结构变形能增量，ΔV 为外力势能增量，$\Delta \Pi$ 为弹性体系总势能增量，于是

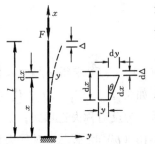

图 4-12 压杆微
弯曲变形状态

$$\Delta \Pi = \Delta U + \Delta V$$

若 ΔT 为外力 F 在加载过程中所作的功，则 $\Delta V = -\Delta T$，因此

$$\Delta \Pi = \Delta U - \Delta T \tag{4-1}$$

当 $\Delta \Pi > 0$，即 $\Delta U > \Delta T$ 时，表明压杆微弯曲弹性变形能的增加大于荷载 F 位能的减小，即总势能增加，结构趋向于恢复到原来的平衡位置，即原平衡状态是稳定的。

当 $\Delta \Pi < 0$，即 $\Delta U < \Delta T$ 时，则与上述情况相反，原平衡状态是不稳定的。

当 $\Delta \Pi = 0$，即 $\Delta U = \Delta T$ 时，结构处于由稳定平衡向不稳定平衡过渡的随遇平衡状态（即中性平衡状态）。我们正是根据该状态下体系的势能为驻值（亦即 $\Delta U = \Delta T$）这一临界状态的能量特征来计算临界荷载的。

当压杆由直线平衡形式过渡到曲线平衡形式时，变形能增量为

$$\Delta U = \frac{1}{2} \int_0^l \frac{M^2}{EI} \mathrm{d}x \tag{4-2}$$

将关系式 $M = EIy''$ 代入，得

$$\Delta U = \frac{1}{2} \int_0^l EI(y'') \mathrm{d}x \tag{4-3}$$

此时荷载所作的功为

$$\Delta T = F\Delta$$

式中，Δ 为荷载相应的竖向位移。为求 Δ，先取微段 $\mathrm{d}x$ 分析（图 4-12），弯曲后微段的长度不变，弯曲前、后在竖直方向的差值为

$$\mathrm{d}\Delta = (1 - \cos\theta)\mathrm{d}x$$

按泰勒级数展开 $\cos\theta = 1 - \dfrac{\theta^2}{2!} + \dfrac{\theta^4}{4!} - \cdots\cdots$，并考虑到微弯曲时 θ 很小，取 $\theta = \tan\theta = y'$，略去展开式中的高阶小量，即仅取头两项，则上式可改写为

$$\mathrm{d}\Delta = \frac{1}{2}(\theta^2)\mathrm{d}x = \frac{1}{2}(y')^2\mathrm{d}x$$

将上式沿杆长积分，于是

$$\Delta = \frac{1}{2} \int_0^l (y')^2 \mathrm{d}x \tag{4-4}$$

因此

$$\Delta T = F\Delta = \frac{F}{2} \int_0^l (y')^2 \mathrm{d}x \tag{4-5}$$

将式（4-2）和（4-5）之值代入 $\Delta U = \Delta T$，整理得

$$F = \frac{\displaystyle\int_0^l EI(y'')^2 \mathrm{d}x}{\displaystyle\int_0^l (y')^2 \mathrm{d}x} \tag{4-6}$$

由此得按能量法确定直杆临界荷载的计算公式

$$F_{cr} = \min\left[\frac{\displaystyle\int_0^l EI(y'')^2 \mathrm{d}x}{\displaystyle\int_0^l (y')^2 \mathrm{d}x}\right] \tag{4-7}$$

显然，要计算式中的积分值，必须知道弹性曲线方程，而压杆在临界状态时的弹性曲线方程事先并不知道，因此我们只能假设与之近似的弹性曲线来代替。假设的弹性曲线必须满足实际结构的位移边界条件，当它与实际的变形曲线愈接近时，所求得的结果就愈准确。一般情况下，用能量法算出的临界荷载值为偏大的近似值。

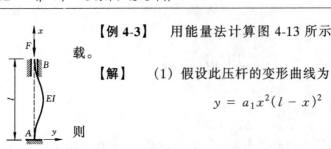

图 4-13

【例 4-3】 用能量法计算图 4-13 所示两端固定压杆临界荷载。

【解】 （1）假设此压杆的变形曲线为

$$y = a_1 x^2 (l - x)^2$$

则

$$y' = 2a_1 x(l-x)(l-2x); \quad y'' = 2a_1(l^2 - 6lx + 6x^2)$$

据此算出

$$\int_0^l EI(y'')^2 \mathrm{d}x = \frac{4}{5} EIa_1^2 l^5; \qquad \int_0^l (y')^2 \mathrm{d}x = \frac{4}{210} a_1^2 l^7$$

代入式（4-7）得

$$F_{\mathrm{cr}} = \frac{\dfrac{1}{2} \times \dfrac{4}{5} EIa_1^2 l^5}{\dfrac{1}{2} \times \dfrac{4}{210} a_1^2 l^7} = \frac{42EI}{l^2}$$

与精确解 $\dfrac{4\pi^2 EI}{l^2}$ 相比，误差约为 6.4%。

（2）另设此压杆的变形曲线为

$$y = a_1 \left(1 - \cos \frac{2\pi x}{l} \right)$$

则

$$y' = \frac{2\pi a_1}{l} \sin \frac{2\pi x}{l}; \qquad y'' = \frac{4\pi^2 a_1}{l^2} \cos \frac{2\pi x}{l}$$

据此算出

$$\int_0^l EI(y'')^2 \mathrm{d}x = \frac{2EI\pi^4 a_1^2}{l^3}; \qquad \int_0^l (y')^2 \mathrm{d}x = \frac{\pi^2 a_1^2}{2l}$$

代入式（4-7）得

$$F_{\mathrm{cr}} = \frac{\dfrac{1}{2} \times \dfrac{2EI\pi^4 a_1^2}{l^3}}{\dfrac{1}{2} \times \dfrac{\pi^2 a_1^2}{2l}} = \frac{4\pi^2 EI}{l^2}$$

此解即为精确解，说明假设的变形曲线就是杆屈曲时的实际变形曲线。这里，我们也会看到这样一个事实，满足压杆位移边界条件的曲线有很多种（理论上有无限多种），但不一定都可假设为屈曲时的变形曲线，因为有时的计算误差会很大。通常，假设幂级数或三角函数可成功地描绘实际变形曲线；在比较简单的情况下，取某一横向荷载作用下的变形曲线作为丧失稳定时的变形曲线，往往也可得到令人满意的结果。

能量法也可用来求解有限自由度体系的压杆稳定问题，其分析方法相同。

【例 4-4】 试用能量法计算图 4-8 所示体系的临界荷载。

【解】 设以原来的直线平衡位置为参考状态，则在实线所示可能位移状态下总势能增量为

$$\Delta\Pi = \Delta U - \Delta T = \frac{1}{2}k\delta^2 - F\Delta_C$$

其中，Δ_C 为荷载作用点下降的距离，其值为

$$\Delta_C = a(1 - \cos\alpha) + 2b(1 - \cos\beta) \approx \frac{a\alpha^2}{2} + b\beta^2 \approx \frac{a}{2}\left(\frac{\delta}{a}\right)^2 + b\left(\frac{\delta}{b}\right)^2$$

故有

$$\Delta\Pi = \frac{1}{2}k\delta^2 - F\left(\frac{\delta^2}{2a} + \frac{\delta^2}{b}\right)$$

根据中性平衡时总势能增量应等于零的条件，可得

$$F_{cr} = \frac{\dfrac{1}{2}k\delta^2}{\dfrac{\delta^2}{2a} + \dfrac{\delta^2}{b}} = \frac{kab}{2a + b}$$

所得结果与静力法相同。

【例 4-5】 试用能量法重解上节例 4-2 中图 4-9（a）所示具有两个自由度体系的压杆临界荷载。

【解】 根据公式（4-1），首先计算系统外力功的增量，由图 4-9（b）可以看到，在系统失稳状态的微变形条件下，D 点的水平位移为

$$\Delta = \frac{1}{2l}[y_1^2 + (y_1 - y_2)^2 + y_2^2] = \frac{1}{l}(y_1^2 - y_1y_2 + y_2^2)$$

则外力功的增量为

$$\Delta T = F\Delta = \frac{F}{l}(y_1^2 - y_1y_2 + y_2^2)$$

其次，弹性支座的应变能增量为

$$\Delta U = \frac{1}{2} \cdot ky_1 \cdot y_1 + \frac{1}{2} \cdot ky_2 \cdot y_2 = \frac{1}{2}k(y_1^2 + y_2^2)$$

根据临界状态下系统总势能增量 $\Delta \Pi = \Delta U - \Delta T = 0$ 的条件，将以上求出的 ΔU 和 ΔT 代入，并加以整理得

$$F = \frac{kl}{2} \cdot \frac{y_1^2 + y_2^2}{y_1^2 - y_1 y_2 + y_2^2}$$

为了求得 F 的极小值，由高等数学的极值条件

$$\frac{\partial F}{\partial y_1} = 0, \qquad \frac{\partial F}{\partial y_2} = 0$$

得以下临界状态平衡方程

$$\begin{cases} (kl - 2F)y_1 + Fy_2 = 0 \\ Fy_1 + (kl - 2F)y_2 = 0 \end{cases}$$

这与前面例 4-2 中导出的（g）式完全相同。剩下的计算过程与静力法一样，这里就不再赘述了。

在求解比较复杂的问题时，上面所假设的弹性曲线方程式常常难以满足全部边界条件，其形状也很难与实际情况完全一致，因此，常采用包含若干变参数的级数形式的变形曲线方程逼近真实曲线。设

$$y = \sum_{i=1}^{m} a_i \varphi_i(x) \quad (i = 1、2、3、\cdots、n) \tag{4-8}$$

式中，a_i 为待定的参数，φ_i 为满足位移边界条件的已知函数。这样，原体系被近似地看作具有 n 个自由度的体系。

将上式代入式（4-7），得

$$F = \frac{\displaystyle\int_0^l EI(\sum_{i=1}^{n} a_i \varphi''_i)^2 \mathrm{d}x}{\displaystyle\int_0^l (\sum_{i=1}^{n} a_i \varphi'_i)^2 \mathrm{d}x} \tag{h}$$

为了便于书写，将式（h）写成 $F = \dfrac{A}{B}$，其中 A、B 分别为式（h）的分子和分母。

选择参数 a_i（$i = 1、2、3、\cdots、n$）使得 F 为最小，其极小条件为

$$\frac{\partial F}{\partial a_i} = 0$$

由此得

$$\frac{\partial A}{\partial a_i} - F\frac{\partial B}{\partial a_i} = 0 \tag{4-9}$$

A 和 B 都是待定参数 a_i 的二次式，故式（4-9）为关于 a_i 的线性齐次方程组。由（h）式可得

$$\frac{\partial A}{\partial a_i} = \int_0^l EI(\sum_{j=1}^n a_j\varphi''_j)\varphi''_i\mathrm{d}x = \sum_{j=1}^n a_j\int_0^l EI\varphi''_i\varphi''_j\mathrm{d}x$$

$$\frac{\partial B}{\partial a_i} = \int_0^l (\sum_{j=1}^n a_j\varphi'_j)\varphi'_i\mathrm{d}x = \sum_{j=1}^n a_j\int_0^l \varphi'_i\varphi'_j\mathrm{d}x$$

代入式（4-9），得

$$\sum_{j=1}^n a_j\int_0^l (EI\varphi''_i\varphi''_j - P\varphi'_i\varphi'_j)\mathrm{d}x = 0 \tag{4-10}$$

令

$$K_{ij} = \int_0^l EI\varphi''_i\varphi''_j\mathrm{d}x \tag{4-11}$$

$$S_{ij} = P\int_0^l \varphi'_i\varphi'_j\mathrm{d}x \tag{4-12}$$

代入式（4-10），写成矩阵形式

$$\left[\begin{bmatrix} K_{11} & K_{12} & \cdots & K_{1n} \\ K_{21} & K_{22} & \cdots & K_{2n} \\ & \cdots\cdots & & \\ K_{n1} & K_{n2} & \cdots & K_{nn} \end{bmatrix} - \begin{bmatrix} S_{11} & S_{12} & \cdots & S_{1n} \\ S_{21} & S_{22} & \cdots & S_{2n} \\ & \cdots\cdots & & \\ S_{n1} & S_{n2} & \cdots & S_{nn} \end{bmatrix}\right]\begin{Bmatrix} a_1 \\ a_2 \\ \vdots \\ a_n \end{Bmatrix} = \begin{Bmatrix} 0 \\ 0 \\ \vdots \\ 0 \end{Bmatrix}$$

$$\tag{4-13a}$$

简写为

$$([K] - [S])\{a\} = \{0\} \tag{4-13b}$$

a_i 不全为零的条件是方程组系数行列式之值等于零，由此可得稳定方程

$$D = |[K] - [S]| = 0 \tag{4-14}$$

其展开式是关于 F 的 n 次代数方程，可求出 n 个根，其中最小值即为临界荷载 F_{cr}。

通常增加 a_i 的数目，可提高计算精度，但参数多了会使计算工作量大幅度增加，在一般情况下，仅取级数的前几项（2～3项），即能达到工程精度要求。为了计算方便，在表 4-1 中给出某些等截面直杆几种常用的函数 φ_i 的表达式。

满足位移边界条件的几种常用的级数形式 表 4-1

	(a) $y = a_1\sin\dfrac{\pi x}{l} + a_2\sin\dfrac{2\pi x}{l} + a_3\sin\dfrac{3\pi x}{l} + \cdots$ (b) $y = a_1 x\,(l-x) + a_2 x^2\,(l-x) +$ $\qquad a_3 x\,(l-x)^2 + a_4 x^2\,(l-x)^2 + \cdots$
	(a) $y = a_1\left(1 - \cos\dfrac{\pi x}{2l}\right) + a_2\left(1 - \cos\dfrac{3\pi x}{2l}\right) + a_3\left(1 - \cos\dfrac{5\pi x}{2l}\right) + \cdots$ (b) $y = a_1\left(x^2 - \dfrac{1}{6l^2}x^4\right) + a_2\left(x^6 - \dfrac{15}{28l^2}x^8\right) + \cdots$
	(a) $y = a_1\left(1 - \cos\dfrac{2\pi x}{l}\right) + a_2\left(1 - \cos\dfrac{6\pi x}{l}\right) + a_3\left(1 - \cos\dfrac{10\pi x}{l}\right) + \cdots$ (b) $y = a_1 x^2\,(l-x)^2 + a_2 x^3\,(l-x)^3 + \cdots$
	$y = a_1 x^2\,(l-x) + a_2 x^3\,(l-x) + \cdots$

【例 4-6】 用能量法计算图 4-14 所示一端固定、另一端铰支压杆临界荷载。

【解】 由表 4-1 取变形曲线为两项级数形式：

$$y = a_1\varphi_1(x) + a_2\varphi_2(x)$$
$$= a_1 x^2(l-x) + a_2 x^3(l-x)$$

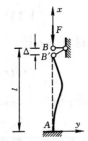

图 4-14 一端固定
另一端铰支压杆

得

$$\varphi'_1(x) = x(2l - 3x), \quad \varphi''_1(x) = 2(l - 3x)$$

$$\varphi'_2(x) = x^2(3l - 4x), \quad \varphi''_2(x) = 6x(l - 2x)$$

代入式 (4-11) 和 (4-12)，并代入式 (4-14)，得稳定方程

$$D = \begin{vmatrix} K_{11} - S_{11} & K_{12} - S_{12} \\ K_{21} - S_{21} & K_{22} - S_{22} \end{vmatrix} = \begin{vmatrix} 4EI - \dfrac{2}{15}Fl^2 & 4EIl - \dfrac{1}{10}Fl^3 \\ 4EIl - \dfrac{1}{10}Fl^3 & \dfrac{24}{5}EIl^2 - \dfrac{3}{35}Fl^4 \end{vmatrix} = 0$$

展开并化简得

$$F^2 - 128\left(\frac{EI}{l^2}\right)F + 2240\left(\frac{EI}{l^2}\right)^2 = 0$$

解此方程，其中最小根即为临界荷载

$$F_{\text{cr}} = \frac{20.9187EI}{l^2}$$

它与精确解 $F_{\text{cr}} = \dfrac{20.1906EI}{l^2}$ 相比，误差为 3.61%。

若变形曲线仅取为一项级数形式，即 $y = a_1 x^2 (l - x)$，按式（4-7）计算得 $F_{\text{cr}} = \dfrac{30EI}{l^2}$，其误差为 48.58%，可见误差很大。

第四节　直杆的稳定

前面，我们用静力法和能量法讨论了结构和受力都比较简单的压杆临界力的计算问题，下面，我们将用这些方法进一步讨论略微复杂一点，但杆的轴线在变形前仍为直线情况下的压杆稳定问题。

一、刚性支承等截面直杆的稳定

作为小结，我们看到，前面讨论的杆件其两端约束都有一个共同的特征，那就是刚性支座支承。归纳起来，主要有五种形式（图 4-15），它们是（a）两端铰支；（b）一端固定、一端自由；（c）两端固定；（d）一端固定、一端铰支；（e）一端固定、一端定向支承。我们已经知道，两端铰支压杆临界力的计算公式就是材料力学中的欧拉公式

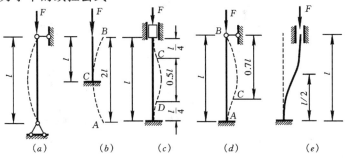

图 4-15　常见的具有刚性支座的压杆

$$F_{cr} = \frac{\pi^2 EI}{l^2} \tag{4-15}$$

实际上，各种不同约束条件下的压杆在临界状态时的微弯变形曲线特征可与两端铰支压杆的临界微弯变形曲线（一个正弦半波）相比较，进而可确定各种压杆微弯时与一个正弦半波相当部分的长度，用 μl 表示。然后用 μl 代替上式中的 l，便得到计算各种约束条件下压杆临界力计算的通用公式，即

$$F_{cr} = \frac{\pi^2 EI}{(\mu l)^2} \tag{4-16}$$

式中，μ 称为计算长度系数，它反映杆端约束对压杆临界力的影响；μl 称为计算长度。

图 4-15（b）所示为一端固定、一端自由的压杆，其微弯变形曲线相当于半个正弦半波。因此它与一个正弦半波波长相当的计算长度为 $2l$，故有 $\mu = 2$。图 4-15（c）所示为两端固定的压杆，其微弯变形曲线的两个拐点 C 和 D 分别在距上、下端为 $l/4$ 处。居于中间的 $l/2$ 长度内，曲线为半波正弦曲线。因此，它与一个正弦半波波长相当的计算长度为 $l/2$，故有 $\mu = 0.5$。图 4-15（d）所示为一端固定、另一端铰支的压杆，其微弯变形曲线的一个拐点 C 在距铰支 B 为 $0.7l$ 处，因此，在 $0.7l$ 长度内，曲线为半波正弦曲线。所以，它与一个正弦半波波长相当的计算长度为 $0.7l$，故有 $\mu = 0.7$。图 4-15（e）通过和图 4-15（b）的变形形态相比较，可见图 4-15（b）的状态与图 4-15（e）的一半相当，因此，对于图 4-15（e），可看作是将图 4-15（b）的临界荷载公式中的杆长 l 代以 $l/2$，故有 $\mu = 1$。

二、弹性支承等截面直杆的稳定

工程中，常遇到具有弹性支承或可以简化成弹性支承的压杆。图 4-16 所示就是常见的几个典型实例。有关弹性支承压杆临界力计算问题，我们通常采用静力法加以求解。

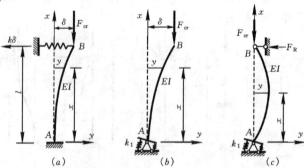

图 4-16 具有弹性支座的压杆

（一）一端固定、另一端为弹性支座（图 4-16a）

在临界状态下，任一截面的弯矩为

$$M = F(\delta - y) - k\delta(l - x)$$

式中，δ 为弹簧端点的水平位移，k 为弹簧的刚度系数或拉伸弹簧刚度。

把 M 的表达式代入 $EIy'' = M$ 中，则得弹性曲线的微分方程为

$$EIy'' + Fy = F\delta - k\delta(l - x)$$

其一般解为

$$y = A\cos\alpha x + B\sin\alpha x + \delta\left[1 - \frac{k}{F}(l - x)\right]$$

式中

$$\alpha = \sqrt{\frac{F}{EI}}$$

引入边界条件：$x = 0$，$y = y' = 0$ 及 $x = l$，$y = \delta$，则可得如下的线性方程组

$$\begin{cases} A + \left(1 - \dfrac{kl}{F}\right)\delta = 0 \\[2mm] B\alpha + \dfrac{k}{F}\delta = 0 \\[2mm] A\cos\alpha l + B\sin\alpha l = 0 \end{cases}$$

在以上的方程组中，未知数 A、B 和 δ 不能全等于零，故它们的系数行列式应等于零，即

$$D = \begin{vmatrix} 1 & 0 & \left(1 - \dfrac{kl}{\alpha^2 EI}\right) \\[3mm] 0 & \alpha & \dfrac{k}{\alpha^2 EI} \\[3mm] \cos\alpha l & \sin\alpha l & 0 \end{vmatrix} = 0$$

展开行列式并加整理后，可得稳定方程

$$\tan\alpha l = \alpha l - \frac{(\alpha l)^3 EI}{kl^3} \qquad (4\text{-}16)$$

由上式求出 αl，即可得出临界荷载值。求 αl 时，可采用图解法。以 αl 为自变量，绘出 $y_1 = \tan\alpha l$ 和 $y_2 = \alpha l - \dfrac{(\alpha l)^3 EI}{kl^3}$ 两条曲线（图 4-17）。这两条曲线交点的横坐标最小值 z_0 即为所求的 αl 值，然后由 $\alpha = \sqrt{\dfrac{F}{EI}}$ 即不难求出

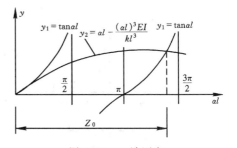

图 4-17　一端固定、一端弹性支座压杆稳定方程解

临界载荷值 $F_{cr} = \dfrac{\alpha^2 EI}{l^2}$。

（二）一端自由、另一端为弹性抗转支座（图 4-16b）

在临界状态下，任一截面的弯矩为

$$M = F(\delta - y)$$

边界条件：$x = 0$，$y = 0$，$y' = \theta = \dfrac{F\delta}{k_1}$ 及 $x = l$，$y = \delta$，类似推导得稳定方程

$$\alpha l \cdot \tan\alpha l = \frac{k_1 l}{EI} \tag{4-17}$$

式中，k_1 代表弹性支承的转动刚度系数，它表示使弹性支承处产生单位转角所需的力矩，也称扭转弹簧刚度。

（三）一端铰支、另一端为弹性抗转支座（图 4-16c）

在临界状态下，任一截面的弯矩为

$$M = -Fy - F_R(l - x)$$

边界条件：$x = 0$，$y = 0$，$y' = -\dfrac{F_R l}{k_1}$ 及 $x = l$，$y = 0$，类似推导得稳定方程

$$\tan\alpha l = \alpha l \, \frac{1}{1 + (\alpha l)^2 \dfrac{EI}{k_1 l}} \tag{4-18}$$

上述三种结构均是理想化的模型，在工程中，完全为这三种形式的构件很难遇见。然而，对于某些结构，我们可将其中某一受压杆件取出，而以弹性支承代替其他部分对它的作用，并由其余部分求出弹性支承的刚度系数，然后即可简化为上述三种结构之一进行计算。

【例 4-7】 试求图 4-18（a）所示结构的稳定方程。

【解】 结构中的 AB 杆是一端铰支另一端为可简化成弹性抗转支座的压杆，与图 4-18（b）所示情况相当。因此，只需求出其弹性固定端的转动刚度 k_1，并代入式（4-18）中，即可求出该结构的稳定方程。

在一般情况下，确定弹性支承的刚度系数时，需在结构余下的部分加上单位力

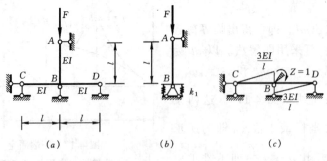

图 4-18

或单位力偶，并求出相应的位移 δ，然后取其倒数。在本例中，由于 k_1 即等于使连续梁的中间结点 B 发生单位转角时所需的力矩，故根据图 4-18（c）可知

$$k_1 = \frac{3EI}{l} + \frac{3EI}{l} = \frac{6EI}{l}$$

将求得的 k_1 值代入式（4-18）。便可得到稳定方程

$$\tan\alpha l = \alpha l \frac{1}{1 + \frac{(\alpha l)^2}{6}}$$

【**例 4-8**】　试将图 4-19（a）所示刚架简化成具有弹性支承端的杆件，并求其稳定方程。

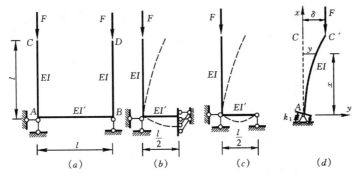

图 4-19

【**解**】　图示刚架为对称结构，荷载对称，可能出现两种失稳形式，一种是对称失稳；另一种是反对称失稳。如考虑这两种失稳形式在对称轴截面变形或位移特征，则可取成半刚架计算，如图 4-19（b）、（c）所示。又因为横梁对竖杆的约束作用可视为弹性支承，且竖杆下端不能移动只能转动，则半刚架可统一取成弹性转动支承进行计算。如图 4-19（d）所示情况。

因为两种失稳形式在进行半刚架简化后，其弹性支承情况不同，因此其转动刚度 k_1 的值也不尽相同，必须分别考虑。

（1）对称失稳时，因为远端为定向支座，其转动刚度为

$$k_1 = \frac{EI'}{\frac{l}{2}} = \frac{2EI'}{l}$$

将其代入（4-17）式得稳定方程为

$$\alpha l \tan\alpha l = \frac{2EI'}{EI}$$

（2）反对称失稳时，因为远端为铰支，其转动刚度为

$$k_1 = 3\frac{EI'}{\frac{l}{2}} = \frac{6EI'}{l}$$

将其代入（4-17）式得稳定方程为

$$\alpha l \tan\alpha l = \frac{6EI'}{EI}$$

三、组合荷载作用下等截面直杆的稳定

（一）两个集中力作用

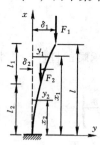

图 4-20 所示一端固定一端自由的直杆，承受两个集中力 F_1 和 F_2 作用，用静力法分别讨论 l_1 和 l_2 两段间的平衡状态，为此建立临界平衡方程为

$$EIy''_1 = F_1(\delta_1 - y_1)$$
$$EIy''_2 = F_1(\delta_1 - y_2) + F_2(\delta_2 - y_2)$$

图 4-20　两个集中
力作用的压杆

整理得

$$EIy''_1 + F_1 y_1 = F_1 \delta_1$$
$$EIy''_2 + (F_1 + F_2) y_2 = F_1 \delta_1 + F_2 \delta_2$$

令

$$\alpha_1^2 = \frac{F_1}{EI}, \quad \alpha_2^2 = \frac{F_1 + F_2}{EI}$$

可求得通解为

$$y_1 = A_1 \cos\alpha_1 x + B_1 \sin\alpha_1 x + \delta_1$$

$$y_2 = A_2 \cos\alpha_2 x + B_2 \sin\alpha_2 x + \frac{F_1 \delta_1 + F_2 \delta_2}{F_1 + F_2}$$

为确定六个未知常数，考虑下列边界条件：

当 $x = 0$ 时，$y_2 = 0$，$y'_2 = 0$；

当 $x = l_2$ 时，$y_1 = y_2$，$y'_1 = y'_2$，$y''_1 = y''_2$；

当 $x = l$ 时，$y_1 = \delta_1$

由此可得

$$\begin{cases} A_1 \cos\alpha_1 l + B_1 \sin\alpha_1 l = 0 \\ -A_1 \alpha_1 \sin\alpha_1 l_2 + B_1 \alpha_1 \cos\alpha_1 l_2 + A_2 \alpha_2 \sin\alpha_2 l_2 = 0 \\ -A_1 \alpha_1^2 \cos\alpha_1 l_2 - B_1 \alpha_1^2 \sin\alpha_1 l_2 + A_2 \alpha_2^2 \cos\alpha_2 l_2 = 0 \end{cases}$$

积分常数 A_1、B_1 和 A_2 不全为零的条件是：

$$D = \begin{vmatrix} \cos\alpha_1 l & \sin\alpha_1 l & 0 \\ -\alpha_1 \sin\alpha_1 l_2 & \alpha_1 \cos\alpha_1 l_2 & \alpha_2 \sin\alpha_2 l_2 \\ -\alpha_1^2 \cos\alpha_1 l_2 & -\alpha_1^2 \sin\alpha_1 l_2 & \alpha_2^2 \cos\alpha_2 l_2 \end{vmatrix} = 0$$

上式展开并整理后，得稳定方程

$$\tan\alpha_1 l_1 \cdot \tan\alpha_2 l_2 = \frac{\alpha_2}{\alpha_1} \tag{4-19}$$

当给定 F_1/F_2，l_1/l_2 各比值后，代入上式，即可得出临界荷载值。例如，当 $l_1 = l_2 = l/2$，$F_2 = 3F_1$ 时，有 $\tan\alpha_1(l/2) \cdot \tan\alpha_1 l = 2$，由此可解得 $\alpha_1 = 1.231/$

l，故 $F_{1\text{cr}} = \dfrac{1.515EI}{l^2}$，$F_{2\text{cr}} = \dfrac{4.545EI}{l^2}$，取小值得 $F_{\text{cr}} = \dfrac{1.515EI}{l^2}$。

（二）多个集中力作用

当作用在杆件上的荷载较多时，用静力法求解临界荷载将变得很复杂。对于一端固定一端自由的直杆受几个荷载作用的稳定问题（图 4-21），卡罗波夫利用等稳定概念提出了一个比较简单的近似方法。其基本思想是：如果知道 F_i 和 l_i（$i = 1，2，\cdots，n$），可求得一个临界参数

$$\beta_{\text{cr}} = \frac{\pi^2 EI}{4l^2 \sum\limits_{i=1}^{n} F_i \left(\dfrac{l_i}{l}\right)^2} \tag{4-20}$$

若各荷载同乘以 β_{cr} 时，体系就丧失稳定。这个方法的误差约为 $2\% \sim 10\%$，随荷载情况而异。

（三）仅有自重作用

对于图 4-22 所示压杆在自重作用下的稳定问题，用能量法求解较为简单并可得到较为满意的近似结果。

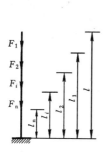
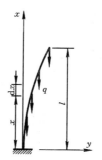

图 4-21　受多个集中力作用的压杆　　图 4-22　受自重作用的压杆

我们已经知道，杆件微弯曲应变能增量

$$\Delta U = \frac{EI}{2} \int_0^l (y'')^2 \mathrm{d}x$$

外力做功的增量

$$\Delta T = \frac{q}{2} \int_0^l (l - x)(y')^2 \mathrm{d}x$$

由 $\Delta U = \Delta T$，得

$$EI \int_0^l (y'')^2 \mathrm{d}x = q \int_0^l (l - x)(y')^2 \mathrm{d}x$$

利用表 4-1，假设变形曲线为

$$y = a_1 \left(1 - \cos \frac{\pi x}{2l}\right)$$

微分后代入上式，再进行积分，可得

$$3.0425a_1^2 \frac{EI}{l^3} = 0.3668a_1^2 q_{cr}$$

由此可求得临界荷载的近似解

$$q_{cr} = 8.29 \frac{EI}{l^3} \tag{4-21}$$

与精确解 $7.83 \frac{EI}{l^3}$ 相比，误差为 5.9%。

四、变截面直杆的稳定

在工程中，变截面压杆经常遇到。设计变截面杆件主要是从经济上考虑的。一般情况下，求解变截面压杆稳定问题的精确解是困难的。为此，在这里只讨论建筑上常见的、比较简单的阶形杆的稳定问题。

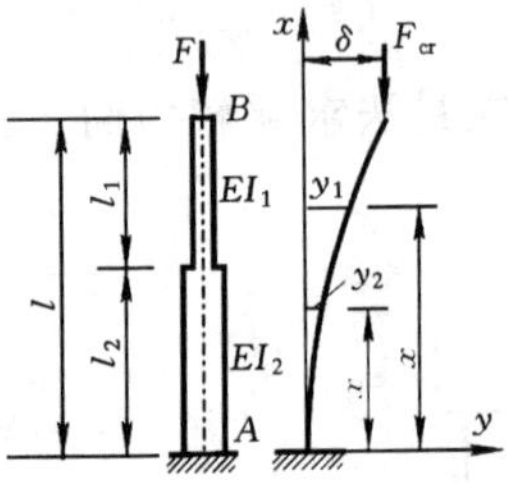

图 4-23 所示为一两节阶形杆，应用静力法，上下两部分的微分方程分别为

$$EI_1 y''_1 + Fy_1 = F\delta$$
$$EI_2 y''_2 + Fy_2 = F\delta$$

图 4-23　阶形杆承
受轴向压力

令

$$\alpha_1^2 = \frac{F}{EI_1}, \quad \alpha_2^2 = \frac{F}{EI_2}$$

可得通解为

$$y_1 = A_1 \cos\alpha_1 x + B_1 \sin\alpha_1 x + \delta$$
$$y_2 = A_2 \cos\alpha_2 x + B_2 \sin\alpha_2 x + \delta$$

这里共含有 A_1，B_1，A_2，B_2 和 δ 五个未知常数。已知边界条件为：

当 $x = 0$ 时，$y_2 = 0$，$y'_2 = 0$，由此得 $A_2 = -\delta$，$B_2 = 0$；这时

$$y_2 = \delta(1 - \cos\alpha_2 x)$$

当 $x = l$ 时，$y_1 = \delta$；当 $x = l_2$ 时，$y_1 = y_2$，$y'_1 = y'_2$。将这三个条件代入上式和前面 y_1 的表达式，可得如下的齐次方程组

$$\begin{cases} A_1 \cos\alpha_1 l + B_1 \sin\alpha_1 l = 0 \\ A_1 \cos\alpha_1 l_2 + B_1 \sin\alpha_1 l_2 + \delta\cos\alpha_2 l_2 = 0 \\ A_1 \alpha_1 \sin\alpha_1 l_2 - B_1 \alpha_1 \cos\alpha_1 l_2 + \delta\alpha_2 \sin\alpha_2 l_2 = 0 \end{cases}$$

与此相应的稳定方程为

$$D = \begin{vmatrix} \cos\alpha_1 l & \sin\alpha_1 l & 0 \\ \cos\alpha_1 l_2 & \sin\alpha_1 l_2 & \cos\alpha_2 l_2 \\ \sin\alpha_1 l_2 & -\cos\alpha_1 l_2 & \frac{\alpha_2}{\alpha_1}\sin\alpha_2 l_2 \end{vmatrix} = 0$$

将上面行列式展开，得

$$\tan\alpha_1 l_1 \cdot \tan\alpha_2 l_2 = \frac{\alpha_1}{\alpha_2} \tag{4-22}$$

上式只有当给出比值 $\dfrac{I_1}{I_2}$ 和 $\dfrac{l_1}{l_2}$ 时才可进行求解。

思　考　题

1．第一类失稳和第二类失稳有何异同？

2．试述静力法和能量法计算临界荷载的计算原理和解题步骤？

3．用有限个自由度结构代替无限自由度结构所确定的临界荷载一般比真正的临界荷载要大，原因是什么？

4．增加或减少杆端约束刚度，对压杆的计算长度和临界荷载值有什么影响？

5．图 4-24 示变截面超静定中心受压杆临界荷载计算过程中应建立几个挠曲线方程？建立特征方程所需要的条件是什么？

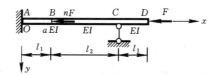

图 4-24　思考题 5 图

习　　题

4-1　用静力法求图示中心受压杆的临界荷载。

4-2　用静力法求图示压杆的稳定方程，并求出临界荷载。

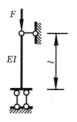

图 4-25　习题 4-1 图

图 4-26　习题 4-2 图

4-3　写出图示体系失稳时的特征方程。

4-4　用静力法求图示刚性链杆体系的临界荷载 F_{cr}。已知弹性支承的刚度系数为 $k_1 = 3EI/l^3$，$k_2 = 6EI/l^3$（$EI_0 = \infty$）。

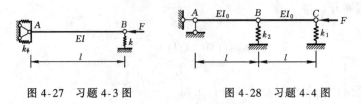

图 4-27 习题 4-3 图 　　　　图 4-28 习题 4-4 图

4-5 设 $y = Ax^2(l-x)^2$,用能量法求临界荷载 F_{cr}。

4-6 用能量法求图示结构的临界荷载。设失稳时弹性部分的曲线可近似取为：$y = a\cos\dfrac{\pi x}{2l}$。

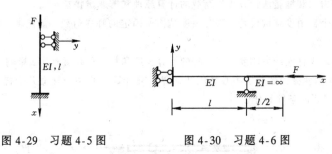

图 4-29 习题 4-5 图 　　　　图 4-30 习题 4-6 图

4-7 试用能量法求图示压杆的临界荷载，k 为弹簧刚度。

4-8 求图示完善体系的临界荷载。转动刚度 $k_r = kl^2$，k 为弹簧刚度。

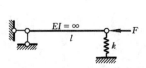 　　　　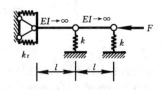

图 4-31 习题 4-7 图 　　　　图 4-32 习题 4-8 图

4-9 用静力法推导图示结构的稳定方程。

4-10 用静力法求图示结构的稳定方程。

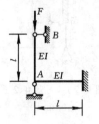 　　　　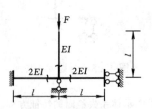

图 4-33 习题 4-9 图 　　　　图 4-34 习题 4-10 图

4-11 求图所示刚架的临界荷载。

4-12 求图示体系的临界荷载。

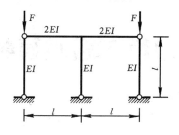

图 4-35 习题 4-11 图

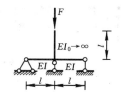

图 4-36 习题 4-12 图

4-13 计算图示体系的临界荷载。

4-14 图示结构以 $y = a\sin\dfrac{\pi x}{l}$ 为可能位移，q 为轴向均布荷载集度，用能量法求临界荷载 q_{cr}。

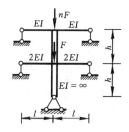

图 4-37 习题 4-13 图

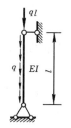

图 4-38 习题 4-14 图

4-15 用能量法求中心受压变截面杆的临界荷载，设失稳时变形曲线为 $y = \delta\left(1 - \cos\dfrac{\pi x}{2h}\right)$。

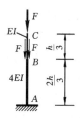

图 4-39 习题 4-15 图

第五章 结构塑性分析与极限荷载

学 习 要 点

　　理解极限荷载、极限弯矩、极限状态、破坏机构等概念。领会塑性铰和普通铰的差别。掌握结构处于极限状态时应满足的条件。掌握用静力法和机动法计算静定结构和超静定梁的极限荷载。掌握计算刚架极限荷载的两种方法——机构法和试算法。

第一节　塑性分析的意义

　　前面各章所讨论的结构计算均假定结构是线弹性的，即材料服从虎克定律，应力与应变成正比，荷载全部卸除后结构将恢复到原来的形状，没有残余变形。基于这种假定的结构分析，称为弹性分析。利用弹性分析所得的结果进行结构设计的方法是容许应力法。这种设计方法认为，结构的最大应力 σ_{max} 达到材料的极限应力，结构将会破坏，故其强度条件为

$$\sigma_{max} \leqslant \frac{\sigma_u}{k} = [\sigma] \tag{5-1}$$

式中，$[\sigma]$ 为材料的许用应力；k 为安全系数；σ_u 为材料的极限应力，对于塑性材料为其屈服极限 σ_s，对于脆性材料为其强度极限 σ_b。

　　长期设计实践使人们认识到弹性设计的缺点。对于由塑性材料制成的结构，尤其是超静定结构，即使结构某一局部应力已经达到屈服极限时，结构并不破坏甚至还能承受更大的荷载。也就是说，结构并没有耗尽全部承载能力。弹性设计没有考虑材料超过屈服极限后结构所具有的这一部分承载力。此外，安全系数 k 只能很粗略地估计，因而弹性设计不够经济合理。

　　为了改进弹性设计方法的缺点，在结构分析中，除考虑材料的弹性工作阶段，还应进一步考虑材料的塑性性质。结构在荷载作用下，变形不断增大，进入塑性阶段，当荷载达到某一临界值时，结构丧失了进一步承载的能力，这种状态称为结构的极限状态，此时结构所能承受的最大荷载称为极限荷载。我们把这种考虑材料塑性性质的结构分析称为塑性分析。以塑性分析为基础的设计方法是极限荷载法。这种设计方法认为，作用在结构上的实际荷载 F 达到结构所能承受

荷载极限值时，结构将会破坏，故其强度条件为

$$F \leqslant \frac{F_u}{k} = [F] \tag{5-2}$$

式中，F_u 为极限荷载，k 为安全系数，$[F]$ 为许用荷载。

显然，按塑性设计法设计结构将更为经济合理，而且安全系数 k 是从整个结构所能承受的荷载来考虑的，故能较正确地反映结构的强度储备。

在结构塑性分析中，为了简化计算，通常假设材料为理想弹塑性材料，其应力——应变关系如图 5-1 所示。在应力达到屈服极限 σ_s 之前，应力与应变成正比，即 $\sigma = E\varepsilon$，如图中 OA 段所示。当应力达到屈服极限 σ_s，应力保持不变，应变将无限增大，如图中 AB 段所示。同时，假定材料受拉和受压性质相同，如果塑性变形达到 C 点后进行卸荷，则应力——应变关系将沿着与 OA 平行的直线 CD 下降。当应力减至零时，材料有残余应变 OD。这表明加载时，应力增加，材料是理想弹塑性的；卸载时，应力减少，材料是弹性的。有必要指出，要得到满足图 5-1 所示应力——应变关系的弹塑

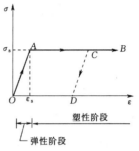

图 5-1 理想弹塑性材料的
应力——应变关系图

性问题的解，需要追踪全部受力变形过程，故弹塑性计算比弹性计算要复杂一些。

塑性分析的直接目的是寻求结构丧失承载能力的极限状态与确定相应的极限荷载。本章只讨论梁和刚架结构极限荷载的计算方法。

第二节 极限弯矩、塑性铰和静定结构的极限荷载

一、极限弯矩

图 5-2 (a) 所示为一理想弹塑性材料制成的承受纯弯曲作用的梁。其截面为矩形（图 5-2b）。假设弯矩作用在截面对称轴所在平面内。当 M 增大时，梁将逐渐由弹性阶段到弹塑性阶段最后达到塑性阶段。实验表明，无论在哪一阶段，梁弯曲变形时的平面假定都是成立的。

当作用的弯矩 M 较小时，截面中所有的正应力都小于屈服极限 σ_s，并沿截面高度成直线分布（图 5-2c），梁完全处于弹性阶段。当 M 增加到一定值时，梁的截面最外纤维处正应力达到屈服极限 σ_s（图 5-2d），此时截面弯矩为

$$M_e = \frac{bh^2}{6}\sigma_s = W\sigma_s \tag{5-3}$$

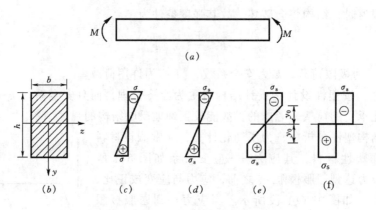

图 5-2 矩形截面正应力变化过程

式中，M_e 为屈服弯矩，它是弹性弯矩的极限值；$W = \dfrac{bh^2}{6}$ 为矩形截面的弹性截面系数。

图 5-2 (e) 表示截面处于弹塑性阶段。随着弯矩 M 的增大，截面弯矩超过屈服弯矩 M_e。此时，截面将有更多的纤维达到屈服极限，在靠近截面的上下边缘部分形成由外向内逐渐扩展的塑性区，塑性区的正应力为常量 $\sigma = \sigma_s$，在截面内部 ($|y| \leqslant y_0$) 则仍为弹性区，称为弹性核。弹性核内的正应力仍为线性分布，即 $\sigma = \sigma_s \dfrac{y}{y_0}$。

图 5-2 (f) 表示截面达到塑性阶段。随着弯矩 M 的继续增大，截面上塑性区继续扩大，弹性核的高度逐渐减小，最后达到极限情形 $y_0 \to 0$。截面上的各点的应力都达到屈服极限，此时截面承受的弯矩为

$$M_u = \frac{bh^2}{4}\sigma_s = W_u\sigma_s \tag{5-4}$$

式中，M_u 为极限弯矩，它是该截面所能承受的最大弯矩；$W_u = \dfrac{bh^2}{4}$ 为矩形截面的塑性截面系数。

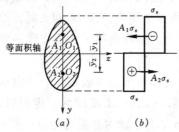

图 5-3 有一个对称轴的截面的弹塑性弯曲

由上述可见，极限弯矩即为整个截面达到塑性流动状态时截面所能承受的最大弯矩。极限弯矩与外力无关，与材料的屈服极限 σ_s 和截面形状有关。

对于具有一个对称轴的任意截面梁（图 5-3a）的极限弯矩可以利用以下方法求得。

图 5-3 (b) 为截面处于塑性阶段，受拉区和受压区的应力均为 σ_s。设受拉区和受压区的面积

分别为 A_1 和 A_2，总面积为 A。由平衡条件可知

$$A_1\sigma_\mathrm{s} - A_2\sigma_\mathrm{s} = 0$$

得

$$A_1 = A_2 = \frac{A}{2}$$

这表明，极限状态时截面上的受压和受拉部分的面积相等，亦即中性轴为等分截面面积轴。此时可求得极限弯矩为

$$M_\mathrm{u} = A_1\sigma_\mathrm{s}\,\overline{y_1} + A_2\sigma_\mathrm{s}\,\overline{y_2} = \sigma_\mathrm{s}\left(A_1\,\overline{y_1} + A_2\,\overline{y_2}\right) = \sigma_\mathrm{s}\left(S_1 + S_2\right) \qquad (5\text{-}5)$$

如令

$$W_\mathrm{u} = S_1 + S_2 \qquad\qquad\qquad (5\text{-}6)$$

则得

$$M_\mathrm{u} = \sigma_\mathrm{s}W_\mathrm{u}$$

式中，$\overline{y_1}$、$\overline{y_2}$ 分别为受压区和受拉区的形心离中性轴的距离，S_1 和 S_2 分别为面积 A_1 和 A_2 对中性轴的静矩。

一般说来，极限弯矩和屈服弯矩之比为

$$\alpha = \frac{M_\mathrm{u}}{M_\mathrm{e}} = \frac{W_\mathrm{u}}{W}$$

这里，比值 α 称为截面形状系数，与截面形状有关。几种常见的截面形状系数 α 为

矩形截面 $\alpha = 1.5$；

圆形截面 $\alpha = 1.7$；

工字形截面 $\alpha = 1.10 - 1.17$；

圆环形截面 $\alpha = 1.27 - 1.40$；

T 形截面应根据具体尺寸进行计算。

二、塑性铰

在受弯杆件某截面产生的最大弯矩达到极限弯矩值时，该截面丧失了继续抵抗弯曲变形的能力，两个无限靠近的相邻截面可以产生有限的相对转角，其作用与铰相似。因此，当截面弯矩达到极限弯矩时，称此截面为塑性铰。

塑性铰与普通铰有所区别：第一，普通铰不能承受弯矩，而塑性铰则承受着极限弯矩 M_u 的作用。第二，普通铰可以向两个方向自由转动，是双向铰。从图 5-1 卸载时的应力—应变关系可知，当截面因卸载而应力减少时，截面又将回到弹塑性或弹性状态，塑性流动引起的铰的作用将消失，这种情况称为塑性铰闭合。因此，塑性铰是单向铰，只能沿着极限弯矩方向转动，当弯矩减小时，塑性铰即告消失。第三，普通铰的位置是固定的，塑性铰随荷载分布的变化而形成于

不同截面。

三、静定结构的极限荷载

静定结构的特点是没有多余约束，若结构某一截面出现塑性铰后，该结构就变成具有一个自由度的几何可变体系，从而失去承载能力，这种可变体系称为破坏机构（简称机构）。此时结构所能承受的荷载即是极限荷载。

塑性铰形成的位置可根据结构的弯矩图及各杆的极限弯矩分析得到。对于等截面梁，塑性铰必出现在弯矩最大的截面；对于变截面梁，塑性铰出现在所有截面中截面弯矩与极限弯矩之比的绝对值为最大的截面，即 $\left|\dfrac{M}{M_{\mathrm{u}}}\right|_{\max}$ 处。

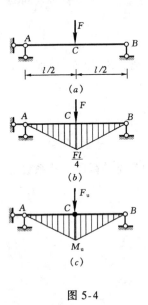

图 5-4

在塑性铰位置确定后，令塑性铰处的弯矩等于该截面的极限弯矩，利用平衡条件求出极限荷载。

【例 5-1】 如图 5-4（a）所示等截面简支梁，在跨中承受集中荷载作用，试求极限荷载 F_{u}。已知梁的极限弯矩为 M_{u}。

【解】 由弯矩图（图 5-4b）可知，跨中 C 截面的弯矩最大，该处出现塑性铰时，梁为破坏机构。同时，C 截面弯矩达到极限弯矩 M_{u}。图 5-4（c）是梁极限状态时的弯矩图，称为极限弯矩图。由静力平衡条件，有

$$M_{\mathrm{u}} = \frac{F_{\mathrm{u}}l}{4}$$

由此可得

$$F_{\mathrm{u}} = \frac{4M_{\mathrm{u}}}{l}$$

【例 5-2】 如图 5-5（a）所示三铰刚架，设刚架各杆的极限弯矩相同，其值为 M_{u}，求刚架的极限荷载 F_{u}。

【解】 先由平衡条件求出刚架的支座反力为

$$F_{Ay} = 0, \qquad F_{By} = 2F \ (\uparrow)$$

$$F_{Ax} = 0, \qquad F_{Bx} = F \ (\leftarrow)$$

弯矩图如图 5-5（b）所示。最大弯矩值在 E 点，其值为 Fl，因此塑性铰发生在 E 点，刚架成为破坏机构。极限弯矩图如图 5-5（c）所示。由静力平衡条件，有

$$M_{\mathrm{u}} = F_{\mathrm{u}}l$$

由此可得

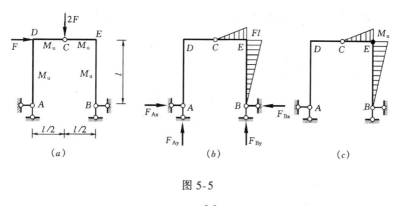

图 5-5

$$F_u = \frac{M_u}{l}$$

第三节　用静力法计算超静定梁的极限荷载

超静定梁由于具有多余约束，因此只有出现足够多的塑性铰，它才能成为破坏机构，丧失承载能力。图 5-6（a）所示一端固定一端铰支的等截面梁，在跨中承受集中荷载作用，当梁出现两个塑性铰才成为机构。此梁在弹性阶段的弯矩图可按解算超静定梁的方法求得（图 5-6b），在固定端 A 处弯矩最大。当荷载增大到一定值时，第一个塑性铰出现在固定端截面，弯矩图如图 5-6（c）所示。但此梁并未破坏，梁转化成为静定梁，承载能力尚未达到极限值。当荷载继续增大，A 端弯矩将保持不变，最后跨中截面 C 的弯矩也达到极限弯矩 M_u，在该截面形成了第二个塑性铰，于是梁变为机构，此时的荷载即为极限荷载。相应的极限状态的弯矩图如图 5-6（d）所示。由平衡条件，有

$$\frac{1}{4}F_u l = \frac{1}{2}M_u + M_u$$

由此求得极限荷载

$$F_u = \frac{6M_u}{l}$$

由以上分析可以看出，计算超静定梁的极限荷载时，如果能够事先确定它的破坏机构，就无需考虑它的弹性变形的发展过

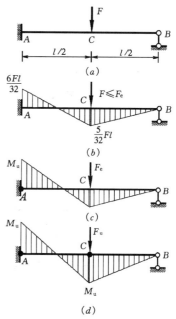

图 5-6　单跨超静定梁的
破坏过程

程,而可直接利用破坏机构的平衡条件。这种求极限荷载的方法称为极限平衡法。它包括静力法和机动法。

静力法是利用塑性铰截面的弯矩等于极限弯矩的条件,根据静力平衡方程求得极限荷载的方法。

由此看来,超静定梁破坏机构的确定是计算极限荷载的首要问题。对于单跨超静定梁只要找出可能形成塑性铰的位置,即可确定出它的破坏机构。

用静力法求极限荷载的具体步骤如下:

1. 先作出超静定梁的弯矩图。

2. 再令足够多的弯矩纵标等于极限弯矩值,形成各种可能的破坏机构,绘出相应的极限弯矩图。

3. 由平衡方程求解相应的破坏荷载,其中最小者为极限荷载。

【例 5-3】 试求图 5-7(a)所示两端固定的等截面梁的极限荷载。

【解】 此梁须出现三个塑性铰才成为破坏机构。由于最大负弯矩发生在两固定端截面 A、B 处,而最大正弯矩发生在截面 C 处,故塑性铰必定出现在此三个截面。作极限弯矩图(图 5-7b),由静力平衡条件,有

$$\frac{F_u ab}{l} = M_u + M_u$$

可得

$$F_u = \frac{2l}{ab} M_u$$

【例 5-4】 试求一端固定另一端铰支的等截面梁在均布荷载作用时(图 5-8a)的极限荷载 q_u。

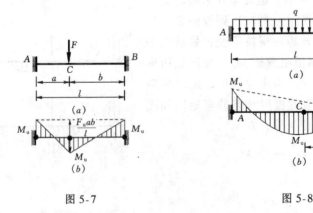

图 5-7

图 5-8

【解】 此梁出现两个塑性铰才能成为破坏机构。一个塑性铰在固定端 A 形成,另一个塑性铰 C 的位置在跨中附近弯矩最大的某一截面即剪力为零处。设此截面至铰支端 B 距离为 x,极限状态的弯矩图如图 5-8(b)所示。

由平衡条件 $\Sigma M_A = 0$，有

$$F_{By} = \frac{q_u l}{2} - \frac{M_u}{l}$$

又由

$$\frac{\mathrm{d}M_c}{\mathrm{d}x} = V_c = F_{By} - q_u x = 0$$

可求得

$$x = \frac{l}{2} - \frac{M_u}{q_u l} \qquad (a)$$

根据 C 截面弯矩 M_C 到达极限弯矩的平衡条件，求得

$$M_C = F_{By} x - \frac{1}{2} q_u x^2 = \frac{q_u}{2} \left(\frac{l}{2} - \frac{M_u}{q_u l} \right)^2 = M_u$$

所以

$$q_u = 11.7 \frac{M_u}{l^2} \qquad (b)$$

将（b）代入（a）式，可知

$$x = 0.414 l$$

现在讨论一下连续梁破坏机构的可能形式。设梁各跨分别为等截面梁，所有荷载的作用方向均相同，并按比例增加。

在一般情况下，n 次超静定的连续梁当出现 $n+1$ 个塑性铰后形成破坏机构，但这个条件并不是必要的。如图 5-9(a)所示连续梁，可能由于某一跨出现三个塑性铰或铰支边跨出现两个塑性铰而成为破坏机构（图 5-9b、c、d），也可能由相邻各跨联合形成破坏机构（图 5-9e）。

事实上，如果荷载同时向下作用，则各跨的最大负弯矩只可能出现在两端支座截面处。故连续梁只可能在各跨独立形成破坏机构，而不可能由相邻几跨联合形成一个破坏机构。因此，对于连续梁，只需求出每一个单跨破坏机构的破坏荷载，其中最小的破坏荷载值便是

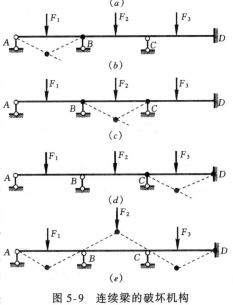

图 5-9　连续梁的破坏机构

连续梁的极限荷载。

【例5-5】 求图 5-10 （a）所示连续梁的极限荷载 F_u。设正负极限弯矩均为 M_u。

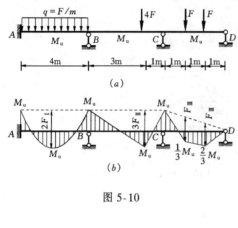

图 5-10

【解】 图 5-10 （b）所示为各跨单独破坏时的极限弯矩图。根据平衡条件求出相应的破坏荷载。

当 AB 跨单独破坏时，可得

$$\frac{1}{8} F_{\text{I}} \times 4^2 = M_u + M_u$$

相应的破坏荷载为

$$F_{\text{I}} = M_u$$

当 BC 跨单独破坏时，可得

$$\frac{4 F_{\text{II}} \times 3 \times 1}{4} = M_u + M_u$$

相应的破坏荷载为

$$F_{\text{II}} = \frac{2}{3} M_u$$

当 CD 跨单独破坏时，可得

$$F_{\text{III}} \times 1 = M_u + \frac{M_u}{3}$$

相应的破坏荷载为

$$F_{\text{III}} = \frac{4}{3} M_u$$

比较以上计算结果可知，BC 跨首先破坏，故此连续梁的极限荷载为

$$F_u = \frac{2}{3} M_u$$

第四节 用机动法计算超静定梁的极限荷载

利用虚功原理求极限荷载的方法称为机动法。具体解题步骤如下：

1. 先确定可能形成塑性铰的部位（集中力作用点、杆件的结合点、支座截面、截面尺寸变化处、分布荷载作用下剪力为零的点）。

2. 给出各种可能的破坏机构，其中必然包含实际的破坏机构。

3. 建立虚功方程（外虚功 W_e 等于内虚功 W_i），求出每一破坏机构相应的破坏荷载，其中最小值为极限荷载。

【例5-6】 图 5-11 （a）所示为一承受均布荷载作用的两端固定的等截面

梁 AB。设正负弯矩的极限值均为 M_u。试求极限荷载 q_u。

【解】　当荷载增加到使 A、B、C 三个截面出现塑性铰时，梁就变成机构，达到极限状态。作破坏机构的虚位移图（图 5-11b）则由虚功方程，可得

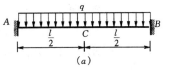

$$2\int_0^{\frac{l}{2}} q_u y dx = M_u\theta + M_u\theta + M_u \times 2\theta$$

将　$y = x\theta$ 代入上式，得

$$2q_u\int_0^{\frac{l}{2}} x\theta dx = 4M_u\theta$$

于是得

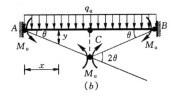

$$\frac{1}{4} q_u l^2 \theta = 4M_u\theta$$

解出

$$q_u = \frac{16M_u}{l^2}$$

图 5-11

【例 5-7】　试求图 5-12(a)所示变截面梁的极限荷载 F_u。已知 $M_u = 20$kN·m。

【解】　此梁出现两个塑性铰即成为破坏机构。除了最大负弯矩和最大正弯矩所在截面 A、C 外，截面突变处 B 右侧也可能出现塑性铰。故此梁共有三种可能的破坏机构：

机构 1：设 A、B 出现塑性铰（图 5-12b）

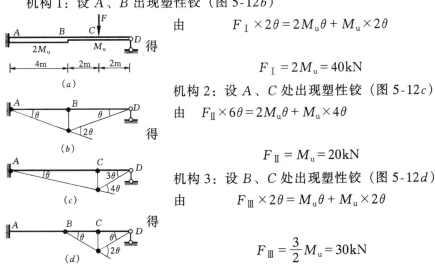

由　　$F_{\text{I}} \times 2\theta = 2M_u\theta + M_u \times 2\theta$

得　　$$F_{\text{I}} = 2M_u = 40\text{kN}$$

机构 2：设 A、C 处出现塑性铰（图 5-12c）

由　$F_{\text{II}} \times 6\theta = 2M_u\theta + M_u \times 4\theta$

得　　$$F_{\text{II}} = M_u = 20\text{kN}$$

机构 3：设 B、C 处出现塑性铰（图 5-12d）

由　　$F_{\text{III}} \times 2\theta = M_u\theta + M_u \times 2\theta$

得　　$$F_{\text{III}} = \frac{3}{2} M_u = 30\text{kN}$$

图 5-12

比较以上结果可知，该连续梁的极限荷载为

$$F_u = F_{II} = 20kN$$

故机构 2 是实际破坏机构。

【例5-8】 求图 5-13（a）所示连续梁的极限荷载 F_u。已知各跨的截面极限弯矩如图示，且 $M_u = 80kN\cdot m$。

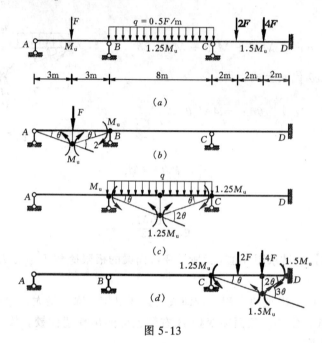

图 5-13

【解】 绘出各跨单独破坏时机构的虚位移图，由虚功原理求出相应的破坏荷载。注意支座 B、C 处极限弯矩应取其左、右两跨中的较小者。

①AB 跨破坏时（图 5-13b），虚功方程为

$$F_I \Delta = M_u\theta + M_u \times 2\theta$$

将 $\theta = \dfrac{\Delta}{3}$ 代入上式，得

$$F_I = M_u = 80kN$$

②BC 跨破坏时（图 5-13c），若将最大正弯矩的塑性铰近似地取在跨度中点，且均布荷载作虚功等于其集度乘虚位移图的面积，则虚功方程为

$$\frac{0.5F_{II}}{2}\Delta \times 8 = M_u\theta + 1.25M_u \times 2\theta + 1.25M_u\theta$$

将 $\theta = \dfrac{\Delta}{4}$ 代入上式，得

$$F_{II} = 47.5kN$$

③CD 跨破坏时（图 5-13d），虚功方程为

$$4F_{Ⅲ}\Delta + 2F_{Ⅲ}\frac{\Delta}{2} = 1.25M_u\theta + 1.5M_u\times3\theta + 1.5M_u\times2\theta$$

将 $\theta = \dfrac{\Delta}{4}$ 代入上式，得

$$F_{Ⅲ} = 35\text{kN}$$

比较以上结果可知，CD 跨先破坏，该连续梁的极限荷载 $F_u = F_{Ⅲ} = 35\text{kN}$。

第五节 比例加载时判定极限荷载的一般定理

前面静定结构和超静定梁的破坏形式比较容易确定，因此可用静力法和机动法简便地求出其极限荷载。当结构和荷载较复杂时，可能的破坏机构就显著增加，实际的破坏机构形式较难确定，为此，其极限荷载的计算可借助于比例加载时的几个定理。

比例加载是指作用于结构上所有荷载按同一比例增加，而且不出现卸载的加载方式。设在结构上作用一力系 F_i，这些力是按比例同时增长的，即 $F_i = \alpha_i F$ $(i = 1、2\cdots i)$，其中 α_i 为已知数，它表示 F_i 各力之间的比例，F 为荷载参数。因此，确定结构的极限荷载实际上就是确定该荷载参数的极限值 F_u。

根据前述梁的极限荷载计算可知，结构处于极限状态时应同时满足三个条件：

1. 平衡条件：在极限状态中，结构的整体或任一局部都能维持平衡。

2. 内力局限条件（又称屈服条件）：在极限状态中，结构上任一截面的弯矩绝对值都不能超过其极限弯矩值，即 $|M|\leqslant M_u$。

3. 单向机构条件：在极限状态中，结构中出现足够数目的塑性铰，使结构成为机构，可沿荷载方向作单向运动。

为了便于讨论，我们给出两个定义：

对于比例加载的给定结构，按照各种可能的破坏机构，由平衡条件所求得的荷载称为可破坏荷载，用 F^+ 表示。可破坏荷载满足单向破坏机构条件和平衡条件。

对于比例加载的给定结构，按照各种可能而又安全的弯矩分布状态所求得的荷载称为可接受荷载，用 F^- 表示。可接受荷载满足平衡条件和屈服条件。

由此可见，极限荷载既是可破坏荷载，又是可接受荷载。

下面给出比例加载时，确定极限荷载的四个定理及其证明。

一、基本定理

可破坏荷载 F^+ 恒不小于可接受荷载 F^-，即

$$F^+ \geqslant F^- \tag{5-7}$$

证明：取任一可破坏荷载 F^+，对于相应的单向机构位移列出虚功方程，得

$$F^+ \Delta = \sum_{i=1}^{n} |M_{ui}||\theta_i| \tag{a}$$

这里 n 是塑性铰的数目，M_{ui} 和 θ_i 分别是第 i 个塑性铰处的极限弯矩和相对转角。根据单向机构条件，式（a）右边原应为 $M_{ui}\theta_i$，其值恒为正值，故可用其绝对值来表示。

再取任一可接受荷载 F^-，令此荷载及其内力状态经历上述机构位移，可列出虚功方程，得

$$F^- \Delta = \sum_{i=1}^{n} M_i^- \theta_i \tag{b}$$

式中，M_i^- 为 F^- 作用引起的第 i 个塑性铰截面处的弯矩值。

根据内力局限条件

$$M_i^- \leqslant |M_{ui}|$$

可得

$$\sum_{i=1}^{n} M_i^- \theta_i \leqslant \sum_{i=1}^{n} |M_{ui}||\theta_i|$$

将式（a）和（b）代入上式，且由于 Δ 为正值，故得

$$F^+ \geqslant F^-$$

于是基本定理得到证明。

由上述基本定理可导出下面三个定理。

二、上限定理（或称为极小定理）

可破坏荷载是极限荷载的上限；或者说，极限荷载是可破坏荷载中的极小者。

证明：因为极限荷载 F_u 是可接受荷载 F^-，故由基本定理，可得

$$F_u \leqslant F^+ \tag{5-8}$$

三、下限定理（或称为极大定理）

可接受荷载是极限荷载的下限；或者说，极限荷载是可接受荷载中的极大者。

证明：因为极限荷载 F_u 是可破坏荷载 F^+，故由基本定理，可得

$$F_u \geqslant F^- \tag{5-9}$$

四、唯一性定理（又称为单值定理）

极限荷载值是唯一确定的。也就是说，如果荷载是可破坏荷载，同时又是可

接受荷载，则此荷载即是极限荷载。

证明：设同一结构存在两种极限内力状态，相应的极限荷载分别为 F_{u1} 和 F_{u2}。因为每个极限荷载既是可破坏荷载，又是可接受荷载，如果把 F_{u1} 看作可破坏荷载 F^+，把 F_{u2} 看作可接受荷载 F^-，由基本定理可知

$$F_{u1} \geqslant F_{u2}$$

反之，如果把 F_{u2} 看作 F^+，把 F_{u2} 看作 F^-，则有

$$F_{u2} \geqslant F_{u1}$$

要同时满足以上两式，因此有

$$F_{u1} = F_{u2} \tag{5-10}$$

应当指出，同一结构在同一广义力作用下，其极限内力状态可能不止一种，但每一种极限内力状态相应的极限荷载值则应彼此相等。也就是说，极限荷载值是唯一的，而极限内力状态则不一定是唯一的。

利用这些定理，一方面，可估计极限荷载的取值范围，求近似解；另一方面，可得到求精确解的方法。

第六节　简单刚架的极限荷载

本节根据比例加载时判定极限荷载的一般定理，介绍不考虑剪力及轴力影响时确定极限荷载的两种计算方法——机构法和试算法。

一、机构法

根据上限定理在所有 F^+ 中寻找 $F^+_{\min}$ 从而确定极限荷载的方法称为机构法。即列出结构各种可能的破坏机构，用平衡条件或虚功方程求出所有可破坏荷载，其中最小者即是极限荷载。

与连续梁相比，确定刚架的破坏机构要复杂一些，通常须先确定一些基本破坏机构，简称基本机构。由这些基本机构适当组合，得到若干个新的破坏机构，称为组合机构。按照各基本机构和组合机构求出相应的可破坏荷载，其中最小值就是极限荷载。这里应该指出的是，对于复杂刚架，由于可能的破坏形式有很多种，计算时容易遗漏一些破坏形式，因而得到的可破坏荷载的最小值不一定就是极限荷载，而是极限荷载的上限值。若此时屈服条件也满足，它才是极限荷载。

刚架的基本机构数目 m 可按下式确定：

$$m = h - n \tag{5-11}$$

式中，h 为刚架可能出现的塑性铰总数；n 为刚架多余约束数，即超静定次数。

对基本机构进行组合时，应遵循下面的原则：在新组合的机构中，外荷载所

作的外力功尽可能大些，而极限弯矩所作的内力功尽可能小些，亦即尽量使较多塑性铰的转角能互相抵消而使塑性铰闭合，从而使塑性铰处的极限弯矩所作的内力功较小。这样，就能求得接近极限荷载的上限值。

【例 5-9】 试求图 5-14（a）所示刚架的极限荷载。已知 AC 柱和 BD 柱的极限弯矩为 M_u，CD 横梁的极限弯矩为 $2M_u$。

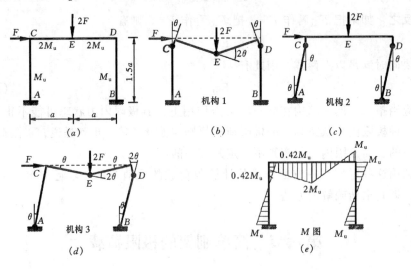

图 5-14

【解】 （1）确定可能的破坏机构

本题刚架各杆分别为等截面杆，由弯矩图形状可知，塑性铰只可能在 A、B、C（下侧）、D（下侧）、E 五个截面处出现。此刚架是三次超静定结构，所以基本机构数 $m = 5 - 3 = 2$。可能的破坏机构如图 5-14（b）、（c）、（d）所示。图 5-14（b）、（c）为基本机构，图 5-14（d）为组合机构。因为图 5-14（b）和（c）中 C 截面处塑性铰的转角方向相反，故这两个基本机构组合后，C 截面的塑性铰转角互相抵消而使塑性铰消失。同理，因两个基本机构在 D 截面处的塑性铰的转角方向相同，故组合后该塑性铰的转角增大为 2θ，D 截面的塑性铰仍存在。

（2）计算各种机构相应的可破坏荷载

机构 1（图 5-14b）：横梁 CD 上出现了 3 个塑性铰而成为瞬变（其余部分仍为几何不变），故又称"梁机构"。由虚功方程得

$$2F（a\theta）= M_u\theta + 2M_u \times 2\theta + M_u\theta$$

于是得

$$F_1^+ = 3\frac{M_u}{a}$$

机构 2（图 5-14c）：4 个塑性铰出现在 A、B、C、D 处，各杆仍为直线，整个刚架侧移，故又称"侧移机构"。由虚功方程得

$$F \times 1.5a\theta = 4M_u\theta$$

于是得

$$F_2^+ = 2.67 \frac{M_u}{a}$$

机构 3（图 5-14d）：塑性铰出现在 A、B、D、E 处，横梁转折，刚架亦侧移，为组合机构。由虚功方程得

$$F \times 1.5a\theta + 2Fa\theta = M_u\theta + 2M_u \times 2\theta + M_u \times 2\theta + M_u\theta$$

于是得

$$F_3^+ = 2.29 \frac{M_u}{a}$$

（3）比较可得极限荷载：比较上述可破坏荷载，其最小值为 F_3^+。于是可得极限荷载

$$F_u = F_3^+ = \frac{2.29M_u}{a}$$

（4）校核屈服条件：由各塑性铰处之弯矩等于极限弯矩，可绘出右柱和横梁右半段的弯矩图（图 5-14e）。设结点 C 处两杆端弯矩为 M_C（内侧受拉），由横梁弯矩图的叠加法有

$$\frac{M_u - M_C}{2} + 2M_u = \frac{2F_u \times 2a}{4} = F_u a = 2.29M_u$$

可得

$$M_C = 0.42M_u < M_u$$

可见，各截面的弯矩值都没有超过极限弯矩值，所求得的极限荷载既是可破坏荷载，又是可接受荷载，所以计算结果正确。

二、试算法

根据唯一性定理检验某个 F^+ 是否同时又是 F^- 从而求出极限荷载的方法称为试算法。即任选一个破坏机构，由平衡条件或虚功方程求出相应的可破坏荷载。根据平衡条件作出其弯矩图，检验各截面弯矩是否不大于极限弯矩，即检验是否满足屈服条件。若满足则该可破坏荷载同时也是可接受荷载，根据唯一性定理，此荷载就是极限荷载。若不满足，则另选一个破坏机构继续运算，直至满足为止。

在采用试算法计算时，为了尽快找到实际的破坏机构，应选择外力功较大，极限弯矩所作的内力功相对小些的破坏机构进行试算，因为这样的机构所求得的

破坏荷载就会较小而有可能成为极限荷载。

【例 5-10】 用试算法计算图 5-15（a）所示刚架的极限荷载，设各杆截面的极限弯矩均为 M_u。

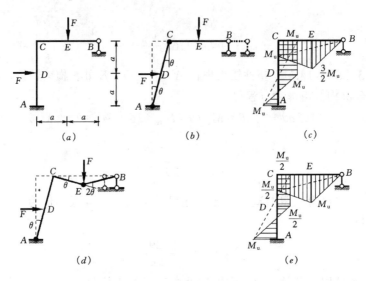

图 5-15

【解】 若选择图 5-15（b）所示侧移机构为破坏形式，由虚功原理得

$$F^+ a\theta = M_u\theta + M_u\theta$$

可破坏荷载为

$$F^+ = \frac{2M_u}{a}$$

作出相应的弯矩图如图 5-15（c）所示。从图中看出 E 截面的弯矩已超过极限值，不符合屈服条件，故 $F^+ = \frac{2M_u}{a}$ 不是极限荷载。

若选择图 5-15（d）所示的组合机构为破坏形式，则由虚功原理可得

$$F^+ a\theta + F^+ a\theta = M_u\theta + M_u\times 2\theta$$

可破坏荷载为

$$F^+ = \frac{1.5M_u}{a}$$

由平衡条件作出相应的弯矩图如图 5-15（e）所示，该弯矩图表明各截面均满足屈服条件，故根据惟一性定理可知，刚架的极限荷载为

$$F_u = \frac{1.5M_u}{a}$$

思 考 题

1. 什么是结构的塑性分析?

2. 什么叫极限状态、极限荷载和极限弯矩?

3. 什么叫塑性铰?它与普通铰有什么区别?

4. 什么叫破坏机构?静定结构出现一个塑性铰时是否一定成为破坏机构? n 次超静定结构是否必须出现 $n+1$ 个塑性铰才能成为机构?

5. 结构处于极限状态时满足哪些条件?

6. 什么叫可破坏荷载和可接受荷载?它们与极限荷载的关系如何?

7. 试说明机构法、试算法计算极限荷载的理论依据。

习 题

5-1 设材料的屈服极限为 $\sigma_s = 240\text{MPa}$,试求下列截面的极限弯矩 M_u:(a)图示工字钢截面;(b)图示 T 形截面;(c)图示环形截面。

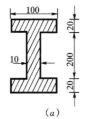 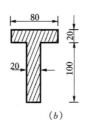 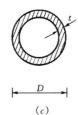

(a) (b) (c)

图 5-16 习题 5-1 图

5-2 求图示静定梁的极限荷载,设 $\sigma_s = 240\text{MPa}$。

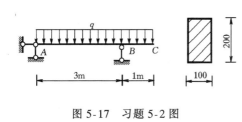 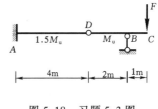

图 5-17 习题 5-2 图　　　　　　　　图 5-18 习题 5-3 图

5-3 试求图示梁的极限荷载。

5-4～5-6 试求图示单跨超静定梁的极限荷载。

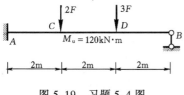 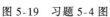 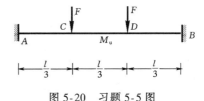

图 5-19 习题 5-4 图　　　　　　　　图 5-20 习题 5-5 图

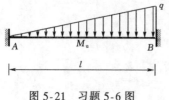

图 5-21 习题 5-6 图

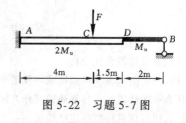

图 5-22 习题 5-7 图

5-7 试求图示变截面梁的极限荷载。

5-8~5-11 试求图示连续梁的极限荷载。

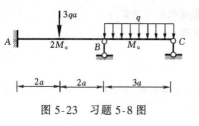

图 5-23 习题 5-8 图

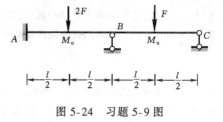

图 5-24 习题 5-9 图

5-12~5-15 试求图示刚架的极限荷载。

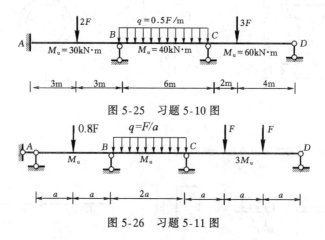

图 5-25 习题 5-10 图

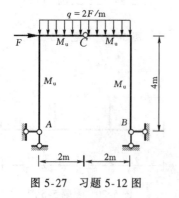

图 5-26 习题 5-11 图

图 5-27 习题 5-12 图

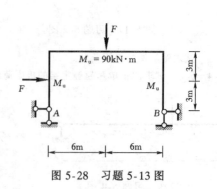

图 5-28 习题 5-13 图

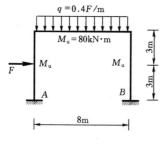

图 5-29　习题 5-14 图

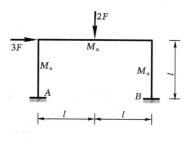

图 5-30　习题 5-15 图

附录 I 平面杆系结构静力分析
程序（PMGX 程序）

通过第二章的学习，我们已经掌握了矩阵位移法的基本思想和原理。下面，我们将学习有关矩阵位移法的程序设计以及程序的使用方法。

将要介绍的程序是用 FORTRAN 语言编写，通过 Fortran PowerStation V4.0 软件编译，在 PⅢ、PⅣ 微机上实现的。

为了加强程序计算的功能，本程序采用了如下一些技术措施：用特殊结点约束信息来自动形成结点有效未知量；用单元"定位向量"来简化"对号入座"；用一维变带宽下三角行存的方式存储总刚度阵元素以节约内存；用分解三角阵法（$K = LL_0L^T$）解方程以方便计算多组荷载等。

一、程序功能

本程序可以对平面杆系结构进行静力分析，最后算得并输出各杆杆端的位移（u_1 v_1 θ_1 u_2 v_2 θ_2）和内力（N_1 V_1 M_1 N_2 V_2 M_2），以及任意指定截面的内力（N_i V_i M_i）。同时，根据教学需要，还可一一输出各中间计算结果。

① 结构形式：可适用于连续梁、桁架、刚架、排架、组合结构及拱等平面杆系结构。

② 荷载形式：可包括任意一般荷载以及温度变化、安装误差和支座变动等广义荷载。

③ 支座形式：可处理可动铰支座、不动铰支座、定向支座、固定支座、弹性支承及斜支承。

④ 单元连接：可处理全部刚接、全部铰接，也可处理不传递剪力和轴力而使单元的位移出现局部间断的各种连接。

⑤ 限制条件：详见附表 1。

程序限制条件   附表 1

单元数	结点数	特殊结点数	弹性支承数	未知量总数	总刚元素总数	结点荷载数	非结点荷载数
150	80	80	10	200	10000	50	100

注：温度变化、安装误差及支座变动等广义荷载均计入非结点荷载中。

当算题的某些变量超过了限制条件时，可根据计算机容量适当调节有关数组的大小，特别是总刚数组的大小。一般来说，对于 256M 内存的机器，总刚数组最大不能超过 60000000。

二、程序总框图

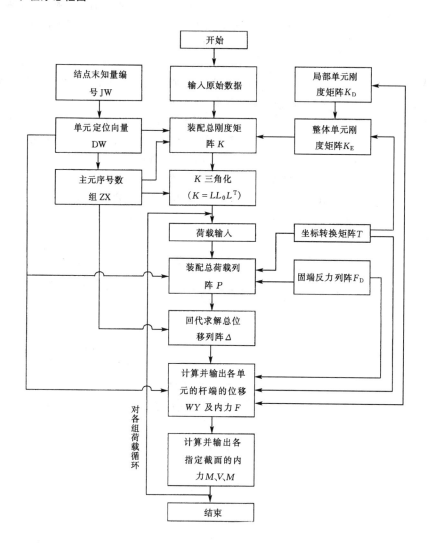

三、计算简图

为了便于填写输入数据和阅读输出结果，应画出结构的计算简图。本程序以结点全部刚接、支座全部嵌固的典型框架为基本结构，一般常见荷载为基本荷载，并统一采用两端嵌固杆的单元刚度矩阵和等效结点荷载的计算公式；对于实际工程中采用的其他各种杆系结构、单元连接、支承条件以及存在的各种广义荷载，利用力学概念加以分析和处理，对计算简图加以适当改造，即可以很方便地运用本程序进行有关静力计算。

1. 在计算简图中，应对单元进行编号；并对结点和支座进行编号。每个结点有三个位移分量，依次为 $u(\rightarrow)$, $v(\uparrow)$, $\theta(\circlearrowright)$。为了一目了然，也可将"结点未知量编号"直接写在结点号及支座号旁边的长方框内（附图1）。

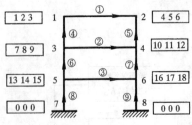

附图1 编号

建议在计算简图中，沿杆件的轴线画一箭头表示杆件的正方向：水平杆以由左向右为正，竖直杆以由下向上为正，斜杆以↗和↘为正。

结点编号总的原则是：应使每个单元两端结点有效未知量编号的差值为最小，以尽可能减小总刚度阵中"非零元素"的带宽。

2．关于局部间断的处理：在杆系结构中，单元间除刚接或铰接外，在构造上还会遇到不传递剪力和轴力的连接，单元的位移出现局部间断。对此，只须应用单元定位向量中的主从关系，对主从结点进行"双编号"，就可以很容易加以处理（附图2）。主从关系是相对的，可将其中任一个结点作为主结点，而另一个结点作为从结点。对从结点，作为特殊结点（即结点有效位移未知量不足三个者）看待，应填写相应的约束特征数（参见第二个输入语句的说明）。

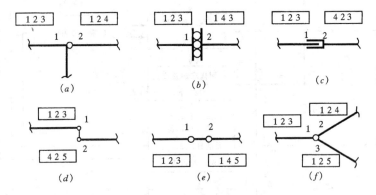

附图2 在局部间断点处采用"双编号"

3．关于忽略轴向变形的处理：

① 处理方法之一：可取单元的截面积（A）相对于惯性矩（I）为一足够大的数。例如，一般可取 $A/I = 10^4 \sim 10^6$（$1/m^2$）。

② 处理方法之二：引入附加的轴向刚度条件，第一类轴向刚度条件为：竖直杆上各结点的竖向位移均视为0，于是可按支承条件同样处理，即相应的竖向位移未知量编号为0；第二类轴向刚度条件为：结构每一层只有一个水平位移未知量，即同一层的水平位移可编同一个号（附图3）。经过这样处理后，各截面 A 可填任意值。

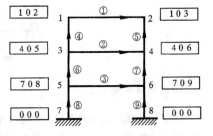

附图3 关于忽略轴向变形的处理

4．关于无效未知量的处理：

连续梁每一个结点的第一个未知量 u，以及平面桁架中每一个结点（或组合结构中桁杆两端）的第三个未知量 θ 均为无效未知量（参见附图4，长方框内用-1标注）。这些结点均作特殊结点看待，应填写相应的约束特征数（参见第二个输入语句说明）。尚须注意，对于桁杆，其 $EI = 0$，一般可近似地取为 10^{-6}。

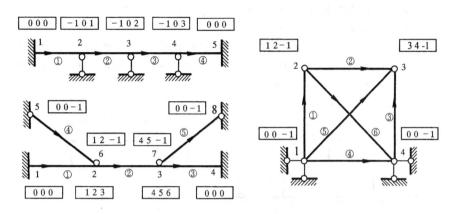

附图 4　关于无效未知量的处理

5. 关于不可压缩链杆的处理：

排架结构中的屋顶链杆，为两端铰接的不可压缩链杆，其特点是只承受轴力，不承受弯曲和剪力。为模拟这个特点，只须将其换成两端刚接杆，并令 $EA \rightarrow \infty$ 以及 $EI = 0$，一般可取 $EA = 10^6$（附图 5）。顺便指出，结构的支承连杆也可同样代换，以模拟其支承条件。

6. 关于阶形柱的处理：

排架柱多为阶形柱，上、下二柱截面的轴线不在一直线上。对此，可在转折处增加一结点，亦即增加一段 EA 及 EI 都很大的刚性杆（附图 5）。这样，上、下二柱截面均成为等截面了。

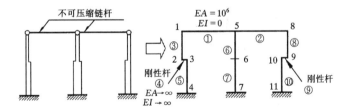

附图 5　关于不可压缩链杆及阶型柱的处理

7. 关于拱形结构的处理：

拱的轴线是弯曲的，并常是变截面的。在确定计算简图时，可人为地在拱的轴线上增加若干点，把拱分成一小段一小段的组合，亦即将连续的弯曲拱轴线简化成由若干直线段（每段视为常截面）组成的折线形。其计算精度随所分直线段段数的增加而相应地提高，一般宜 ≥12 段。

8. 关于支座变动、安装误差及温度变化的处理：

本程序视这些影响因素为广义荷载（参见附表2），按第十二个输入语句输入。程序自动将其影响转化为等效结点荷载，而叠加到总荷载列阵中去。

9. 关于弹性支承的处理：

将每个弹性支承的约束方向均看作一弹簧，按第九个输入语句输入弹性支承信息。程序自动将各弹簧刚度 k_i 叠加到总刚度矩阵中相应的 K_{ii} 中去。

10. 关于对称性的利用：

由结构力学已知，对于对称结构，根据荷载的对称与反对称（一般荷载可分解为对称与反对称两种荷载的叠加），采用等效的"半边结构"可以有效地简化计算。附图 6 即为利用对称性简化计算的一例。

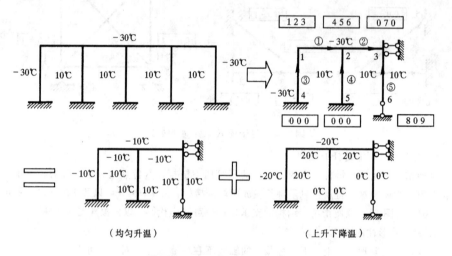

附图 6　利用对称性简化计算

四、数据输入

1. 第一个输入语句：输入七个整型量。

NE	NJ	NJT	NSP	NHZ	JG	ZJ

① NE——单元数。

② NJ——结点数

③ NJT——特殊结点数。凡结点有效位移未知量不足三个的结点，叫做"特殊结点"。例如，除弹性支承以外的各种支座，各种"从结点"，连续梁的每个结点以及铰接桁架的每个结点等。

④ NSP——弹性支承数。

⑤ NHZ——荷载组数。

⑥ JG——结构类型码。约定：

　　1——连续梁，2——桁架，3——刚架；

　　4—排架；5—组合结构，6——拱。

⑦ ZJ——控制输出信息。约定：

　　1——需输出全部中间结果，并输出最后结果；

　　0——不输出全部中间结果，只输出最后结果。

　　2. 第二个输入语句：输入一个整型数组——特殊结点约束信息 JTX（4，NJT）。例如，第 I 个特殊结点

JTX（1，I）	JTX（2，I）	JTX（3，I）	JTX（4，I）
特殊结点号	u 方向的约束特征数	v 方向的约束特征数	θ 方向的约束特征数

　　每段输入 4 个数据。其中 u、v、θ 方向的约束特征数约定为：

　　1——沿某位移未知量方向的位移为 0，即有约束。

　　0——沿某位移未知量方向可以自由位移，即无约束。

55555——表示无效的未知量；例如，连续梁中沿每个结点 u 方向的未知量以及铰接桁架
　　　　　中沿每个结点 θ 方向的未知量等。

　　对于非独立的结点位移未知量，采用主从关系来表示，即在从结点的相应未知量的约束
特征数上填写所对应的主结点号。如结点 1 为主结点，则填 1001；其他结点（非 1 结点）为
主结点时，就直接填写该主结点号。

　　3. 第三个输入语句：输入一个整型数组——单元结点码数组 JM（2，NE）。例如，第 E
单元

JM（1，E）	JM（2，E）
始端结点码	末端结点码

　　每段输入 2 个数据。

　　4. 第四个输入语句：输入一个实型数组——各结点的 x 坐标 X（NJ）。

X（NJ）			

　　每段输入 4 个数据。x 坐标以向右为正。

　　5. 第 5 个输入语句：输入一个实型数组——各结点 y 坐标 Y（NJ）。

Y（NJ）			

　　每段输入 4 个数据。y 坐标以向上为正。

　　6. 第六个输入语句：输入一个实型数组——各单元的弹性模量 EE（NE）。

EE（NE）			

　　每段输入 4 个数据。若乙杆的弹性模量与甲杆的相同，可简便地填写为：－（甲杆单元
号）.0。

7. 第七个输入语句：输入一个实型数组——各单元的截面积 AA（NE）。

AA（NE）		

每段输入 4 个数据。若乙杆的截面积与甲杆的相同，可简便地填写为：－（甲杆单元号）. 0。当忽略轴向变形时，可取单元的截面积为一个足够大的数（一般取普通单元的 $10^3 \sim 10^6$ 倍）。

8. 第八个输入语句：输入一个实型数组——各单元的截面惯性矩 JJ（NE）。

JJ（NE）		

每段输入 4 个数据。若乙杆的截面惯性矩与甲杆的相同，可简便地填写为：－（甲杆单元号）. 0。

9. 第九个输入语句：若有弹簧支承（NSP＞0），则输入一个实型数组——弹簧支承信息 SP（2，NSP）。例如，第 I 个弹簧。

SP（1，I）	SP（2，I）
弹簧刚度	对应未知位移分量编码

每段输入两个数据。

当以上九个语句输入后，计算机即开始进行计算，直至装配形成总刚度矩阵〔K〕，并完成〔K〕三角化。这时，屏幕上将显示"HZ（荷载）＝I"（I＝1，2，NHZ）字样，于是可继续输入以下与形成总荷载列阵有关的数据。

10. 第十个输入语句：输入五个整型量。

NPJ	NPF	WD	ZB	NS

① NPJ——结点荷载个数；

② NPF——非结点荷载个数；

③ WD——温度变化信息：

　　1——要考虑温度变化，0——不考虑温度变化。

④ ZB——支座变动信息：

　　1——有支座变动，0——无支座变动。

⑤ NS——指定计算截面个数。

11. 第十一个输入语句：如有结点荷载（NPJ＞0），则输入一个实型数组——结点荷载数组 PJ（2，NPJ）。例如，第 I 个结点荷载

PJ（1，I）	PJ（2，I）
荷载值	结点号. 方向数

每段输入两个数据。其中结点荷载值以→，↑，和 ⤵ 为正。其方向数为

12. 第十二个输入语句：如有非结点荷载（NPF＞0），则输入一个实型数组——非结点荷载数组 PF（4，NPF）。例如，第Ⅰ个结点荷载

PF（1，Ⅰ）	PF（2，Ⅰ）	PF（3，Ⅰ）	PF（4，Ⅰ）
荷载值 （G）	荷载位置参数 （C）	荷载所在单元编码 （E）	荷载类型编码 （IND）

每段输入 4 个数据。荷载类型见附录表 2，其荷载值以与"附表 2"中标注一致为正。

13. 第十三个输入语句：如果考虑温度变化（WD＝1），则输入一个实型量——线膨胀系数 ALPHA（即 α）。

ALPHA

14. 第十四个输入语句：如果考虑温度变化（WD＝1），则输入一个实型数组截面高度——HH（NE）。

HH（NE）			

每段输入 4 个数据。

15. 第十五个输入语句：如需计算指定截面（NS＞0）的内力（N_i，V_i，M_i），则输入一个实型数组——指定截面信息 SECT（2，NS）。例如，第Ⅰ个截面

SECT（1，Ⅰ）	SECT（2，Ⅰ）
截面所在单元号	截面距杆件始端距离

每段输入 2 个数据。

当输入以上语句后，程序即自动装配形成总荷载列阵 {P}，解出结点位移列阵 {Δ}，进而求出各杆端位移和杆端内力（均以→，↑ 和 ⤵ 方向为正）以及各指定截面的内力（按结构力学约定方向）。若有多组荷载，屏幕上将显示 HZ（荷载）＝Ⅰ＋1。于是可按 10～15 语句顺序，重新输下一组荷载以及所需计算的指定截面信息。如此反复进行，直至最后一组荷载计算结束为止。

荷　载　类　型　　　　　　　　　　　　　　　　　附表 2

类型 （IND）	荷　载　形　式	类型 （IND）	荷　载　形　式
1		2	

续表

类型 (IND)	荷 载 形 式	类型 (IND)	荷 载 形 式
3	$G(t)$	10	$G(m)$
4	$G(t/m)$	11	G
5	$G(t/m)$	12	$G(m)$
6	$G(t \cdot m)$	13	$G(m)$
7	均匀升温 $G℃$	14	G
8	上升下降温 $G℃$ $-G℃\ B$ h	15	G（安装误差） 伸长—(+),缩短—(−)
9	$G(m)$		

五、输出内容

根据教学需要，本程序可依次输出如下计算结果：

1. 结点未知量编号 JWBH

2. 结点未知量总个数 NW

3. 单元定位向量 DWXL

4. 主元序号数组 ZYXH

5. 总刚元素总个数 NK

6. 各单元坐标转换矩阵 T

7. 局部单元刚度矩阵 K_D

8. 整体单元刚度矩阵 K_E

9. 总刚度矩阵 K

10. 单元固端反力 F_0

11. 结点荷载 P_J

12. 各单元等效结点荷载 P_E

13. 结点总荷载列阵 P

14. 结点总位移列阵 △

15. 各杆端位移 WY（即 u_1，v_1，θ_1，u_2，v_2，θ_2）

　　　各杆端内力 F（即 N_1，V_1，M_1，N_2，V_2，M_2）
　　　　　　　　→　　↑　　↵　　→　　↑　　↵

16. 各指定截面内力 NVM（即 N_i，V_i，M_i），按结构力学约定方向

　　　若在第一个输入语句中，令"控制输出信息"ZJ = 0，则只输出最后结果（即第15～16项结果），而不输出中间结果（即第1～14项结果）。

六、算例

试用本教材所附 PMGX 程序计算附图7所示结构的内力（本算例只要求输出最后结果）。

为了进行实际计算，需要事先生成两个数据文件，文件名不得超过15个字节，对于附图7的算例，第一个文件有12行数（右边为对应数据的注释，不是数据内容）：

3,5,3,0,1,3,0　　　（NE,NJ,NJT,NSP,
　　　　　　　　　　　NHZ,JG,ZJ）

1,1,1,1 ⎫
4,3,3,0 ⎬　　　（JTX(4,NJT)）
5,1,1,1 ⎭

1,2 ⎫
2,3 ⎬　　　（JM(2,NE)）
5,4 ⎭

0.,0.,4.,4.,4　　　（X(NJ)）

0.,4.,4.,4.,0.　　　（Y(NJ)）

1.,1.,1.　　　（EE(NE)）

10000.,－1.,－1.　　　（AA(NE)）

16.,24.,12.　　　（JJ(NE)）

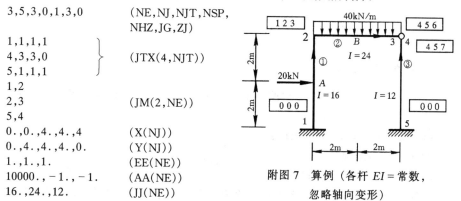

附图7　算例（各杆 EI = 常数，
忽略轴向变形）

第二个文件有 5 行数：

0,2,0,0,2	(NPJ,NPF,WD,ZB,NS)
20.,2.,1.,1.	⎫
40.,4.,2.,2	⎬ (PF(4,NPF))
1.,2.　（图中 A 截面）	⎬
2.,2.　（图中 B 截面）	⎭ (SECT(2,NS))

当屏幕上出现 INPUT：JBCS　DATAFILE　NAME 时，输入第一个数据文件。

当屏幕上出现 INPUT：HZ　DATAFILE　NAME 时，输入第二个数据文件，接着可以看到以下内容（第 15～16 项输出内容）

* * * * * WY　F * * * * *

E = 1

U1	V1	THETA1	U2	V2	THETA2
.0000E + 00	.0000E + 00	.0000E + 00	− .3346E − 01	− .8928E + 01	.3634E + 01
N1	V1	M1	N2	V2	M2
83.6439	14.9800	− 34.4959	− 83.6439	5.0200	14.5757

E = 2

U1	V1	THETA1	U2	V2	THETA2
.8928E + 01	− .3346E − 01	.3634E + 01	.8926E + 01	− .3054E − 01	− .4040E + 01
N1	V1	M1	N2	V2	M2
5.0208	83.6439	− 14.5757	− 5.0208	76.3561	.0000

E = 3

U1	V1	THETA1	U2	V2	THETA2
.0000E + 00	.0000E + 00	.0000E + 00	− .3054E − 01	− .8926E + 01	.3347E + 01
N1	V1	M1	N2	V2	M2
76.3561	5.0208	− 20.0833	− 76.3561	− 5.0208	.0000

* * * * * NVM * * * * *

SECTION	N	V	M
1	− 83.643920	14.980050	− 4.535817
2	− 5.020821	3.643929	72.712160

STOP

七、源程序符号意义

A（NA）——子程序 14、15 中的哑元。先存放 A（线性方程组系数矩阵），后存放 L（分解阵）。

AA（NE）——单元截面面积数组。

AO——单元截面面积。

ALPHA——温度线膨胀系数 α。

B（N）——子程序 14、15 中的哑元。先存放 B（线性方程组右端项列矩阵），次存放 Y

（中解），最后存放 X（终解）。

C——荷载位置参数。

CO——$\cos\alpha$

D（N）——子程序 14、15 中的哑元。主元序号数组。

DW（6）——单元定位向量数组。

E——单元码，循环变量。

EE（NE）——单元弹性模量数组。

EO——单元弹性模量。

F（6）——单元杆端内力数组。

FO（6）——单元固端力数组。

G——荷载值。

HH（NE）——单元截面高度数组。

HO——单元截面高度。

HZ——荷载组数码，循环变量。

IND——荷载类型码。

JG——结构类型码。

JJ（NE）——单元的截面惯性矩数组。

JO——单元的截面惯性矩。

JM（2，NE）——单元结点码数组。

JL——单元始端结点码。

JR——单元末端结点码。

JTX（4，NJT）——特殊结点约束信息数组。

JW（3，NJ）——结点未知量编号数组。

K（NK）——总刚度矩阵。

KD（6，6）——局部单元刚度矩阵。

KE（6，6）——整体单元刚度矩阵。

LO——单元长度。

MPF——非结点荷载码，循环变量。

N——子程序 14、15 中的哑元。线性方程组中未知量的个数，循环变量。

NA——子程序 14、15 中的哑元。线性方程组中未知量系数矩阵"编号元素"的总个数。

NE——单元数。

NHZ——荷载组数。

NJ——结点数。

NJT——特殊结点数。

NK——总刚度矩阵中"编号元素"的总个数。

NPJ——结点荷载个数。

NPF——非结点荷载个数。

NVM（3）——指定截面内力数组。

NS——指定计算截面个数。

NSP——弹性支承数。

NW——结点未知量总个数。

PJ（2，NPJ）——单元结点荷载信息数组。

PF（4，NPF）——单元非结点荷载信息数组。

PE（6）——单元等效结点荷载。

P（NW）——结点总荷载列阵。

SP（2，NSP）——弹性支承信息数组。

SECT（2，NS）——计算指定截面信息数组。

T（6，6）——单元坐标转换矩阵。

THEAT——结点转角 θ。

U——结点水平方向位移。

V——结点竖直方向位移。

WD——温度变化信息。

WY（6）——单元杆端位移数组。

X（NJ）——结点 x 坐标数组。

XL——单元末端与始端二结点 x 坐标的差值，即 Δx。

Y（NJ）——结点 y 坐标数组。

YL——单元末端与始端二结点 y 坐标的差值，即 Δy。

ZB——支座变动信息。

ZJ——控制输出信息。

ZX（NW）——主元序号数组。

八、源程序（肖允徽，张来仪，杨刚，2002.7.30）

```
C        PROGRAM FOR TEACHING NO.1
C        * * * * * * * * * * * * * * * * * * * *
C        STATICAL ANALYSIS OF STRUCTURE
C            BY PLANE MEMBER SYSTEM
C        * * * * * * * * * * * * * * * * * * * *
         PROGRAM PMGX
         DIMENSION JTX(4,80),JM(2,150),JW(3,80),X(80),Y(80),T(6.6),
     $      EE(150),AA(150),HH(150),PJ(2,50),PF(4,100),FO(6),PE(6),
     $      P(200),WY(6),F(6),SECT(2,70),SP(2,10)
         INTEGER   E,DW(6),ZX(200),WD,ZB,HZ,ZJ
         REAL JJ(200),KD(6,6),KE(6,6),K(10000),NVM(3)
         CHARACTER ZFF * 15
         CALL JBCS(NE,NJ,NJT,NSP,NHZ,JG,ZJ,JTX,JM,X,Y,EE,AA,JJ,SP)
         IF(ZJ.EQ.0)GOTO 240
         WRITE( * ,10)
```

```
  10    FORMAT(1X//1X,' * * * * * JWBH * * * * * ')
        CALL JWBH(NJ,NJT,JTX,JW,NW)
        WRITE( * ,20)(J,(JW(I,J),I=1,3),J=1,NJ)
  20    FORMAT(1X,'(',I2,')',3I5)
        WRITE( * ,30)NW
  30    FORMAT(1X,'NW=',I3)
        WRITE( * ,40)
  40    FORMAT(1X//1X,' * * * * * DWXL * * * * * ')
        DO 50 E=1,NE
        CALL DWXL(E,NE,NJ,JM,JW,DW)
        WRITE( * ,60),E,(DW(I),I=1,6)
  50    CONTINUE
  60    FORMAT(1X',(',I2,')',6I4)
        WRITE( * ,70)
  70    FORMAT(1X//1X,' * * * * * ZYXH * * * * * ')
        CALL ZYXH(NE,NJ,NW,NK,JM,JW,DW,ZX)
        WRITE( * ,80)(ZX(I),I=1,NW)
  80    FORMAT(1X,15I4)
        WRITE( * ,90)NK
  90    FORMAT(1X,'NK=',I3)
        WRITE( * ,100)
 100    FORMAT(1X//1X,' * * * * * T * * * * * ')
        DO 110 E=1,NE
        WRITE3( * ,120)E
        CALL TTT(E,X,Y,NJ,T,JM,NE)
        WRITE( * ,130)((T(I,J),J=1,6),I=1,6)
 110    CONTINUE
 120    FORMAT(1X/1X,'(',I2,')')
 130    FORMAT(1X,6F8.4)
        WRITE( * ,140)
 140    FORMAT(1X//1X,' * * * * * KD * * * * * ')
        DO 150 E=1,NE
        WRITE( * ,160)E
        CALL KDKD(E,AA,EE,JJ,NE,X,Y,NJ,JM,KD)
        WRITE( * ,170)((KD(I,J),J=1,6),I=1,6)
 150    CONTINUE
 160    FORMAT(1X//1X,'(',I2,')')
 170    FORMAT(1X,6E13.4)
```

```
        WRITE( * ,180)
180     FORMAT(1X//1X,'* * * * * KE * * * * * ')
        DO 190 E = 1,NE
        CALL DWXL(E,NE,NJ,JM,JW,DW)
        WRITE( * ,200)E,(DW(I),I=1,6)
        CALL KEKE(E,X,Y,NJ,T,JM,NE,AA,EE,JJ,KD,KE)
        WRITE( * ,210)((KE(I,J),J=1,6),I=1,6)
190     CONTINUE
200     FORMAT(1X/1X,'(',I2,')',I5,2I14,3I11/)
210     FORMAT(1X,6E13.4)
        WRITE( * ,220)
220     FORMAT(1X//1X,'* * * * * K * * * * * ')
        CALL KKK(X,Y,NJ,T,JM,NE,AA,EE,JJ,NW,
     $      KD,KE,JW,DW,NK,ZX,NSP,SP,K)
        WRITE( * ,230)(K(I),I=1,NK)
230     FORMAT(1X,5E13.4)
        IF(ZJ.EQ.1)GOTO 285
240     CALL JWBH(NJ,NJT,JTX,JW,NW)
        CALL ZYXH(NE,NJ,NW,NK,JM,JW,DW,ZX)
        CALL KKK(X,Y,NJ,T,JM,NE,AA,EE,JJ,NW,
     $      KD,KE,JW,DW,NK,ZX,NSP,SP,K)
285     IF(NW.GE.2)CALL JFC1(NW,NK,K,ZX)
        WRITE( * ,'(9X,"INPUT:HZ DATAFILE NAME      ",$ )')
        READ( * ,'(A)')ZFF
        OPEN(8,FILE = ZFF)
        DO 520 HZ = 1,NHZ
        WRITE( * ,290)HZ
290     FORMAT(1X//1X,'* * * * * HZ = ',I2,'* * * * * '/)
        CALL HZHZ(NE,NPJ,NPF,WD ZB,NS,PJ,PF,ALPHA,HH,SECT)
        IF(ZJ.EQ.0)GOTO 335
        WRITE( * ,300)
300     FORMAT(1X//1X,'* * * * * FO * * * * * '/)
310     DO 330 MPF = 1,NPF
        CALL FOFO(E,MPF,PF,NPF,X,Y,NJ,JM,
     $      NE,ALPHA,AA,EE,JJ,HH,WD,ZB,FO)
        WRITE( * ,320)MPF,E,(FO(I),I=1,6)
320     FORMAT(1X,'MPF = ',I2,1X,'E = ',I2,6F10.2)
330     CONTINUE
```

```
335  CALL PPP(JW,PF,NPF,PJ,NPJ,X,Y,NJ,JM,
     $      NE,NW,ALPHA,AA,EE,JJ,HH,WD,ZB,PE,P,ZJ)
     IF(ZJ.EQ.0)GOTO 370
     WRITE( * ,340)
340  FORMAT(1X//1X,' * * * * * P * * * * * ')
     WRITE( * ,350)(P(I),I = I,NW)
350  FORMAT(1X,5F10.2)
     WRITE( * ,360)
360  FORMAT(1X//1X,' * * * * * △ * * * * * ')
370  CALL JFC2(NW,NK,K,P,ZX)
     IF(ZJ.EQ.0)GOTO 390
     WRITE( * ,380)(P(I), = I,NW)
380  FORMAT(1X,6E13.4)
390  WRITE( * ,400)
400  FORMAT(1X//1X,' * * * * * WY  F * * * * * ')
     DO 500 E = 1,NE
     CALL WYNL(E,X,Y,NJ,JM,AA,EE,JJ,NE,NW,JW,PF,NPF,
     $      ALPHA,HH,WD,ZB,P,WY,F)
     GOTO(410,440,470,470,470,470),JG
410  WRITE( * ,420)E,WY(2),WY(3),WY(5),WY(6)
420  FORMAT(1X/1X,'E = ',I5/1X,7X,'V1',9X,'THETA1',
     $      9X,'V2',9X,'THETA2'/1X,4E13.4)
     WRITE( * ,430)F(2),F(3),F(5),F(6)
430  FORMAT(1X/8X,'V1',11X,'MI',11X,'V2',11X,'M2'/1X,4F13.6)
     GOTO 500
440  WRITE( * ,450)E,WY(1),WY(4)
450  FORMAT(1X/1X,'E = ',I5/1X,7X,'U1',11X,'U2'/1X,2E13.4)
     WRITE( * ,460)F(1),F(4)
460  FORMAT(1X/8X,'N1',11X,'N2'/1X,2F13.6)
     GOTO 500
470  WRITE( * ,480)E,(WY(I),I = 1,6)
480  FORMAT(1X/1X,'E = ',I5/7X,'U1',11X,'V1',9X,'THETA1',9X,'U2',
     $          11X,'V2',9X,'THETA2'/1X,6E13.4)
     WRITE( * ,490)(F(I),I = 1,6)
490  FORMAT(1X/8X,'N1',11X,'V1',11X,'M1',
     $          11X,'N2',11X,'V2',11X,'M2'/1X,6F13.4)
500  CONTINUE
     IF(NS.LE.0)GOTO 520
```

```
      WRITE( * ,510)
510   FORMAT(1X//1X,'* * * * * NVM * * * * *'/1X,
     $        'SECTION',8X,'N',14X,'V',14X,'M'/)
      CALL NVMNVM(X,Y,NJ,JM,AA,EE,JJ,NE,NW,JW,PF,
     $        NPF,ALPHA,HH,WD,ZB,P,WY,F,SECT,NS,NVM)
520   CONTINUE
      CLOSE(8)
      STOP
      END
C     SUB.NO.1
      SUBROUTINE JBCS(NE,NJ,NJT,NSP,NHZ,JG,ZJ,
     $        JTX,JM,X,Y,EE,AA,JJ,SP)
      DIMENSION JTX(4,NJT),JM(2,NE),X(NJ),Y(NJ),
     $        EE(NE),AA(NE),SP(2,NSP)
      INTEGER ZJ
      REAL JJ(NE)
      CHARACTER ZFF * 15
      WRITE( * ,'(9X,"INPUT:JBCS DATA FILE NAME    ",$ )')
      READ( * '(A)')ZFF
      OPEN(7,FILE = ZFF)
      READ(7, * )NE,NJ,NJT,NSP,NHZ,JG,ZJ
      READ(7, * )((JTX(I,J),I=1,4),J=1,NJT)
      READ(7, * )((JM(I,J),I=1,2),J=1,NE)
      READ(7, * )(X(I),I=1,NJ)
      READ(7, * )(Y(I),I=1,NJ)
      READ(7, * )(EE(I),I=1,NE)
      READ(7, * )(AA(I),I=1,NE)
      READ(7, * )(JJ(I),I=1,NE)
      IF(NSP.EQ.0)GOTO 190
      READ(7, * )((SP(I,J),I=1,2),J=1,NSP)
190   CLOSE(7)
      RETURN
      END
C     SUB.NO.2
      SUBROUTINE HZHZ(NE,NPJ,NPF,WD,ZB,NS
     $        PJ,PF,ALPHA,HH,SECT)
      DIMENSION PJ(2,NPJ),PF(4,NPF)
      INTEGER WD,ZB
```

```
        REAL HH(NE),SECT(2,NS)
        READ(8,*)NPJ,NPF,WD,ZB,NS
        IF(NPJ.EQ.0)GOTO 50
        READ(8,*)((PJ(I,J),I=1,2),J=1,NPJ)
        GOTO 60
50      NPJ=1
        PJ(1,1)=0.
        PJ(2,1)=1.
60      IF(NPF.EQ.0)GOTO 90
        READ(8,*)((PF(I,J),I=1,4),J=1,NPF)
        GOTO 100
90      NPF=1
        PF(1,1)=0.
        PF(2,1)=1.
        PF(3,1)=1.
        PF(4,1)=1.
100     IF(WD.EQ.0)GOTO 150
        READ(8,*)ALPHA
        READ(8,*)(HH(I),I=1,NE)
        GOTO 170
150     DO 160 I=1,NE
        HH(I)=0.
160     CONTINUE
        ALPHA=0.
170     IF(NS.EQ.0)GOTO 200
        READ(8,*)((SECT(I,J),I=1,2),J=1,NS)
200     RETURN
        END
C       SUB.NO.3
        SUBROUTINE EAJH(E,DD,NE,DO)
        DIMENSION DD(NE)
        INTEGER E
        DO=DD(E)
        IF(DO-0)10,10,20
10      NO=-1.0*DO+0.01
        DO=DD(NO)
20      RETURN
        END
```

```
C   SUB. NO. 4
    SUBROUTINE LOLO(E,X,Y,NJ,JM,NE,XL,YL,LO)
    DIMENSION X(NJ),Y(NJ),JM(2,NE)
    INTEGER E
    REAL LO
    JL = JM(1,E)
    JR = JM(2,E)
    XL = X(JR) - X(JL)
    YL = Y(JR) - Y(JL)
    C = XL * XL + YL * YL
    LO = SQRT(C)
    RETURN
    END
C   SUB. NO. 5
    SUBROUTINE JWBH(NJ,NJT,JTX,JW,NW)
    DIMENSION JTX(4,NJT),JW(3,NJ)
    DO 10 J = 1,NJ
    DO 10 I = 1,3
10  JW(I,J) = 0
    DO 20 J = 1,NJT
    JD = JTX(1,J)
    DO 20 I = 1,3
20  JW(I,JD) = JTX(I+1,J)
    NW = 0
    JT = 0
    DO 100 J = 1,NJ
    DO 90 J = 1,3
    IF(JW(I,J) - 1)30,40,50
30  NW = NW + 1
    JW(I,J) = NW
    GOTO 90
40  JW(I,J) = 0
    GOTO 90
50  IF(JW(I,J) - 1001)60,70,80
60  JW(I,J) = 1000 + JW(I,J)
70  JT = 1
    GO TO 90
80  JW(I,J) = - 1
```

```
90    CONTINUE
100   CONTINUE
      IF(JT.NE.1)GOTO 120
      DO 110 J=1,NJ
      DO 110 I=1,3
      NUM=JW(I,J)
      IF(NUM.LT.1000)GOTO 110
      JD=NUM-1000
      JW(I,J)=JW(I,JD)
110   CONTINUE
120   RETURN
      END
C   SUB.  NO.6
      SUBROUTINE DWXL(E,NE,NJ,JM,JW,DW)
      DIMENSION JM(2,NE),JW(3,NJ)
      INTEGER E,DW(6)
      JL=JM(1,E)
      JR=JM(2,E)
      DO 100 J=1,3
      DW(J)=JW(J,JL)
      DW(J+3)=JW(J,JR)
100   CONTINUE
      RETURN
      END
C   SUB.  NO.7
      SUBROUTINE ZYXH(NE,NJ,NW,NK,JM,JW,DW,ZX)
      DIMENSION JM(2,NE),JW(3,NJ)
      INTEGER E,DW1,DWJ,DW(6),ZX(NW)
      DO 10 I=1,NW
 10   ZX(I)=0
      DO 30 E=1,NE
      CALL DWXL(E,NE,NJ,JM,JW,DW)
      DO 20 I=1,6
      DO 20 J=1,6
      DWI=DW(I)
      DWJ=DW(J)
      MM=DWI-DWJ
      IF(DWI.LE.0.OR.DWJ.LE.0)   GOTO 20
```

```
        IF(MM.GE.ZX(DWI))  ZX(DWI) = MM
20      CONTINUE
30      CONTINUE
        DO 60 I = 1,NW
        IF(I - 1)40,40,50
40      ZX(I) = 1
        GOTO 60
50      ZX(I) = ZX(I) + ZX(I - 1) + 1
60      CONTINUE
        NK = ZX(NW)
        RETURN
        END
C   SUB.   NO.8
        SUBROUTINE TTT(E,X,Y,NJ,T,JM,NE)
        DIMENSION X(NJ),Y(NJ),T(6,6),JM(2,NE)
        INTEGER E
        REAL LO
        CALL LOLO(E,X,Y,NJ,JM,NE,XL,YL,LO)
        CO = XL/LO
        SI = YL/LO
        DO 10 I = 1,6
        DO 10 J = 1,6
10      T(I,J) = 0.
        T(1,1) = CO
        T(1,2) = SI
        T(2,1) = - SI
        T(2,2) = CO
        T(3,3) = 1.
        DO 20 I = 1,3
        DO 20 J = 1,3
20      T(I + 3,J + 3) = T(I,J)
        RETURN
        END
C   SUB.   NO.9
        SUBROUTINE KDKD(E,AA,EE,JJ,NE,X,Y,NJ,JM,KD)
        DIMENSION AA(NE),EE(NE),X(NJ),Y(NJ),JM(2,NE)
        INTEGER E
        REAL LO,JO,JJ(NE),KD(6,6)
```

```
      DO 10 I = 1,6
      DO 10 J = 1,6
10    KD(I,J) = 0.
      CALL LOLO(E,X,Y,NJ,JM,NE,XL,YL,LO)
      CALL EAJH(E,EE,NE,EO)
      CALL EAJH(E,AA,NE,AO)
      CALL EAJH(E,JJ,NE,JO)
      KD(1,1) = EO * AO/LO
      KD(2,2) = 12. * EO * JO/LO ** 3
      KD(3,2) = - 6. * EO * JO/LO ** 2
      KD(3,3) = 4 * EO * JO/LO
      KD(4,1) = - KD(1,1)
      KD(4,4) = KD(1,1)
      KD(5,2) = - KD(2,2)
      KD(5,3) = - KD(3,2)
      KD(5,5) = KD(2,2)
      KD(6,2) = KD(3,2)
      KD(6,3) = 2. * EO * JO/LO
      KD(6,5) = - KD(3,2)
      KD(6,6) = KD(3,3)
      DO 20 I = 1,6
      DO 20 J = 1,I
20    KD(J,I) = KD(I,J)
      RETURN
      END
C  SUB. NO.10
      SUBROUTINE KEKE(E,X,Y,NJ,T,JM,NE,AA,EE,JJ,KD,KE)
      DIMENSION X(NJ),Y(NJ),T(6,6),JM(2,NE),AA(NE),EE(NE)
      INTEGER E
      REAL JJ(NE),KD(6,6),KE(6,6)
      CALL KDKD(E,AA,EE,JJ,NE,X,Y,NJ,JM,KD)
      CALL TTT(E,X,Y,NJ,T,JM,NE)
      DO 10 I = 1,6
      DO 10 J = 1,6
      KE(I,J) = 0.
      DO 20 K = 1,6
      DO 20 M = 1,6
      KE(I,J) = KE(I,J) + T(K,I) * KD(K,M) * T(M,J)
```

```
20   CONTINUE
10   CONTINUE
     RETURN
     END
C   SUB. NO. 11
     SUBROUTINE KKK(X,Y,NJ,T,JM,NE,AA,EE,JJ,NW,
    $           KD,KE,JW,DW,NK,ZX,NSP,SP,K)
     DIMENSION X(NJ),Y(NJ),T(6,6),JM(2,NE),AA(NE),
    $           EE(NE),JW(3,NJ)
     INTEGER E,DW(6),DWI,DWJ,DWIJ,ZXN,ZX(NW)
     REAL JJ(NE),KD(6,6),KE(6,6),K(NK),SP(2,NSP)
     DO 10 I=1,NK
10   K(I)=0.
     DO 30 E=1,NE
     CALL DWXL(E,NE,NJ,JM,JW,DW)
     CALL KEKE(E,X,Y,NJ,T,JM,NE,AA,EE,JJ,KD,KE)
     DO 20 I=1,6
     DO 20 J=1,6
     DWI=DW(I)
     DWJ=DW(J)
     IF(DWJ.LE.0.OR.DWI.LT.DWJ)GOTO 20
     DWIJ=ZX(DWI)-DWI+DWJ
     K(DWIJ)=K(DWIJ)+KE(I,J)
20   CONTINUE
30   CONTINUE
     IF(NSP-0)60,60,40
40   DO 50 I=1,NSP
     N=SP(2,I)+0.01
     ZXN=ZX(N)
     K(ZXN)=K(ZXN)+SP(1,I)
50   CONTINUE
60   RETURN
     END
C   SUB. NO. 12
     SUBROUTINE FOFO(E,MPF,PF,NPF,X,Y,NJ,JM,NE,
    $           ALPHA,AA,EE,JJ,HH,WD,ZB,FO)
     DIMENSION PF(4,NPF),X(NJ),Y(NJ),JM(2,NE),
    $           AA(NE),EE(NE),HH(NE),FO(6)
```

```
        INTEGER   E,WD,ZB
        REAL LO,JO,JJ(NE)
        G = PF(1,MPF)
        C = PF(2,MPF)
        E = PF(3,MPF) + 0.01
        IND = PF(4,MPF) + 0.01
        IF(WD.EQ.0)GOTO 200
        CALL EAJH(E,HH,NE,HO)
200     IF(WD.LT.0.AND.ZB.LT.0)GOTO 300
        CALL EAJH(E,EE,NE,EO)
        CALL EAJH(E,AA,NE,AO)
        CALL EAJH(E,JJ,NE,JO)
300     CALL LOLO(E,X,Y,NJ,JM,NE,XL,YL,LO)
        DO 400 I = 1,6
400     FO(I) = 0.
        Z = C/LO
        H = 1.0 - Z
        GOTO(10,20,30,40,50,60,70,80,90,100,110,120,130,140,150),IND
10      P = H * H
        R = G * P * (1.0 + 2.0 * Z)
        FO(2) = R
        FO(3) = - G * C * P
        FO(5) = G - R
        FO(6) = G * H * LO * Z * Z
        GOTO 500
20      P = Z * Z
        R = G * C
        FO(2) = R * (1.0 - P + P * Z/2.0)
        FO(3) = - R * C * (6.0 - 8.0 * Z + 3 * P)/12.0
        FO(5) = R - FO(2)
        FO(6) = R * C * Z * (4.0 - 3.0 * Z)/12
        GOTO 500
30      FO(1) = G * H
        FO(4) = G - FO(1)
        GOTO 500
40      R = Z * C * G/2.0
        FO(1) = G * C - R
        FO(4) = R
```

```
       GOTO 500
   50  P = Z * Z
       R = G * C
       FO(2) = R * (2.0 - 3.0 * P + 1.6 * P * Z)/4.0
       FO(3) = - R * C * (2.0 - 3.0 * Z + 1.2 * P)/6.0
       FO(5) = R/2.0 - FO(2)
       FO(6) = R * Z * C * (1.0 - 0.8 * Z)/4.0
       GOTO 500
   60  FO(2) = - 6.0 * G * Z * H/LO
       FO(3) = G * H * (2.0 - 3.0 * H)
       FO(5) = - FO(2)
       FO(6) = G * Z * C * (2.0 - 3.0 * Z)
       GOTO 500
   70  C = ALPHA * EO * AO
       FO(1) = G * C
       FO(4) = - FO(1)
       GOTO 500
   80  C = 2.0 * EO * JO * ALPHA/HO
       R = G * C
       FO(3) = R
       FO(6) = - R
       GOTO 500
   90  FO(1) = EO * AO * G/LO
       FO(4) = - FO(1)
       GOTO 500
  100  C = EO * JO * * G/LO * * 2
       FO(2) = 12.0 * C/LO
       FO(3) = - 6.0 * C
       FO(5) = - FO(2)
       FO(6) = FO(3)
       GOTO 500
  110  C = EO * JO * G/LO
       FO(2) = - 6.0 * C/LO
       FO(3) = 4.0 * C
       FO(5) = - FO(2)
       FO(6) = 2.0 * C
       GOTO 500
  120  FO(1) = - EO * AO * G/LO
```

```
          FO(4) = - FO(1)
          GOTO 500
130   C = EO * JO * G/LO * * 2
          FO(2) = - 12.0 * C/LO
          FO(3) = 6.0 * C
          FO(5) = - FO(2)
          FO(6) = FO(3)
          GOTO 500
140   C = EO * JO * G/LO
          FO(2) = - 6.0 * C/LO
          FO(3) = 2.0 * C
          FO(5) = - FO(2)
          FO(6) = 4.0 * C
          GOTO 500
150   CALL EAJH(E,EE,NE,EO)
          CALL EAJH(E,AA,NE,AO)
          C = EO * AO * G/LO
          FO(1) = C
          FO(4) = - C
500   RETURN
          END
C   SUB. NO.13
          SUBROUTINE PPP(JW,PF,NPF,PJ,NPJ,X,Y,NJ,JM,NE,
     $        NW,ALPHA,AA,EE,JJ,HH,WD,ZB,PE,P,ZJ)
          DIMENSION JW(3,NJ),PF(4,NPF),X(NJ),Y(NJ),JM(2,NE),
     $        T(6,6),AA(NE),EE(NE),HH(NE),FO(6),PJ(2,NPJ),PE(6),P(NW)
          INTEGER E,WD,DW(6),DWI,ZB,ZJ
          REAL JJ(NE)
          DO 10 I = 1,NW
10    P(I) = 0.
          IF(NPJ-0)70,70,20
20    DO 30 I = 1,NPJ
          J1 = INT(PJ(2,I))
          CC = (PJ(2,I) - J1) * 10.0 + 0.01
          J2 = INT(CC)
          J = JW(J2,J1)
          IF(J.GE.1)P(J) = PJ(1,I)
30    CONTINUE
```

```
        IF(ZJ.EQ.0)GOTO 70
        WRITE( * ,40)
40      FORMAT(1X//1X,' * * * * * PJPJ * * * * * ')
        WRITE( * ,50)(P(I),I = 1,NW)
50      FORMAT(1X,5F10.2)
        WRITE( * ,60)
60      FORMAT(1X//1X,' * * * * * PE * * * * * ')
70      IF(NPF - 0)150,150,80
80      DO 140 MPF = 1,NPF
        CALL FOFO(E,MPF,PF,NPF,X,Y,NJ,JM,
    $        NE,ALPHA,AA,EE,JJ,HH,WD,ZB,FO)
        CALL TTT(E,X,Y,NJ,T,JM,NE)
        DO 100 I = 1,6
        PE(I) = 0.
        DO 90 J = 1,6
        PE(I) = PE(I) - T(J,I) * FO(J)
90      CONTINUE
100     CONTINUE
        CALL DWXL(E,NE,NJ,JM,JW,DW)
        IF(ZJ.EQ.0)GOTO 120
        WRITE( * ,110)MPF,E,(DW(I),I = 1,6),(PE(I),I = 1,6)
110     FORMAT(1X,'MPF = ',I2,1X,'E = ',I2,6(I7,3X)/1X,11X,6F10.2)
120     DO 130 I = 1,6
        DWI = DW(I)
        IF(DWI.LE.O)GOTO 130
        P(DWI) = P(DWI) + PE(I)
130     CONTINUE
140     CONTINUE
150     RETURN
        END
C   SUB. NO. 14
        SUBROUTINE JFC1(N,NA,A,D)
        DIMENSION   A(NA)
        INTEGER C1,C2,YH,D(N)
        DO 40 I = 2,N
        C1 = D(I) - D(I - 1)
        IF(C1.EQ.1)GOTO 40
        YH = I - C1 + 1
```

```
         IF((YH+1).GT.I)GOTO 40
         DO 30 J=YH+1,I
         S=0.
         C2=D(J-1)-D(J)+J
         IF(YH.GT.(J-1)) GOTO 20
         DO 10 K=YH,J-1
         IK=D(I)-I+K
         JK=D(J)-J+K
         KK=D(K)
         IF(C2.LT.K)S=A(IK)*A(JK)/A(KK)+S
10    CONTINUE
20    IJ=D(I)-I+J
         A(IJ)=A(IJ)-S
30    CONTINUE
40    CONTINUE
         RETURN
         END
C    SUB. NO.15
         SUBROUTINE JFC2(N,NA,A,B,D)
         DIMENSION   A(NA),B(N)
         INTEGER C1,YH,DK,D(N)
         DO 30 I=1,N
         S=0.
         II=D(I)
         IF(I.E.Q.1)YH=1
         IF(I.GT.1)YH=I-(D(I)-D(I-1))+1
         IF(YH.GT.(I-1))GOTO 20
         DO 10 J=YH,I-1
         IJ=D(I)-I+J
         S=A(IJ)*B(J)+S
10    CONTINUE
20    B(I)=(B(I)-S)/A(II)
30    CONTINUE
         DK=0
         DO 70 I=1,N
         IF(I-1)40,40,50
40    C1=1
         GOTO 60
```

```
 50   C1 = D(I) − D(I − 1)
 60   IF(DK.LT.C1)DK = C1
 70   CONTINUE
      DO 100 NI = 1,N − 1
      I = N − NI
      S = 0.
      MIN = I + DK − 1
      IF(N.LE.MIN)MIN = N
      IF((I + 1).GT.MIN)GOTO 90
      DO 80 J = I + 1,MIN
      JI = D(J) − J + I
      IF(JI.GT.D(J − 1))   S = A(JI) ∗ B(J) + S
 80   CONTINUE
 90   II = D(I)
      B(I) = B(I) − S/A(II)
100   CONTINUE
      RETURN
      END
C   SUB. NO.16
      SUBROUTINE WYNL(E,X,Y,NJ,JM,AA,EE,JJ,NE,NW,
     $         JW,PF,NPF,ALPHA,HH,WD,ZB,P,WY,F)
      DIMENSION X(NJ),Y(NJ),T(6,6),JM(2,NE),AA(NE),EE(NE),
     $         HH(NE),JW(3,NJ),P(NW),PF(4,NPF),FO(6),WY(6),F(6)
      INTEGER E,DW(6),DWJ,WD,ZB
      REAL JJ(NE),KD(6,6)
      CALL TTT(E,X,Y,NJ,T,JM,NE)
      CALL KDKD(E,AA,EE,JJ,NE,X,Y,NJ,JM,KD)
      CALL DWXL(E,NE,NJ,JM,JW,DW)
      DO 20 I = 1,6
      WY(I) = 0.
      DO 20 J = 1,6
      DWJ = DW(J)
      IF(DWJ − 0)20,20,10
 10   WY(I) = WY(I) + T(I,J) ∗ P(DWJ)
 20   CONTINUE
      DO 30 I = 1,6
      F(I) = 0.
      DO 30 J = 1,6
```

```
          F(I) = F(I) + KD(I,J) * WY(J)
30    CONTINUE
          IF(NPF - 0)60,60,40
40    DO 55 MPF = 1,NPF
          K1 = PF(3,MPF) + 0.01
          IF(K1.NE.E)GOTO 55
          CALL FOFO(E,MPF,PF,NPF,X,Y,NJ,JM,NE,
     $         ALPHA,AA,EE,JJ,HH,WD,ZB,FO)
          DO 50 J = 1,6
          F(J) = F(J) + FO(J)
50    CONTINUE
55    CONTINUE
60    RETURN
          END
C   SUB. NO.17
          SUBROUTINE NVMNVM(X,Y,NJ,JM,AA,EE,JJ,NE,NW,
     $         JW,PF,NPF,ALPHA,HH,WD,ZB,P,WY,F,SECT,NS,NVM)
          DIMENSION X(NJ),Y(NJ),JM(2,NE),AA(NE),EE(NE),
     $         HH(NE),JW(3,NJ),P(NW),PF(4,NPF)
          INTEGER E,WD,ZB
          REAL LO,N1,M1,JJ(NE),NVM(3),WY(6),F(6),SECT(2,NS)
          DO 600 I = 1,NS
          E = SECT(1,I) + 0.01
          XX = SECT(2,I)
          CALL LOLO(E,X,Y,NJ,JM,NE,XL,YL,LO)
          CALL WYNL(E,X,Y,NJ,JM,AA,EE,JJ,NE,NW,JW,PF,
     $         NPF,ALPHA,HH,WD,ZB,P,WY,F)
          NVM(1) = F(4)
          NVM(2) = - F(5)
          NVM(3) = - F(6) + F(5) * (LO - XX)
          IF(NPF - 0)400,400,200
200   DO 300 J = 1,NPF
          K1 = PF(3,J) + 0.01
          IF(K1.NE.E)GOTO 300
          N1 = 0.
          V1 = 0.
          M1 = 0.
          G = PF(1,J)
```

```
          C = PF(2,J)
          IND = PF(4,J) + 0.01
          C1 = C - XX
          IF(XX.GT.C)GOTO 300
          IF(IND.GT.6)GOTO 70
          GOTO(10,20,30,40,50,60),IND
   10     V1 = G
          M1 = - G * C1
          GOTO 70
   20     V1 = G * C1
          M1 = - V1 * C1/2.0
          GOTO 70
   30     N1 = - G
          GOTO 70
   40     N1 = - G * C1
          GOTO 70
   50     V1 = G * (1.0 + XX/C) * C1/2.0
          M1 = - G * C1 * C1 * (2.0 + XX/C)/6.0
          GOTO 70
   60     M1 = - G
   70     NVM(1) = NVM(1) + N1
          NVM(2) = NVM(2) + V1
          NVM(3) = NVM(3) + M1
  300     CONTINUE
  400     WRITE( * ,500)I,(NVM(J),J=1,3)
  500     FORMAT(1X,3X,I2,2X,3F15.6)
  600     CONTINUE
          RETURN
          END
```

附录Ⅱ 部分习题答案

第 一 章

1-1 (a) $F_{Ay}=52.5\text{kN}$ ($\uparrow$)   (b) $M_D=26\text{kN}\cdot\text{m}$

1-2 $M_F=22.5\text{kN}\cdot\text{m}$

1-3 (a) $M_{CA}=60\text{kN}\cdot\text{m}$ （左侧受拉）   (b) $F_{Ax}=\dfrac{3ql}{4}$ （←）

1-4 $M_{CD}=16\text{kN}\cdot\text{m}$ （内侧受拉）

1-5 $N_1=-40\text{kN}$ （压力），$N_3=12.5\text{kN}$

1-6 $N_{DC}=-40.4\text{kN}$ （压力）

1-7 $M_C=0.231qa^2$ （下侧受拉）

1-8 $M_{DC}=575.46\text{kN}\cdot\text{m}$ （外侧受拉）

1-9 $F_B=453.75\alpha EI/l^2$ ($\downarrow$)

1-10 $M_{AB}=\dfrac{17}{24}Fl$ （外侧受拉），$M_{BC}=\dfrac{7}{24}Fl$ （里侧受拉）

1-11 $M_{BA}=\dfrac{7}{64}ql^2$ （下侧受拉），$\Delta_{Dy}=\dfrac{181ql^4}{3072EI}$ ($\downarrow$)

1-12 $M_{BA}=105\text{kN}\cdot\text{m}$

1-13 $M_{AC}=-150\text{kN}\cdot\text{m}$，$M_{CA}=-30\text{kN}\cdot\text{m}$

1-14 $N_{AB}=-135.7\text{kN}$

1-15 $M_{CA}=53.5\text{kN}\cdot\text{m}$

1-16 $M_{CA}=\dfrac{3750\alpha EI}{7l}$

1-17 $M_{BC}=-47.3\text{kN}\cdot\text{m}$

1-18 (a) $M_{BA}=45.9\text{kN}\cdot\text{m}$ (b) $M_{CD}=109.88\text{kN}\cdot\text{m}$

第 二 章

2-1 $K_{21}=2i$，$K_{22}=36i/l^2+EA/l$，$K_{33}=12i$，$i=EI/l$

2-2 $K_{22}=EA/l+12EI/l^3$，$K_{34}=6EI/l^2$，$K_{15}=0$

2-3 $[K]=\begin{bmatrix}36i/l^2 & -6i/l & 6i/l\\ 对 & 12i & 2i\\ 称 & & 4i\end{bmatrix}$，式中：$i=\dfrac{EI}{l}$

2-5 $[K]=\begin{bmatrix}\dfrac{36EI}{l^3}\end{bmatrix}$

2-6　$[K] = \begin{bmatrix} \dfrac{2EI}{l} & 0 & 0 \\[3mm] & \left(\dfrac{36EI}{l^3} + \dfrac{EA}{l}\right) & \dfrac{-6EI}{l^2} \\[3mm] & & \dfrac{12EI}{l} \end{bmatrix}$

2-7　$\{P\} = [-4 \quad 10 \quad 4 \quad 0 \quad -6 \quad -4]^\mathrm{T}$

2-8　$\{P\} = [-2\mathrm{kN} \quad -5\mathrm{kN \cdot m} \quad -16\mathrm{kN \cdot m}]^\mathrm{T}$

2-9　$\{P\} = [0 \quad 0 \quad -P/2 \quad -ql/2 \quad ql^2/12 + Pl/8]^\mathrm{T}$

2-10　$\{P_2\} = [ql \quad -ql/2 \quad 0]^\mathrm{T}$

2-11　$\overline{F}_2 = 0.2336,$

2-12　$\{\overline{F}\}^1 = [-85.581\mathrm{kN} \quad 85.585\mathrm{kN}]^\mathrm{T}$

2-13　$M_\mathrm{A} = 3/14 ql^2$, $F_\mathrm{RC} = 1.678ql$

2-14　$\{\overline{F}\}^② = \left[ql \quad \dfrac{5}{12}ql^2 \quad -ql \quad \dfrac{7}{12}ql^2\right]^\mathrm{T}$

2-15

$AB : \{\overline{F}\} = [-10.1808 \quad -0.1983 \quad 0.8215 \quad 10.1808 \quad 0.1983 \quad 19.0159]^\mathrm{T}$

$BC : \{\overline{F}\} = [10.1808 \quad 19.1069 \quad 50.4317 \quad -10.1808 \quad 20.8909 \quad 38.8973]^\mathrm{T}$

$BD : \{\overline{F}\} = [19.3032 \quad -0.3625 \quad 9.0317 \quad -19.3032 \quad 0.3625 \quad 27.2261]^\mathrm{T}$

2-16　$M_\mathrm{AB} = 13.04\mathrm{kN \cdot m}$, $M_\mathrm{DE} = 8.73\mathrm{kN \cdot m}$

第 三 章

3-2　(a)　$\omega = \sqrt{\dfrac{48EI}{ml^3}}$

　　　(b)　$\omega = \sqrt{\dfrac{768EI}{7ml^3}}$

　　　(c)　$\omega = \sqrt{\dfrac{192EI}{ml^3}}$

　　　(d)　$\omega = \sqrt{\dfrac{128EI}{3ml^3}}$

3-3　(a)　$\omega = \dfrac{16}{l}\sqrt{\dfrac{6EI}{23ml}}$

　　　(b)　$\omega = \dfrac{8.97}{l}\sqrt{\dfrac{EI}{ml}}$

3-4　$\omega = \sqrt{\dfrac{3EI}{mh^2 l}}$

3-5　$\omega = \sqrt{\dfrac{3K}{10\,ma}}$

3-6　$\omega = \sqrt{\dfrac{267EI}{4ml^3}}$

3-7　$\omega = \dfrac{8}{3l}\sqrt{\dfrac{22EI}{ml}}$

3-8 $\omega = \sqrt{\dfrac{3EI}{11ma^3}}$

3-9 $\omega = 86.1\text{s}^{-1}$

3-10 $T = 0.63\text{s}$

3-11 $\omega = 39.2\text{s}^{-1}$

3-12 $\Delta_{\max} = 2.7\text{cm}$, $M_{\max} = 36.65\text{kN·m}$

3-13 $\Delta_{\max} = 2.81\text{cm}$, $\sigma_{\max} = 143\text{MPa}$

3-14 $y_{\max} = -0.0088\text{cm}$ (与 F 方向相反), $M_{\max} = 0.52\text{kN·m}$

3-15 $t = 0.545\text{s}$, $Y_{\max} = 0.0856\text{m} = 85.6\text{mm}$

3-16 $V_{AB} = V_{EF} = 20.96\text{kN}$, $V_{CD} = 41.92\text{kN}$

3-17 当 $t = 0.5T$ 时, $y = 0.04\text{m}$

   当 $t = 1.5T$ 时, $y = -0.04\text{m}$

   当 $t = 3T$ 时, $y = 0$

3-18 $\xi = 0.0367$, $\beta = 16.56$

3-19 $\xi = 0.029$, $y_{10} = 0.097\text{cm}$

3-20 $\omega_1 = 2.65\sqrt{\dfrac{EI}{ml^3}}$; $\omega_2 = 6.4\sqrt{\dfrac{EI}{ml^3}}$

   $\{Y^{(1)}\} = \left\{ \begin{array}{c} 1 \\ 0.707 \end{array} \right\}$; $\{Y^{(2)}\} = \left\{ \begin{array}{c} 1 \\ -0.707 \end{array} \right\}$

3-21 $\omega_1 = 6.3\text{s}^{-1}$; $\omega_2 = 16.09\text{s}^{-1}$;

   $\{Y^{(1)}\} = \left\{ \begin{array}{c} 1 \\ 1.624 \end{array} \right\}$; $\{Y^{(2)}\} = \left\{ \begin{array}{c} 1 \\ -0.924 \end{array} \right\}$

3-22 $\omega_1 = \sqrt{\dfrac{3EI}{ml^3}}$; $\omega_2 = \sqrt{\dfrac{5EI}{ml^3}}$

   $\{Y^{(1)}\} = \left\{ \begin{array}{c} 1 \\ 1 \end{array} \right\}$; $\{Y^{(2)}\} = \left\{ \begin{array}{c} 1 \\ -1 \end{array} \right\}$

3-23 $\omega_1 = \sqrt{\dfrac{12EI}{ml^3}}$; $\omega_2 = \sqrt{\dfrac{48EI}{ml^3}}$

   $\{Y^{(1)}\} = \left\{ \begin{array}{c} 0.5 \\ 1 \end{array} \right\}$; $\{Y^{(2)}\} = \left\{ \begin{array}{c} -1 \\ 1 \end{array} \right\}$

3-24 $\omega_1 = \sqrt{\dfrac{6EI}{ml^3}}$; $\omega_2 = 2\sqrt{\dfrac{6EI}{ml^3}}$

   $\{Y^{(1)}\} = \left\{ \begin{array}{c} 1 \\ 0 \end{array} \right\}$; $\{Y^{(2)}\} = \left\{ \begin{array}{c} 0 \\ 1 \end{array} \right\}$

3-25 $\omega_1 = 0.657\sqrt{\dfrac{EI}{ma^3}}$; $\omega_2 = 2.042\sqrt{\dfrac{EI}{ma^3}}$

   $\{Y^{(1)}\} = \left\{ \begin{array}{c} 1 \\ 0.280 \end{array} \right\}$; $\{Y^{(2)}\} = \left\{ \begin{array}{c} 1 \\ -5.947 \end{array} \right\}$

3-26 $\omega_1 = 2.739\sqrt{\dfrac{EI}{ml^3}}$; $\omega_2 = 2.828\sqrt{\dfrac{EI}{ml^3}}$

   $\{Y^{(1)}\} = \left\{ \begin{array}{c} 1 \\ 0 \end{array} \right\}$; $\{Y^{(2)}\} = \left\{ \begin{array}{c} 0 \\ 1 \end{array} \right\}$

3-27　$\omega_1 = 0.728\sqrt{\dfrac{EI}{ml^3}}$；　$\omega_2 = 1.661\sqrt{\dfrac{EI}{ml^3}}$；　$\omega_3 = 3.731\sqrt{\dfrac{EI}{ml^3}}$

$$\{Y^{(1)}\} = \begin{Bmatrix} 1.0000 \\ 0.0728 \\ 0.0084 \end{Bmatrix}；\quad \{Y^{(2)}\} = \begin{Bmatrix} 1.0000 \\ -13.3111 \\ -1.8591 \end{Bmatrix}；\quad \{Y^{(3)}\} = \begin{Bmatrix} 1.0000 \\ -80.2616 \\ 287.6013 \end{Bmatrix}$$

3-28　$\omega_1 = 60.19\text{s}^{-1}$；　$\omega_2 = 500\text{s}^{-1}$

$$\{Y^{(1)}\} = \begin{Bmatrix} 1.0 \\ 0.15 \end{Bmatrix}；\quad \{Y^{(2)}\} = \begin{Bmatrix} 1 \\ -6.65 \end{Bmatrix}$$

3-29　$\omega_1 = 0.93\sqrt{\dfrac{EI}{ma^3}}$；　$\omega_2 = 2.36\sqrt{\dfrac{EI}{ma^3}}$

$$\{Y^{(1)}\} = \begin{Bmatrix} 1.0 \\ -0.3 \end{Bmatrix}；\quad \{Y^{(2)}\} = \begin{Bmatrix} 1.00 \\ 1.64 \end{Bmatrix}$$

3-30　$\omega_1 = 2.58\sqrt{\dfrac{EI}{ma^3}}$；　$\omega_2 = 8.53\sqrt{\dfrac{EI}{ma^3}}$

$$\{Y^{(1)}\} = \begin{Bmatrix} 1 \\ 5.634 \end{Bmatrix}；\quad \{Y^{(2)}\} = \begin{Bmatrix} 1 \\ -0.177 \end{Bmatrix}$$

3-31　$\omega_1 = 1.095\sqrt{\dfrac{EI}{ml^3}}$；　$\omega_2 = 2.0\sqrt{\dfrac{EI}{ml^3}}$

3-32　$\omega_1 = 0.8877\sqrt{\dfrac{EI}{ml^3}}$；　$\omega_2 = 2.6\sqrt{\dfrac{EI}{ml^3}}$

$$\{Y^{(1)}\} = \begin{Bmatrix} 1 \\ 2.25 \end{Bmatrix}；\quad \{Y^{(2)}\} = \begin{Bmatrix} 1 \\ -0.45 \end{Bmatrix}$$

3-33　$\omega_1 = 2.085\sqrt{\dfrac{EI}{ma^4}}$；　$\omega_2 = 3.641\sqrt{\dfrac{EI}{ma^4}}$

$$\{Y^{(1)}\} = \begin{Bmatrix} 1 \\ 8.331 \end{Bmatrix}；\quad \{Y^{(2)}\} = \begin{Bmatrix} 1 \\ -0.046 \end{Bmatrix}$$

3-34　$\omega_1 = 0.512\sqrt{\dfrac{EI}{ml^3}}$；　$\omega_2 = 3.023\sqrt{\dfrac{EI}{ml^3}}$

$$\{Y^{(1)}\} = \begin{Bmatrix} 1 \\ 2.712 \end{Bmatrix}；\quad \{Y^{(2)}\} = \begin{Bmatrix} 1 \\ -0.246 \end{Bmatrix}$$

3-35　$\omega_1 = 33.78\text{s}^{-1}$；　$\omega_2 = 134.16\text{s}^{-1}$；　$\omega_3 = 284.75\text{s}^{-1}$

$$\{y^{(1)}\} = \begin{Bmatrix} 1.000 \\ 1.414 \\ 1.000 \end{Bmatrix}；\quad \{y^{(2)}\} = \begin{Bmatrix} 1.000 \\ 0.000 \\ -1.000 \end{Bmatrix}；\quad \{y^{(3)}\} = \begin{Bmatrix} 1.00 \\ -1.41 \\ 1.00 \end{Bmatrix}$$

3-36　$\begin{Bmatrix} Y_1 \\ Y_2 \end{Bmatrix} = -\begin{Bmatrix} 0.206 \\ 0.202 \end{Bmatrix} \times 10^{-3}\text{m}$；　$M_A = 6.06\text{kN·m}$

3-37　$M_{BC} = 1.4F_1 l$（上）；　$M_{CD} = 1.82F_1 l$（下）

3-38　$Y_B = 0.6168\text{mm}$；　$M_B = 4.82\text{kN·m}$，　$M_B = 5.08\text{kN·m}$

3-39　$M_{BA} = 0.181ql^2$

3-42　(1) $\omega_1 = \dfrac{9.87}{l}\sqrt{\dfrac{EI}{ml^2 + 2ml}}$；　(2) $\omega_2 = \dfrac{9.94}{l}\sqrt{\dfrac{EI}{ml^2 + 2.06ml}}$

3-43　$\omega_1 = \dfrac{0.883}{l^2}\sqrt{\dfrac{EI}{m}}$

3-44　$\omega_1 = 4.97\sqrt{\dfrac{EI}{ml^3}}$

3-46　$\omega = \dfrac{3.18}{l^2}\sqrt{\dfrac{EI}{m}}$

3-47　$\omega_1 = \dfrac{7.71}{l^2}\sqrt{\dfrac{EI}{m}}$；　$\omega_2 = \dfrac{13.31}{l^2}\sqrt{\dfrac{EI}{m}}$

第 四 章

4-1　$F_{cr} = \dfrac{\pi^2 EI}{(2l)^2}$；

4-2　$F_{cr} = \dfrac{\pi^2 EI}{4l^2}$；

4-3　$\dfrac{1}{\alpha}\left(\dfrac{F}{k_\varphi} - \dfrac{k}{F}\right)\sin\alpha l + \left(\dfrac{kl}{F} - 1\right)\cos\alpha l = 0$；

4-4　$F_{cr} = 1.757 EI / l^2$；

4-5　$F_{cr} = \dfrac{42EI}{l^2}$；

4-6　$F_{cr} = \dfrac{\pi^2 EI}{8l^2}$；

4-7　$F_{cr} = kl$；

4-8　$F_{1cr} = 0.586kl$，　$F_{2cr} = 3.414kl$；

4-9　$\tan\alpha l = \dfrac{\alpha l}{1 + \left(\dfrac{\alpha l}{2}\right)^2}$，　$k = \dfrac{4EI}{l}$，　$\alpha = \sqrt{\dfrac{F}{EI}}$；

4-10　$\tan\alpha l = \dfrac{10}{\alpha l}$；

4-11　对称时，$F_{cr} = \dfrac{\pi^2 EI}{l^2}$，反对称时，$F_{cr} = \dfrac{1.2EI}{l^2}$；比较后取 $F_{cr} = \dfrac{1.2EI}{l^2}$

4-12　$F_{cr} = \dfrac{k_r}{l} = \dfrac{6EI}{l^2}$；

4-13　$F_{cr} = \dfrac{18EI}{(2n+1)\ lH}$；

4-14　$q_{cr} = \dfrac{2\pi^2 EI}{3l^3}$；

4-15　$F_{cr} = 0.5369\dfrac{\pi^2 EI}{h^2}$

第 五 章

5-1　(a)　$M_u = 129.6\text{kN·m}$

　　(b)　$M_u = 27.4\text{kN·m}$

　　(c)　$M_u = \dfrac{t}{3}\ (3D^2 - 6Dt + 4t^2)\ \sigma_s$

5-2　$q_u = 76.8\text{kN/m}$

5-3　$F_u = 0.75 M_u$

5-4　$F_u = 30\text{kN}$

5-5　$F_u = \dfrac{6 M_u}{l}$

5-6　$q_u = 18\sqrt{3} M_u / l^2$

5-7　$F_u = 1.437 M_u$

5-8　$q_u = 1.167 M_u / a^2$

5-9　$F_u = \dfrac{4 M_u}{l}$

5-10　$F_u = 20\text{kN}$

5-11　$F_u = 3.33 M_u / a$

5-12　$F_u = \dfrac{M_u}{6}$

5-13　$F_u = 40\text{kN}$

5-14　$F_u = 50\text{kN}$

5-15　$F_u = \dfrac{9 M_u}{l}$

参 考 文 献

1　龙驭球，包世华主编. 结构力学教程. 北京：高等教育出版社，2001

2　朱伯钦，周竞欧，许哲明主编. 结构力学. 上海：同济大学出版社，1993

3　李廉锟主编. 结构力学. 北京：高等教育出版社，1996

4　杨弗康，李家宝主编. 结构力学. 北京：高等教育出版社，1995

5　杨天祥主编. 结构力学. 北京：高等教育出版社，1991

6　张来仪，孙贤主编. 结构力学. 重庆：重庆大学出版社，1997

7　张来仪，景瑞主编. 结构力学. 北京：中国建筑工业出版社，1997

8　赵更新主编. 杆系结构分析程序设计. 成都：电子科技大学出版社，1997

9　赵超燮编. 结论矩阵分析原理. 北京：人民教育出版社，1983

10　王焕定，章梓茂，景瑞编著. 结构力学. 北京：高等教育出版社，2000

11　熊祝华主编. 结构塑性分析. 北京：人民交通出版社，1987

12　郭长城主编. 结构力学. 北京：中国建筑工业出版社，1993